理工类地方本科院校新形态系列教材

电子电路专业实践教程

主　编　鲁　宏
副主编　夏金威　顾　江

南京大学出版社

图书在版编目(CIP)数据

电子电路专业实践教程 / 鲁宏主编. —南京 : 南京大学出版社, 2022.11

ISBN 978-7-305-25906-7

Ⅰ. ①电… Ⅱ. ①鲁… Ⅲ. ①电子电路—教材 Ⅳ. ①TN710

中国版本图书馆 CIP 数据核字(2022)第 117280 号

出版发行 南京大学出版社
社　　址 南京市汉口路 22 号　　邮　　编 210093
出 版 人 金鑫荣

书　　名 电子电路专业实践教程
主　　编 鲁　宏
责任编辑 吕家慧

照　　排 南京开卷文化传媒有限公司
印　　刷 南京人民印刷厂有限责任公司
开　　本 787 mm×1092 mm 1/16　印张 11.25　字数 274 千
版　　次 2022 年 11 月第 1 版　2022 年 11 月第 1 次印刷
ISBN 978-7-305-25906-7
定　　价 39.80 元

网　　址:http://www.njupco.com
官方微博:http://weibo.com/njupco
微信服务号:njuyuexue
销售咨询热线:(025)83594756

前　言

“十四五”时期是中国电子信息产业构建新发展体系的深入布局期、提升创新驱动力的关键突破期、实现高质量发展的有效收获期。而电子技术是电子信息类专业的一门重要的技术基础课，课程的显著特点之一是它的实践性。要想很好地掌握电子技术，除了掌握基本器件的原理、电子电路的基本组成及分析方法外，还要掌握电子器件及基本电路的应用技术，因而实验教学成为电子技术教学中的重要环节，是将理论知识付诸实践的重要手段。

本教材基于全国部分理工类地方本科院校联盟应用型课程教材建设项目，积极吸纳先进教育理念和现代教育技术发展的最新成果，融合产教融合的优质资源，充分运用现场真实典型工程案例、工程项目和工程经验。

本教材涵盖了课程的学习指导和注意点、电子测量的基本方法、电路与信号实验、模拟电子技术实验、数字电子技术实验等部分。另外对一些辅助提高的项目做了扩展，以适应新形势下工程实践教育的理念，注重提高学生对电子电路课程工程性和技术性的认识，引导学生自觉地体会电子电路工程性和技术性的特点。培养学生独立解决问题的能力。

由于实验课的课堂教学学时较少，本教材在实验原理部分叙述详细，以便学生自学。另外提供了大量的设计实例，这些例子不但提供了参考电路和设计方法，同时使学生从例子中可以体会出一些新颖的设计思想、灵活处理电路问题的思路，提高学生对知识的综合运用能力及创新能力。

本教材第1、2、6章由夏金威编写，第3、4、5章由鲁宏编写，顾江负责本教材的统稿。在编写过程中得到了联盟高校诸多老师的关心与支持以及常熟理工学院电子与信息工程学院的领导和专业老师的大力支持和帮助，在此表示感谢！

由于作者水平有限，书中错误、缺点在所难免，恳切希望专家与读者批评指正。

编　者

2022年7月

前言

目　录

第 1 章

课程的学习指导

1.1 课程要求

1.1.1 课程简介

电子技术是电类专业的一门重要的技术基础课，课程的显著特征之一是它的实践性。要想很好地掌握电子技术，除了掌握基本原理和分析方法外，还要掌握其应用技术，因而相关实践课已成为电子技术教学中的重要环节。通过实践可使学生掌握器件的性能、参数及电子电路的内在规律、各功能电路间的相互影响，从而验证理论并发现理论知识的局限性。通过实践教学，可使学生进一步掌握基础知识、基本操作方法及基本技能。在本课程体系中，教学内容划分为基础验证性实验、设计性实验、综合性实验这样几个层次，实验过程中辅以仿真验证和设计环节，使学生掌握辅助学习的工具，培养学生的应用能力。

通过基础实验教学，可使学生掌握器件的性能、电子电路基本原理及基本的实验方法，从而验证理论并发现理论知识在实际应用小的局限性，培养学生从枯燥的实验数据中总结规律、发现问题的能力。另外，实验要求分成必做和选做两部分，同时还配备了大量的思考题，可使学习优秀的学生有发挥的余地。

通过设计性实验教学，可提高学生对基础知识、基本实验技能的运用能力，掌握参数及电子电路的内在规律，真正理解模拟电路参数“量”的差别和工作“状态”的区别。

通过综合性实践教学，可提高学生的对单元功能电路理解，了解各功能电路间的相互影响，掌握各功能电路之间参数的衔接和匹配关系，以及模拟电路和数字电路之间的结合，可提高学生综合运用知识的能力。

1.1.2 课程的特点

(1) 电子器件(如半导体管、集成电路等)品种繁多，特性各异。在操作时，首先就面临如何正确、合理地选择电子器件的问题。如果选用不当，则将难以获得满意的结果。甚至造成电子器件的损坏。因此，必须对所用电子器件的性能有所了解。

(2) 电子器件(特别是模拟电子器件)的特性参数分散性大，电子元件(如电阻、电容等)的元件值也有较大的偏差。这就使得实际电路性能与设计要求有一定的差异，需要进行调试。调试电路所花费的精力有时甚至会超过制作电路所花费的精力。对于已调试好的电路，若更换了某个元器件，也有个重新调试的问题。因此，掌握调试方法，积累调试经验，是很重要的。

(3) 模拟电子器件的特性大多数都是非线性的。因此，在使用模拟电子器件时，就有一个如何合理地选择与调整工作点以及如何使工作点稳定的问题。而工作点是由偏置电路确定的，因此偏置电路的设计与调整在模拟电子电路中占有极其重要的地位。另一方向，模拟电子器件的非线性特性使得模拟电子电路的设计难以精确，因此进行调试是必不可少的。

(4) 模拟电子电路的输入输出关系具有连续性、多样性与复杂性。这就决定了模拟电子电路测试手段的多样性与复杂性。针对不同的问题采用不同的测试方法、是模拟电子技术实践的特点之一。而数字电子电路的输出输入关系比较简单，但各测试点电平之间的逻辑关系或时序关系则应搞得非常清楚。

(5) 测试仪器的非理想特性(如信号源具有一定的内阻、示波器和毫伏表输入阻抗不够高等)会对被测电路的工作状态有影响。了解这种影响，选择合适的测试仪器和分析由此引起的测试误差，是一个不可忽视的问题。

(6) 电子电路中的寄生参数(如分布电容、寄生电感等)和外界的电磁干扰，在一定条件下可能对电路的特性有重大影响，甚至因产生自激而使电路不能工作。这种情况在工作频率高时尤易发生。因此，元件的合理布局和合理连接方式，接地点的合理选择和地线的合理安排，必要的去耦合屏蔽措施等在实践过程中是相当重要的。

(7) 电子电路(特别是模拟电子电路)各单元电路相互连接时，经常会遇到一个匹配问题。尽管各单元电路都能正常工作，若未能做到很好地匹配，则相互连接后的总体电路也可能不能正常工作。为了做到匹配，除了在设计时就要考虑到这一问题，选择合适的元件参数或采取某些特殊的措施外，在实践时也要注意到这一问题。

电子电路的上述特点决定了电子电路实践过程的复杂性，也决定了实验能力和实际经验的重要性。了解这些特点，对掌握电子电路的实验技术，分析实验中出现的问题和提高实验能力是很有益的。

1.1.3 课程的要求

为了使课程训练能够达到预期效果，确保实践的顺利完成，为了培养学生良好的工作作风，充分发挥学生的主观能动作用，对学生提出如下基本要求。

1. 实践项目前的要求

(1) 课前要充分预习，包括认真阅读理论教材及实践教材，深入了解本次项目的目的，弄清电路的基本原理，掌握主要参数的测试方法。

(2) 阅读实践教材中关于仪器使用的章节，熟悉所用仪器的主要性能和使用方法。

(3) 估算测试数据、结果，并写出预习报告。

2. 操作中的要求

(1) 按时进入实验室并在规定时间内完成任务，遵守实验室的规章制度，课程结束后整理好工位。

(2) 严格按照科学的方法进行操作，要求接线正确、布线整齐、合理。

(3) 按照仪器的操作规程正确使用仪器，不得野蛮操作。

(4) 实操中出现故障时，应利用所学知识冷静分析原因，并能在教师的指导下独立解决。对现象和结果要能进行正确的解释。

3. 实践后的要求

撰写报告是整个教学中的重要环节，是对工程技术人员的一项基本训练，一份完美的工程实践报告是一项成功实践的最好答卷，因此报告的撰写要按照以下要求进行。

1）对于普通的验证性实验报告的要求

（1）实验报告用规定的实验报告纸书写，上交时应装订整齐。

（2）实验报告中所有的图都用同一颜色的笔书写，画在坐标纸上

（3）实验报告要书写工整，布局合理、美观，不应有涂改。

（4）实验报告内容要齐全，应包括实验任务、实验原理、实验电路、元器件型号规格测试条件、测试数据、实验结果、结论分析及教师签字的原始记录等。

2）对于设计性实验报告的要求

设计件实验是实验内容中比验证性实验高一层次的实验，因此对实验报告的撰写也要有特殊的要求和步骤。

（1）标题。包括实验名称，实验者的班级、姓名、实验日期等。

（2）已知条件。包括主要技术指标、实验用仪器（名称、型号、数量）。

（3）电路原理。如果所设计的电路由几个单元电路组成，则阐述电路原理时，最好先用总体框图说明，然后结合框图逐一介绍各单元电路的工作原理。

（4）单元电路的设计与调试步骤如下。

① 选择电路形式；

② 电路设计（对所选电路中的各元件值进行定量计算或工程估算）；

③ 电路的装调。

（5）整机联合调试与测试。当各单元电路调试正确后，按以下步骤进行整机联调。

① 测量主要技术指标。报告中要说明各项技术指标的测量方法，画出测试原理图，记录并整理实验数据，正确选取有效数字的位数。根据实验数据，进行必要的计算，列出表格，在方格纸上绘制出光滑的波形或曲线。

② 故障分析及说明。说明在单元电路和整机调试中出现的主要故障及解决办法波形失真，要分析波形失真的原因。

③ 绘制出完整的电路原理图，并标明调试后的各元件参数。

（6）测量结果的误差分析。用理论计算值代替真值，求得测量结果的相对误差，并分析误差产生的原因。

（7）思考题解答与其他实验研究。

（8）电路改进意见及本次实验中的收获体会。

实验电路的设计方案，元器件参数及测试方法等都不可能尽善尽美，实验结束后，感到某些方面如果作适当修改，可进一步改善电路性能，或降低成本，或实验方案的修正，内容的增删，步骤的改进等，都可写出改进建议。

同学们每完成一项实验都有不少收获体会，既有成功的经验，也有失败的教训，应及时总结，不断提高。

每份实验报告除了上述内容外，还应做到文理通顺，字迹端正，图形美观，页面整洁。

1.2　实验室的安全操作规程

为了人身与仪器设备安全，保证实验顺利进行，进入实验室后要遵守实验室的规章制度

和实验室安全规则。

1.2.1 人身安全

实验室中常见的危及人身安全的事故是触电，它是人体有电流通过时产生的强烈的生理反应。轻者是身体局部产生不适，严重的将产生永久性伤害，直至危及生命。为避免事故的发生，进入实验室后应遵循以下规则。

(1) 实验时不允许赤脚，各种仪器设备应有良好的接地线。

(2) 仪器设备、实验装置中通过强电的连接导线应有良好的绝缘外套，芯线不得外露。

(3) 在进行强电或具有一定危险性的实验时，应有两人以上合作；测量高压时，通常采用单手操作并站在绝缘垫上，或穿上厚底胶鞋。在接通交流 220 V 电源前，应通知实验合作者。

(4) 万一发生触电事故时，应迅速切断电源，如距离电源开关较远，可用绝缘器具将电源线切断，使触电者立即脱离电源并采取必要的急救措施。

1.2.2 仪器及器件安全

(1) 使用仪器前，应认真阅读使用说明书，掌握仪器的使用方法和注意事项。

(2) 使用仪器时，应按照要求正确接线。

(3) 实验中要有目的地操作仪器面板上的开关(或旋钮)，切忌用力过猛。

(4) 实验过程中，精神必须集中。当嗅到焦臭味、见到冒烟和火花、听到“劈啪”响声、感到设备过热及出现保险丝熔断等异常现象时，应立即切断电源，在故障未排除前不得再次开机。

(5) 搬动仪器设备时，必须轻拿轻放；未经允许不得随意调换仪器，更不准擅自拆卸仪器设备。

(6) 仪器使用完毕，应将面板上各旋钮、开关置于合适的位置，如将万用表功能开关旋至“OFF”位置等。

(7) 为保证器件及仪器安全，在连接实验电路时，应该在电路连接完成并检查完毕后，再接电源及信号源。

1.3 常用工具和材料的使用

1.3.1 主要工具

1. 螺丝刀

螺丝刀是用来拆卸和装配螺丝必不可少的工具，有以下几种规格的螺丝刀。

(1) 扁平螺丝刀；

(2) 十字头螺丝刀；

(3) 修表小螺丝刀。

螺丝刀在使用中注意以下几点：

(1) 根据螺丝口的大小选择合适的螺丝刀，螺丝刀口太小会拧毛螺丝口，从而导致螺丝无法拆装。

(2) 在拆卸螺丝时，若螺丝很紧，不要硬去拆卸，应先按顺时针方向拧紧该螺丝，以便让螺丝先松动，再逆时针方向拧下螺丝。

(3) 将螺丝刀刀口在扬声器背面的磁钢上擦几下，以便刀口带些磁性，这样在装螺丝时能够吸住螺丝，可防止螺丝落到机壳底部。不过，用于专门调整录音机磁头的螺丝刀不要这样处理，否则会使磁头带磁，影响磁头的工作性能。

(4) 在装配螺丝时.不要装一个就拧紧一个，应注意在全部螺丝装上后，再把对角方向的螺丝均匀拧紧。

2. 电烙铁

电烙铁是用来焊接的。为了获得高质量的焊点，除需要掌握焊接技能、选用合适的助焊剂外，还要根据焊接对象、环境温度，合理选用电烙铁。如电子电路均采用晶体管元器件，则焊接温度不宜太高，否则，容易烫坏元器件，所以电烙铁主要选择下列几种。

(1) 20 W 内热式电烙铁，主要用来焊接晶体管、集成电路、电阻器和电容器等元器件内热式电烙铁具有预热时间快、体积小巧、效率高、重量轻、使用寿命长等优点。

(2) 60 W 左右电烙铁，可用外热式的，用来焊接一些引脚较粗的元器件，例如变压器、插座引脚等。

(3) 吸锡器，主要用于拆卸集成电路等多引脚元器件。

(4) 做一个电烙铁支架防止电烙铁头碰到工作面上，支架更适合冬天使用，底板要用木质的，以便绝热。底板中间开一个凹坑，以便放助焊剂松香。

(5) 买来的电烙铁电源引线一般是橡胶质的线，当烙铁头碰到引线时就会烫坏皮线，为了安全起见，应换成防火的花线。在更换电源线之后，还要进行安全检查，主要是引线头小能碰在电烙铁的外壳上。

1.3.2　主要材料

1. 焊锡丝

焊锡丝最好使用低熔点的细焊锡丝，细焊锡丝管内的助焊剂量正好与焊锡用量一致，而粗焊锡丝焊锡的量较多。在焊接过程中若发现焊点成为豆腐渣状态时，这很可能是因为焊锡质量不好，或是因为使用高熔点的焊锡丝，或是因为电烙铁的温度不够，这种焊点是不对靠的。

2. 助焊剂

用助焊剂来辅助焊接，可以提高焊接的质量和速度，助焊剂是焊接中必不可少的。在焊锡丝的管芯中有助焊剂，当烙铁头熔解焊锡丝时，管芯内的助焊剂便与熔解的焊锡熔合在一起。在焊接电路板时，只用焊锡丝中的助焊剂一般是不够的，需要有专门的助焊剂。助焊剂主要有以下两种。

(1) 成品的助焊剂。它是酸性的，对线路板有一定的腐蚀作用，用量不要太多，焊完焊点后最好擦去多余的助焊剂。

(2) 松香。平时常用松香作为助焊剂，松香对线路板没有腐蚀作用，但使用松香后的焊点有斑点，不美观，此时可以用酒精棉球擦净。

1.3.3 辅助工具

1. 钢针

钢针用来穿孔，即在调试时拆下元器件后，线路板上的引脚孔会被焊锡堵住，此时用钢针在电烙铁的配合下穿通引脚孔。钢针可以自制，可取一根自行车辐条，一端弯成一个圆圈，另一端挫成细针尖状，以便能够穿过线路板上的元器件引脚孔。

2. 刀片

刀片主要用来切断线路板上的铜箔线路。因为在电路调试中，时常要对某个元器件进行脱开电路的检查，此时用刀片切断该元器件的有关引脚相连的铜箔，这样省去了拆下该元器件的不便。刀片可以用钢锯条自己制作，也可以用刮胡刀片，要求刀刃锋利，这样切割时就不会损伤线路板上的铜箔线路。

3. 镊子

镊子是配合焊接不可缺少的辅助工具，它可以用来拉引线、送管脚，以方便焊接。另外，镊子还有散热功能，可以减少元器件烫坏的可能。当镊子夹住元器件引脚后，烙铁焊接时的热量通过金属的镊子传递散热，防止了元器件承受更多的热量。要求镊子的钳口要平整，弹性适中。

4. 剪刀

剪刀可用来修剪引线等软的材料。例如剥去导线外层的绝缘层，剥引线皮的方法是：用剪刀口轻轻夹住引线头，抓紧引线的一头，将剪刀向外拨动，便可剥下引线头的外皮。也可以先在引线头外轻轻剪一圈、割断引线外皮，再剥引线皮。要注意的是，剪刀刀口要锋利，剪刀夹紧引线头时既不能太紧也不能太松，太紧会剪断或损伤内部的引线，太松又剥不下外皮。

5. 钳子

钳子可用来剪硬的材料和作为紧固的工具。要准备一把尖嘴钳和一把偏口钳，尖嘴钳可以用来安装、加固一些小的零件。偏口钳可以用来剪元器件的引脚，还可以用来拆卸和紧固某些特殊的插脚的螺母。

另外，实验室中还常用剥线钳，这是专用的剥引线皮的工具，将待剥表皮的导线插入剥线钳中，夹紧钳柄，拉出导线，则线皮即可剥掉。剥线钳上根据导线的粗细规格不同有不同规格的空挡，使用时应选择合适的空挡。

6. 锉刀

锉刀用来锉一些金属制作的零件，或用来除锈，或用来锉掉元器件管脚的氧化层。

7. 面包板

在面包板上布满了供插接元器件的小孔，孔内有导电良好的金属簧片。每列 5 个孔在电气上是相同的，而各列之间是不通的。因此，每一列可作为电路中的一个节点，在此节点上，最多可连接 5 个元器件。面包板的使用是很灵活的。虽然元器件的排列与引线的走向受到一定限制，但仍可做到使所搭接的电路整齐美观。用面包板搭接电路一般用于临时试验的情况，因此所有元器件的引线不必剪短。这样，这些元器件以后还可以继续使用。

用面包板搭接电路的过程，是一个将电气原理图变为实际电路的过程。虽然两者在元器件的排列和导线的走向上可能不同，但各元器件间的电气连接关系应该是完全一样的。

初学者往往会看原理图，而不会看实际电路。因此，应通过搭接电路来培养会看实际电路的能力。

用面包板搭接电路只适用于临时性的实验情况，对于已定型的电路，则需要采用印制电路板。

1.4　电子测量中的误差分析

在电子电路中，被测量值有一个真实值，简称为真值，它由理论计算求得。在实际测量该值时，由于受到测量仪器精度、测量方法、环境条件或测量者能力等因素的限制，测量值与真值之间不可避免地存在着差异，这种差异称为测量误差。学习有关测量误差和测量数据处理知识，以便在实验中合理地选用测量仪器和测量方法，并对实验数据进行正确的分析、处理，获得符合误差要求的测量结果。

1.4.1　测量误差产生的原因及其分类

根据误差的性质及其产生的原因，测量误差分为三类。

1. 系统误差

在规定的测量条件下，对同一量进行多次测量时，如果误差的数值保持恒定或按某种确定规律变化，则称这种误差为系统误差。例如，电表零点不准，温度、湿度、电源电压等变化造成的误差，便属于系统误差。

2. 偶然误差

在规定的测量条件下对同一量进行多次测量时，如果误差的数值发生不规则的变化，则称这种误差为偶然误差(又称随机误差)。例如，热骚动、外界干扰和测量人员感觉器官无规律的微小变化等引起的误差，便属于偶然误差。

尽管每次测量某个量时，其偶然误差的变化是不规则的，但是实践证明，如果测量的次数足够多，则偶然误差平均值的极限就会趋近于零。所以，多次测量某个量的结果，它的算术平均值则接近于其真值。

3. 过失误差

过失误差(又称粗大误差)是指在一定的测量条件下，测量值明显地偏离真值时的误差。从性质上来看，可能属于系统误差，也可能属于偶然误差。但是它的误差值一般都明显地超过相同条件下的系统误差和偶然误差，例如读错刻度、记错数字、计算错误及测量方法不对等引起的误差。通过分析，确认是过失误差的测量数据，应该予以删除。

1.4.2　误差的各种表示方法

1. 绝对误差

如果用 X_0 表示被测量的真值，用 X 表示测量仪器的示值(标称值)，于是绝对误差 $\Delta X = X - X_0$。若用高一级标准的测量仪器测得的值作为被测量的真值，则在测量前，测量仪器应该由该高一级标准的仪器进行校正。校正量常用修正值表示。对于某一个被测量，高一级标准的仪器的示值减去测量仪器的示值所得的值，就称为修正值。实际上，修正值就是绝对误差，它们仅仅符号相反。例如，用某电流表测量电流时，电流表的示值为 10 mA，修正值为 +0.04 mA，则被测电流的真值为 10.04 mA。

2. 相对误差

相对误差 γ 是绝对误差与被测真值的比值，用百分数表示，即

$$\gamma = (\Delta X / X_0) \times 100\%$$

当 $\Delta X \ll X_0$ 时，

$$\gamma = (\Delta X / X) \times 100\%$$

例如，用频率计测量频率时，频率计的示值为 500 MHz，频率计的修正值为 -500 Hz，则 $\gamma = [500/(500 \times 10^6)] \times 100\% = 0.000\,1\%$。

又如，用修正值为 -0.5 Hz 的频率计测得频率为 500 Hz，$\gamma = 0.5/500 \times 100\% = 0.1\%$。

从上述两个例子可以看到，尽管后者的绝对误差远小于前者，但是后者的相对误差却远大于前者。因此，前者的测量准确度实际上比后者的高。

3. 容许误差（又称最大误差）

一般测量仪器的准确度常用容许误差表示。它是根据技术条件的要求规定某一类仪器的误差不应超过的最大范围。通常仪器（包括量具）技术说明书所标明的误差，都是指容许误差。

在指针式仪表中，容许误差就是满度相对误差，定义为

$$\gamma_n = (\Delta X / X_n) \times 100\%$$

式中，X_n 是表头满刻度读数。指针式表头的误差主要取决于它本身的结构和制造精度，而与被测量值的大小无关。因此，用上式表示的满度相对误差实际上是绝对误差与一个常数的比值。我国电工仪表的准确度等级为 0.1、0.2、0.5、1.0、1.5、2.5 和 5 共七级。

例如，用一只满度为 150 V、1.5 级的电压表测量电压，其最大绝对误差为 150 V × (±1.5%) = ±2.25 V。若表头的示值为 100 V，则被测电压的真值在 100±2.25 V=97.75 ~ 102.25 V 范围内；若示值为 10 V，则被测电压的真值在 7.75 ~ 12.25 V 范围内。

在无线电测量仪器中，容许误差分为基本误差和附近误差两类。所谓基本误差，是指仪器在规定工作条件下在测量范围内出现的最大误差。规定工作条件又称为定标条件，一般包括环境条件（温度、湿度、大气压力、机械振动及冲级等）、电源条件（电源电压、电源频率、直流供电电压及波纹等）、预热时间、工作位置等。

所谓附加误差，是指定标条件的一项或几项发生变化时，仪器附加产生的误差。附加误差又分为两类：一为使用条件（如温度、湿度、电源等）发生变化时产生的误差，另一为被测对象参数（如频率、负载等）发生变化时产生的误差。

例如，DA22 型超高频毫伏表的基本误差为 1 mV 挡小于±1%，3 mV 挡小于±5%；频率附加误差在 5 kHz～500 MHz 范围内小于±5%，在 500～1 000 MHz 范围内小于±30%；温度附加误差为 10 ℃增加±2%（1 mV 挡增加±5%）。

1.4.3 削弱和消除系统误差的主要措施

对于偶然误差和过失误差的消除方法，前面已做过简要介绍，这里只讨论消除系统误差

的措施。产生系统误差的原因如下：

1. 仪器误差

仪器误差是指仪器本身电气或机械等性能不完善所造成的误差。例如，仪器校准不好，定度不准等。消除方法是预先校准，或确定其修正值，以便在测量结果中引入适当的补偿值来消除它。

2. 装置误差

装置误差是测量仪器和其他设备放置不当，或使用不正确以及由于外界环境条件改变所造成的误差。为了消除这类误差，测量仪器的安放必须遵守使用规定(例如万用表应水平放置)，电表间必须远离，并注意避开过强的外部电磁场影响等。

3. 人身误差

人身误差是测量者个人特点所引起的误差。例如，有人读指示刻度习惯于超过或欠少，回路总不能调到真正谐振点上等。为了消除这类误差，应提高测量技能，改变不正确的测量习惯和改进测量方法等。

4. 方法误差或理论误差

这是一种测量方法所依据的理论不够严格，或采用不恰当的简化和近似公式等引起的误差。例如，用伏安法测量电阻时，若直接以电压表的显示值和电流表的显示值之比作为测量的结果，而不计电表本身内阻的影响，就往往引起不能容许的误差。

系统误差按其表现特性还可分为固定的和变化的两类。在一定条件下，多次重复测量时测出的误差是固定的，称为固定误差；若测出的误差是变化的，则称为变化误差。

对于固定误差，可用一些专门的测量方法加以抵消。这里只介绍常用的替代法和正负误差抵消法。

1) 替代法

在测量时，先对被测量进行测量，记取测量数据。然后用一个已知标准量代替被测量，改变已知标准量的数值。由于两者的测量条件相同，可以消除包括仪器内部结构，各种外界因素和装置不完善等所引起的系统误差。

2) 正负误差抵消法

在相反的两种情况下分别进行测量，使两次测量所产生的误差等值而异号，然后取两次测量结果的平均值便可将误差抵消。例如，在有外磁场影响的场合测量电流值，可把电流表转动 180°，再测一次，取两次测量数据的平均值，就可抵消外磁场影响而引起的误差。

1.5　实验数据的处理方法

1.5.1　有效数字

由于存在误差，测量的数据总是近似值，它通常由可靠数字和欠准数字两部分组成。例如，由电压表测得电压 24.8 V，这是个近似数，24 是可靠数字，而末尾 8 为欠准数字，即 24.8 为三位有效数字。对于有效值的正确表示，应注意如下几点。

(1) 有效数字是指从左边第一个非零的数字开始，直到右边最后一个数字为止的所有字。例如,测得的频率为 0.015 7 MHz,它是由 1、5、7 三个有效数字组成的频率值,而左边的两个零不是有效数字,它可以写成 1.57×10^2 MHz,也可写成 15.7 kHz,而不能写成 15 700 Hz。

(2) 如已知误差,则有效值的位数应与误差相一致。例如,设仪表误差为±0.01 V,测得电压为 12.352 V,其结果应写成 12.35 V。

(3) 当给出误差有单位时,测量数据的写法应与其一致。

(4) 数字的舍入规则,为使正、负舍入误差的机会大致相等,传统的方法是采用四舍五入的办法,现已广泛采用"小于 5 舍,大于 5 入,等于 5 时取偶数"的办法。

1.5.2 数据运算规则

1. 加减法运算规则

几个准确度不同的数据相加、相减时,按取舍规则,将小数位数较多的数简化为比小数位数最少的数只多一位数字的数,然后计算,计算结果的小数位数,取至与原小数位数最少的数相同。

2. 乘除运算规则

两个有效位数不同的数相乘或相除时,将有效数字位数较多的数的位数取为比另一个数多一位,然后进行计算,求得的积或商的有效位数,应根据舍入规则保留与原有效数字位数少的数相同。

为了保证必要的精度,参与乘除法运算的各数及最终运算结果也可以比有效数字位数最少者多保留一位有效数字。

3. 乘/开方运算规则

进行乘/开方运算时,底数/被开方数有几位有效数字,运算结果多保留一位有效数字。

4. 对数运算规则

数据进行对数运算时,几位数字的数值应使用几位对数表,以免损失准确度。

1.5.3 等精度测量结果的处理

当对某一量进行等精度测量时,测量值中可能含有系统误差、随机误差和粗大误差,为了给出正确合理的结果,应按下列步骤对测得的数据进行处理:

(1) 查阅仪器使用手册,对测量值进行修正;

(2) 求出算术平均值;

(3) 按贝塞尔公式计算标准偏差;

(4) 根据相关判据,检查和剔除粗大误差,然后重复步骤(2)~(4),直到没有粗大误差;

(5) 判断有无系统误差,如有,应修正或减弱、消除;

(6) 算出算术平均值,并可进行置信度及置信区间等进行估计。

第 2 章

电子电路实验中常用的测试方法

2.1　电子测量概述

2.1.1　电子测量

测量是为确定被测对象的量值而进行的实验过程。在这个过程中常借助专门的设备，把被测对象直接或间接地与同类已知单位进行比较，取得用数值和单位共同表示的测量结果。测量结果必须由数值和单位两部分组成，如 35.22 Ω，598 Hz，42.5 V 等。凡是利用电子技术来进行的测量都可称为电子测量。模拟电路的测量主要包括下面几个方面：

(1) 电量的测量，即测量电流、电压、电功率等；

(2) 信号特性测量，如信号波形和失真度、频率、相位、脉冲参数、调幅度、信号频谱、信噪比等；

(3) 元件及电路参数的测量，如电阻、电感、电容、电子器件(晶体管、场效应管)、集成电路、电路的幅频特性、带宽、增益等的测量。

2.1.1　计量的概念

以确定量值为目的的一组操作称为“计量”。它突出两点：计量的目的是为了确定被计量对象的量值；其次，它本身是一种操作。也就是说计量是为了保证量值的统一和准确一致的一种测量。计量基准分为国家基准、副基准和工作基准。

2.1.3　测量方法的分类

1．直接测量与间接测量

(1) 直接测量。这是直接从测量的实测数据中得到测量结果的方法，如用电压表测量放大器的直流工作电压，欧姆表测电阻等。

(2) 间接测量。这是通过测量一些与被测量有函数关系的量，然后通过计算而获得被测值的测量方法。如测量电阻上消耗的功率 $P=UI=I^2R=U^2/R$，可以通过先直接测电压、电流或测量电流、电阻等方法，从而求出功率 P；又如测量放大器的增益 $A_U=U_o/U_i$，一般是分别测量放大器的输入电压 U_i 和输出电压 U_o，然后计算得 A_U 的值。

(3) 组合测量。这是兼用直接测量与间接测量的方法，通过联立求解各函数关系式来确定被测量的大小。该方法利用计算机来求解，更为方便。

2．直读测量法与比较测量法

(1) 直读测量法。这是利用电测量指示仪表在刻度线上读出测量结果的方法，如用电压表测量电压。这种方法是根据仪表的读数来判断被测量的大小，而量具并不直接参与测量过程。直读测量法操作方便，设备简单，得到广泛应用；但它准确度低，一般不能用于高准确度的测量。

(2) 比较测量法。这是将被测量与标准量直接进行比较而获得测量结果的方法。电桥就是典型例子，它是利用标准电阻(电容、电感)对被测量进行测量。

由上可见，直接测量与直读法、间接测量与比较法并不相同，二者互有交叉。如电压、电流表法测量功率，是直读法，但又属于间接测量法；又如电桥测电阻，是比较法但又属于直接测量法。

根据测量方式还可分为自动测量和非自动测量；从测量精确度，可分为工程测量和精密测量。

3. 按被测量性质分类

(1) 时域测量。例如电流、电压等，它们有瞬态量和稳态量，前者用示波器显示其变化规律，后者用指示仪表测量。

(2) 频域测量。如测量线性系统的频率特性和信号的频谱分析。

(3) 数据域测量。这是利用逻辑分析仪对数字量进行测量的方法。

(4) 随机测量。这是对各类干扰信号、噪声的测量和利用噪声信号源等进行的动态测量。

2.2 电子电路基本参数的测试方法

2.2.1 电压的测量方法

在电压测量中，要根据被测电压的性质(直流或交流)、工作频率、波形、被测电路阻抗、测量精度等来选择测量仪表(如仪表量程、阻抗、频率、准确度等级)。

1. 直接测量法

用模拟指针式电压表可以直接测量交、直流电压表的各主要参数。如磁电式仪表可以测量直流电流，电磁式或电动式仪表可以测出交流电流的有效值，也适用于低频交流电流或电压测量。

测量时，要考虑电表输入阻抗、量程、频率范围，尽量使被测电压的指示值在仪表的满刻度量程的 2/3 以上，这样可以减少测量误差。

直流电压或正弦交流电压亦可用示波器进行测量。

2. 比较测量法——示波器法

比较测量法是用已知电压值(一般为峰-峰值)的信号波形与被测信号电压波形比较，并算出电压值。

1) 示波器测直流电压

将“AC - GND - DC”开关置于“GND”，得到一扫描线，将它移到示波器屏幕刻度中心作为零电压基准；然后将开关置于“DC”，扫描线将上移或下移。根据偏离值就可以算出直流电压值。

2）示波器测交流电压

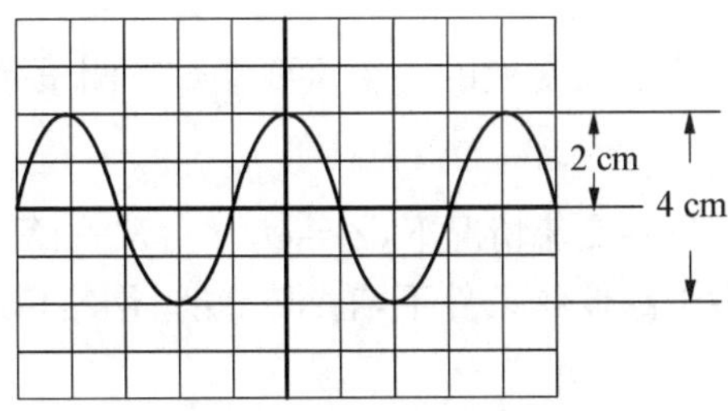

图 2.1　交流电压测试图

显示的信号如图 2.1 所示。如 V/div(伏/分度)调在 5 V,则图示正弦信号的峰值电压为 $U_p=5$ V/div×2 div=10 V,图示正弦信号的峰-峰值电压为 $U_{p-p}=5$ V/div×4 div=20 V,图示正弦信号的有效值为

$$U=\frac{U_p}{\sqrt{2}}=\frac{U_{p-p}}{2\sqrt{2}}=7.07\ \text{V}$$

3）周期和频率的测量

周期是指一个信号的重复时间间隔,可以用具有时间测量功能的示波器或数字频率计测量。在实验教学中,使用示波器可满足要求。

频率是电信号的一个重要参数,实验中常用示波法和计数法进行测量。

(1) 示波法。用示波器测出信号的周期,根据频率与周期的倒数关系 $f=1/T$ 可计算出频率。

(2) 计数法。用数字频率计直接测量频率,既方便又准确,是目前广泛采用的一种方法。一般实验室使用的信号发生器兼有外测频率的功率的功能。在实验时,一般不必另配频率计,便可利用该功能测出电信号的频率。

对于非正弦的脉冲信号电压,一般不能用毫伏表来测量,而采用示波器测量。同样用比较法测量(方法同测正弦交流电压)。

3. 用微差法测量大电压的变化量

为了正确地测量出大电压的微小变化量(如直流稳压源,由于电网或负载变化而引起输出电压的变化),可以用多位的数字电压表直接测量;若无合适的数字电压表,可用微差法来测量。如图 2.2 所示,E 是一个标准电源,$E=U_o$,当 6 V 稳压电源有 0.01 V 量级的变化时,用大量程电压表难于读准确;可用一小量程(0 ～ 50 mV) 电压表来测量 0.01 V 量级的变化时;就能得到较高的精度。微差法测量精度取决于 E 和小量程电压表的精度的组合关系。

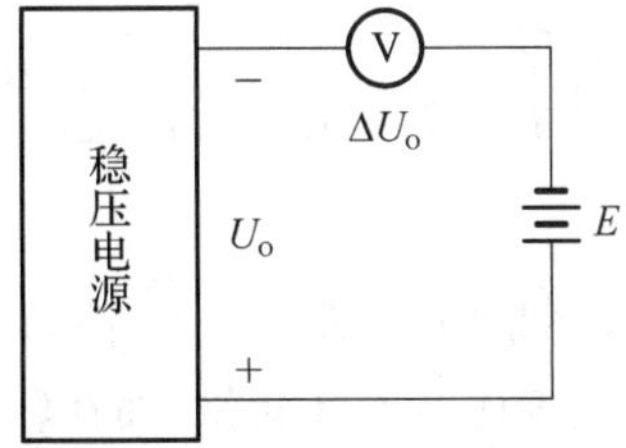

图 2.2　微差法电压测量图

2.2.2 阻抗的测量方法

阻抗是描述电路系统的传输及变换的一个重要参数。测量条件不一样，阻抗测量值也不一样。

在直流情况下，$R=U/I$；在交流情况下，$Z=\dot{U}/\dot{I}=R+\mathrm{j}X$。

下面简单介绍模拟线性电路低频条件下，有缘二端口网络（如放大器）输入电阻和输出电阻的测量方法。

1. 输入电阻的测量方法

放大器的输入电阻 R_i 定义为输入电压 U_i 和输入电流 I_i 之比，即 $R_i=U_i/I_i$。测量 R_i 的方法很多，下面介绍几种常用的方法。

1）替代法

测量电路如图 2.3 所示。

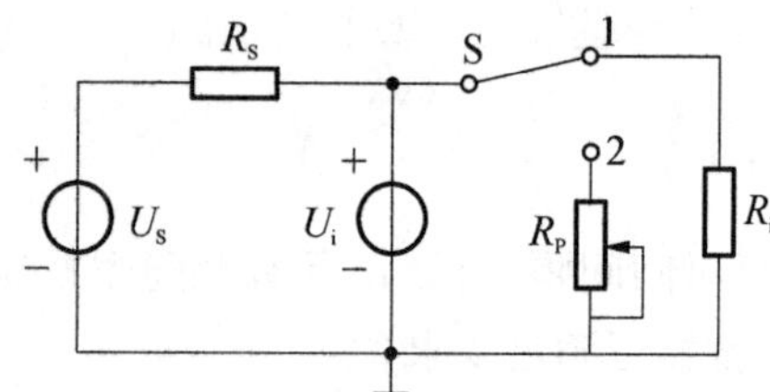

图 2.3 替代法求输入电阻的电路图

当开关 S 置于“1”位置时，测量电压 U_i；当 S 置于“2”位置时，调节 R_P，使 U_i 保持不变，这时 R_P 的阻值即为输入电阻 R_i 的值。

2）输入换算法

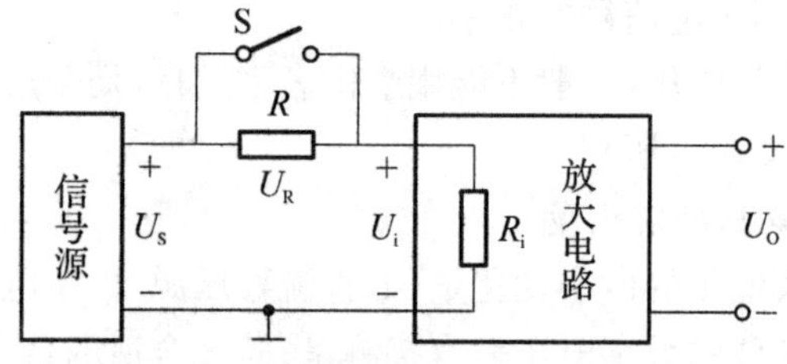

图 2.4 换算法求输入电阻的电路图

当被测电路的输入电阻为低阻时，测量电路如图 2.4 所示。只要用毫伏表分别测出电阻 R 两端对地电位 U_S 和 U_i 值，则

$$R_i=\frac{U_i}{I_i}=\frac{U_i}{U_R/R}=\frac{U_i}{U_S-U_i}R。$$

3）输出换算法

当被测电路为高输入电阻时，测量电路如图 2.4 所示。由于毫伏表的内阻与放大电路的输入电阻 R_i 数量级相当，不能直接在输入端测量，而在输入端串联一个已知电阻 R 与 R_i 数量级相当。由于 R 的接入，使放大电路输出端 U_o 发生变化，在开关 S 闭合或断开两种情

况下，分别用毫伏表测量放大电路输出端电压 U_o，则

当开关 S 闭合时，$U_i = U_S$，$U_{o1} = A_U U_S$，$A_U = U_{o1}/U_S$

当开关 S 断开时，$U_{o2} = A_U U_i = A_U \dfrac{R_i}{R+R_i} U_S = \dfrac{R_i}{R+R_i} U_{o1}$

所以
$$R_i = \frac{U_{o2}}{U_{o1} - U_{o2}} R_o$$

测量 R_i 时应注意以下三点：

(1) 由于 R 两端没有接地点，而电压表一般测量的是对地的交流电压，所以，当测量 R 两端的电压 U_R 时，必须分别测量 R 两端对地的电压 U_S 和 U_i，并按 $U_R = U_S - U_i$ 求出 U_R 值。实际测量时，电阻 R 的数值不宜取得过大，否则容易引入干扰；但也不宜过小，否则测量误差较大，最好取 R 与 R_i 接近。

(2) 测量之前，毫伏表应该校零，U_S 和 U_i 最好用同一量程进行测量。

(3) 输出端应接上负载电阻 R_L，并用示波器监视输出波形，应在波形不失真的条件下进行测量。

2. 输出阻抗的测量方法

1) 换算法

在放大器输入端加入一个固定信号电压，分别测量负载 R_L 断开和接上时的输出电压 U_o 和 U_{oL}，则 $R_o = \left(\dfrac{U_o}{U_{oL}} - 1\right) R_L$。

2) 替代法

首先开路 R_L，测出 U_o；然后接一电位器 R_P，调节 R_P，使 $U'_o = U_o/2$，则 $R_o = R_P$。

3) 电流、电压变化法

在有源二端口网络的输出端串一负载电阻 R_L，改变 R_L 值，可分别测出输出端电流、电压的变化量，则 $R_o = \left|\dfrac{U_{o1} - U_{o2}}{I_{o1} - I_{o2}}\right|$。

2.2.3　幅频特性与通频带的测量方法

1. 逐点法

测试时利用示波器监视，保持输入信号 U_i 为常数，改变信号的频率，分别测出不同频率对应的不失真的输出电压 U_o 值，并计算电压增益 $A_U = U_o/U_i$。

1) 幅频特性的测量

仪器设备或电路的幅频特性是指输入信号的幅度保持不变时，输出信号的幅度相对于频率的关系。采用逐点法，其测试框图如图 2.5 所示。

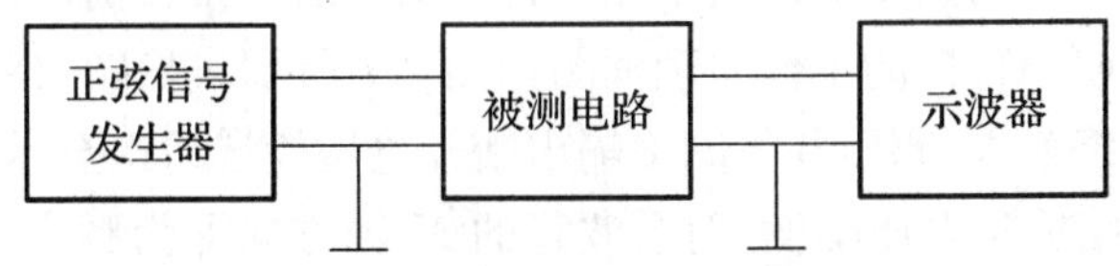

图 2.5　用逐点法测试幅频特性的框图

测量时用第一个频率可调的正弦信号发生器，保持其输出电压的幅度恒定，将其信号

作为被测设备或电路的输入信号。每改变一次信号发生器的频率，用毫伏表或双踪示波器测量被测设备或电路的输出电压值（注意：测量仪器的频带宽度要大于被测电路的带宽，在改变信号发生器的频率时，应保持信号发生器输出的电压值不变，同时要求被测电路输出的波形不能失真）。测量时，应根据对电路幅频特性所预期的结果来选择频率点数；测量后，将所测各点的值连接成曲线，就是被测仪器设备或电路的幅频特性。如图 2.6 所示。

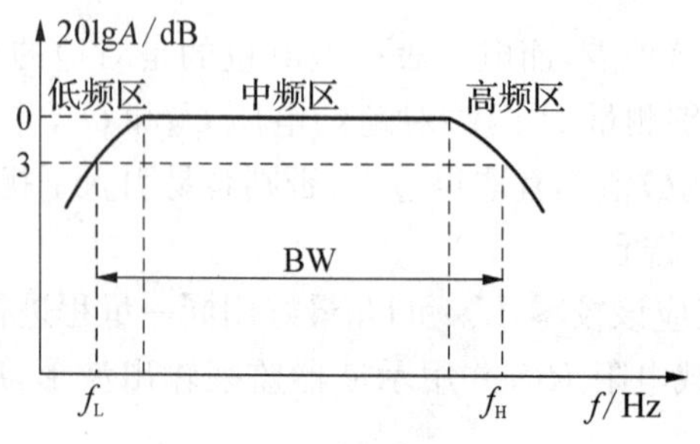

图 2.6　放大器的幅频特性

2) 通频带(带宽)的测量

通频带(带宽)是表征仪器设备或电路频率特性的一项技术指标。通频带(带宽)用符号 BW 表示。工程上规定，当增益下降到中频区增益的 70.7%(或 3 dB)时，相对应的低频率和高频频率分别称为下限截止频率 f_L 和上限截止频率 f_H，则通频带 BW $=f_H-f_L$。因为一般有 $f_H \gg f_L$，所以 BW $\approx f_H$。

通频带的大小可在被测仪器设备或电路的频率特性曲线上获得，如图 2.6 所示，也可用如下方法测量。

(1) 按图 2.5 接线，保持输入信号电压幅度不变。

(2) 调节输入信号频率，用毫伏表或示波器测出待测仪器设备或电路的最大输出电压值 $U_{o,max}$。

(3) 调低输入信号频率，使待测仪器设备或电路的输出电压为最大值的 70.7%，测出此时的频率 f_L。

(4) 调高输入信号频率，使待测仪器设备或电路的输出电压为最大值的 70.7%，测出此时的频率 f_H。

(5) 通频带为上限截止频率 f_H 和下限频率 f_L 之差，即 BW $=f_H-f_L$。

注意：在改变输入信号频率时，要始终保持输入信号电压的幅度不变。

2. *扫频法*

扫频法就是用扫频仪测量二端口网络幅频特性的方法。是目前广泛应用的方法。

扫频仪测量网络幅频特性的工作原理框图如图 2.7 所示。扫频仪将一个与扫描电压同步的扫频信号送入网络输入断开，并将网络输出断开电压检波后送至示波管 Y 轴，则在荧屏 Y 轴方向显示被测网络输出电压幅度；而示波管的 X 轴方向即为频率轴，加到 X 轴偏转板上的电压应与扫频信号的频率变化规律一致(注意：扫描电压发生器输出到 X 轴偏转板的电压正符合这要求)，这样示波管屏幕上才能显示出清晰的幅频特性曲线。

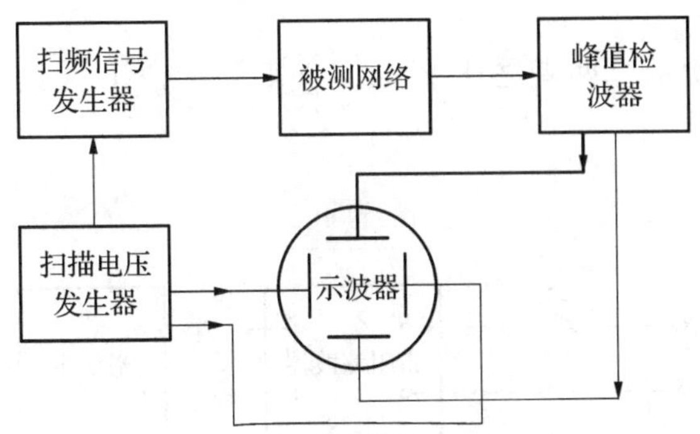

图 2.7　用扫频法测幅频特性框图

2.2.4　调幅系数的测量方法

用示波器法，可直接测量调幅波的调幅系数 m_a。

1. 直接用包络线法测量调幅系数

采用示波器屏幕测量来测量调幅系数，如图 2.8 所示。屏幕上显示出调幅波的波形，读取包络线的峰-峰值和谷-谷之间所占个数 A 和 B，则调幅系数为 $m_a=\dfrac{A-B}{A+B}\times 100\%$。

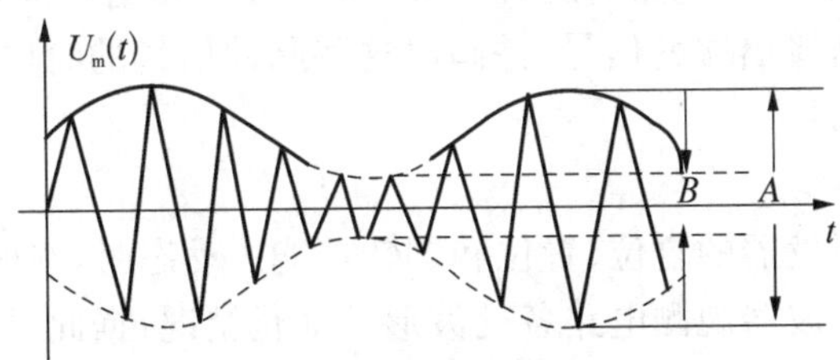

图 2.8　示波器测调幅系数

2. 用梯形法(李萨如图形)测调幅系数

用双踪示波器，将扫描时间/分度开关转至 $X-Y$，将调幅信号 $U_m(t)$ 和调制信号 $U_\Omega(t)$ 同时输入 Y 通道(或 CH1，CH2)。示波器屏幕上显示如图 2.9 所示的图形(梯形)。因此，可计算出调幅系数 $m_a=\dfrac{A-B}{A+B}\times 100\%$，其中 A 和 B 分别是梯形垂直方向上的最大和最小高度。也可以用调幅度测量仪来测量调幅系数。

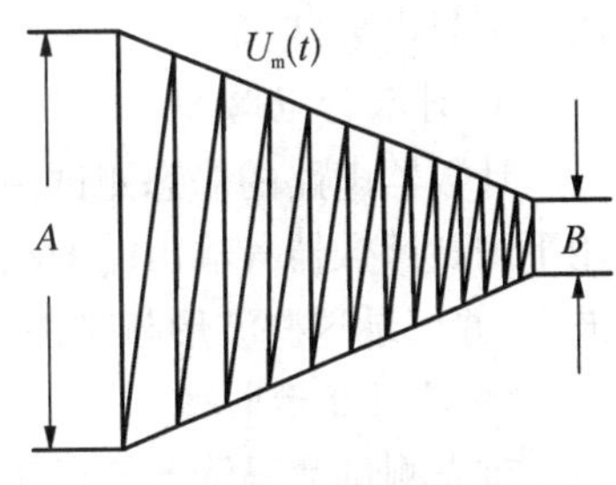

图 2.9　李萨如图形测调幅系数

2.2.5　失真系数的测量方法

一个稳定的线性系统在对输入信号响应时，不会产生新的频率分量。如果输出包含有新的频率分量，则系统为非线性系统。

常采用抑制基波法测非线性失真系数(失真度)。用一个带阻滤波器滤去被测信号的基波分量 U_1 时，用毫伏表在滤波器输出端测出谐波分量 $\sqrt{\sum_{i=2}^{\infty}U_i^2}$ 和不经过滤波器的信号分量

$\sqrt{\sum_{i=1}^{\infty}U_i^2}$，如图 2.10 所示。两者之比 $\gamma'=\sqrt{\sum_{i=2}^{\infty}U_i^2}/\sqrt{\sum_{i=1}^{\infty}U_i^2}$，则非线性失真系数 $\gamma=\frac{\gamma'}{\sqrt{1-\gamma'^2}}$。

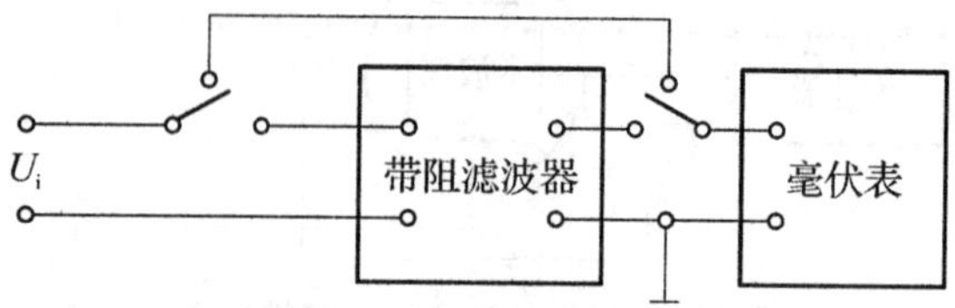

图 2.10　失真度测量示意图

失真度测试仪就是按抑制基波法原理来测量失真度的。

2.2.6　数字电路几种基本电路的测试方法

1. 集成逻辑门电路

静态时，在各输入端分别接入不同的电平值，即逻辑"1"接高电平（输入端通过 1 kΩ 电阻接电源正极），逻辑"0"接低电平（输入端接地）。用数字万用表测量各输入端的逻辑电平，并分析各逻辑电平值是否符合电路的逻辑关系。动态测试是指各输入端分别接入规定的脉冲信号，用示波器观测各输出端的信号，并画出这些脉冲信号的时序波形图，分析它们之间是否符合电路的逻辑关系。

2. 集成触发器电路

静态时，主要测试触发器的复位、置位和翻转功能。动态时，在时钟脉冲的作用下测试触发器的计数功能，用示波器观测电路各处波形的变化情况，据此可以测定输出、输入信号之间的分频关系、输出脉冲的上升和下降时间、触发灵敏度和抗干扰能力，以及接入不同负载时，对输出波形参数的影响。测试时，触发脉冲的宽度一般要大于数微妙，且脉冲的上升沿或下降沿要陡。

3. 计数器电路

计数器电路的静态测试主要测试电路的复位、置位功能。动态测试是指在时钟脉冲作用下测试计数器各输出端的状态是否满足计数功能表的要求，可用示波器观测各输出端的波形，并记录这些波形与时钟脉冲之间的波形关系。

4. 译码显示电路

首先测试数码管各笔段工作是否正常，如共阴极的发光二极管显示器，可以将阴极接地，再将各笔段通过 1 kΩ 电阻接电源正极（+UDD），各笔段应亮。再将译码器的数据输入端依次输入 0001～1001，则显示器对应显示出数字 1～9。

译码显示电路常见故障是：

(1) 数码显示器上某字总是"亮"而不"灭"，可能是译码器输出幅度不正常或译码器的工作不正常。

(2) 数码显示器上某字总是不"亮"，可能是数码管或译码器的连接不正确或接触不良。

(3) 数码管字符显示模糊，而且不随输入信号变化，可能是译码器的电源电压不正常或连线不正确或接触不良。

第 3 章

电路与信号实验

3.1 初识电子世界

实验 1 常用电路元件的简易测试

一、实验目的

1. 学会模拟万用电表欧姆挡的基本使用方法。

2. 学会用模拟万用电表判别电容器的好坏。

2. 学会用模拟万用电表判别电容器的好坏。

3. 学会晶体管类型与极性的简易判别方法。

二、实验仪器与设备

直流稳压电源、模拟万用电表、电阻、电容器、晶体管。

三、实验原理

电阻、电容、电感线圈、半导体二极管、晶体三极管等都是电路中常用的元器件，利用多功能电工测量仪表——万用电表，不仅可以用来测量直流电流、交直流电压、电阻等参量值，还可以判别元器件的好坏及其极性。

1. 模拟万用电表欧姆挡结构原理与电阻的测量

从原理上讲，模拟万用表的欧姆挡电路主要是由表头和电池等组成，如图 3.1 所示。用万用电表测电阻值，实质上是以测定在一定电压下通过表头的电流大小来实现的。由于通过表头的电流与被测电阻 R_X 不是正比关系，所以表盘上的电阻标度尺是不均匀的。万用电表欧姆挡分为×1、×10、×1 k 等数挡位置，刻度盘上欧姆的刻度只有一行，其中 1、10、1 k 等数值为欧姆挡的倍率。被测电阻的实际值等于标度尺上读数乘以倍率。

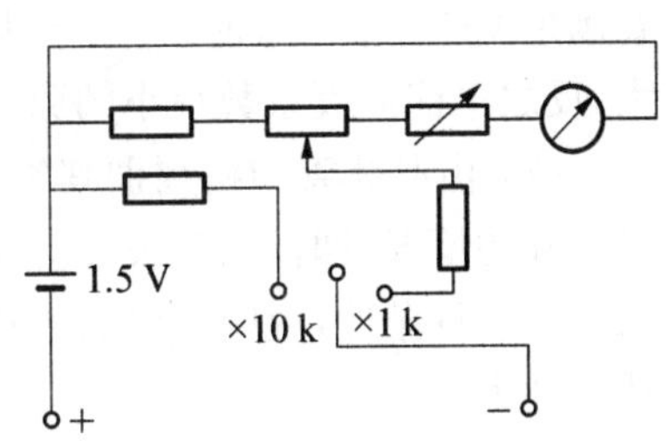

图 3.1 欧姆挡原理电路

由于电池电动势会因使用而下降，所以在测量以前，先将两表笔短接，转动调零电位器，使指针指在 0 欧姆位置，然后再进行测量。

2. 电容器好坏的简易判别

电容的好坏和容量的大小可根据电容器放电时电流电压的变化及其时间常数的大小用万用电表进行简易测试。对于 1 μF 以上的固定电容，用万用电表欧姆挡便可检测出好坏；

对于 1 μF 以下的小容量电容，因其时间常数甚小，需外加直流电源，用万用电表相应的直流电压挡检测之。

1 μF 以上电容的欧姆挡检测：选用 1 k 的欧姆挡位，用两表笔接触电容器两电极，与此同时，观察表针摆动情况。若表针向阻值小的方向摆出，然后又较慢地摆回无穷大处，则电容是好的。交换表笔再测一次，看表针的回摆情况。摆幅越大的电容，其电容量也越大。若表笔一直接触电容器两电极，表针总在无穷大处，或交换表笔后仍然如此，则表明该电容器断路，即已失去容量。若表笔摆出后根本不回摆，则为电容器短路，即已击穿。若表针摆出后回不到无穷大处，则为电容器漏电，质量不佳。

若在电路上检查电容器故障，一定要切断电源，并拆开电容一脚检测之。

1 μF 以下电容器的电压辅助检测：对于容量很小的电容器，用欧姆挡检测往往看不出指针的摆动。此时可借助于一个外加直流电压用万用电表电压挡进行检测。具体方法如图 3.2所示，注意表笔极性和所加直流电压的大小，需与相应的电压挡对应，切不可使外加电压超出所测电容器的耐压。性能良好的电容器，接通电源时，万用电表电压值有较大的摆动，然后缓慢地返回零位。摆幅越大的电容器，电容量也越大。若接通电源时，电压值为零，表针不摆动，交换电容器两电极与电源的连接，表针仍不摆动，则为电容器断路。若指针一直指示某一电压值而不回摆，则为击穿短路。若摆动后不返回零位，说明电容器漏电。且所指示的电压值越高，漏电量越大。

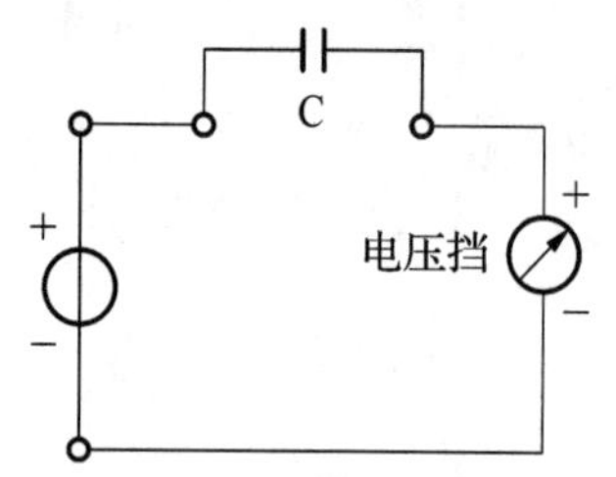

图 3.2　1 μF 以下电容器检测电路

3. 晶体管类型与极性的判别

由欧姆挡原理电路图可知，插入“−”接线孔的黑表笔是内部电源的正极，而红表笔则是电源的负极。由于半导体元件的正向耐压和电流之限，判别其极性时常用×10、×100 和×1 k挡，而禁用×1 和×10 k 挡。

利用 PN 结正向电阻小，反向电阻大的原理，用万用电表欧姆挡便可判别出基极 b，同时确定出晶体管的类型。判别出基极后，利用晶体管的放大原理（以 NPN 为例），只有当晶体管满足 $V_c > V_b > V_e$ 时，才有放大能力，然后根据其满足 $V_c > V_b > V_e$ 时电流放大系数 β 较大，反之电流放大系数很小的原理，便可判别出晶体管的集电极 c 和发射极 e。

(1) 由晶体管结构判别其类型与基极 b：任意假设管子的某极为基极，据基极对 c 和 e 呈对称的情况，即仅当基极才会有对 c 和 e 的电阻“要小都小，要大都大”，如图 3.3 所示。如果满足这种条件，说明假设的基极就是实际的基极。否则，换一个极重复测试，直到满足上述条件为止。

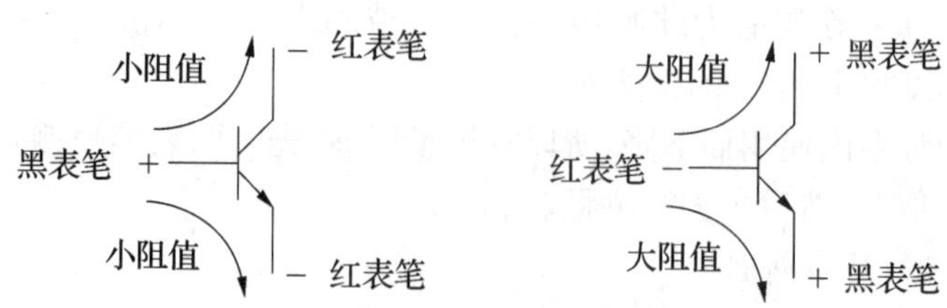

图 3.3　晶体管类型与基极判别依据

基极确定后，看两电阻都小时，是红表笔还是黑表笔接基极，若为黑表笔接基极，则为 NPN 型管，否则，便为 PNP 型晶体管。

(2) 由放大原理判别集电极 c 和发射极 e：以 NPN 型晶体管为例，将万用电表两表笔分别接在两未知管脚上，用一约 100 kΩ 左右的电阻在黑表笔与 b 间接触一下，相当于给基极加了一个偏置电流，观察表针的回摆幅度；对调红、黑两表笔，仍用 100 kΩ 电阻碰触黑笔与 b，再看回摆幅度的大小，如图 3.4 所示。显然回摆幅度大的一次时黑表笔所接为集电极 c，另一极便为 e。实际操作时，利用人体电阻代替 100 kΩ 电阻，用手指触 b 与黑表笔便可实现之。

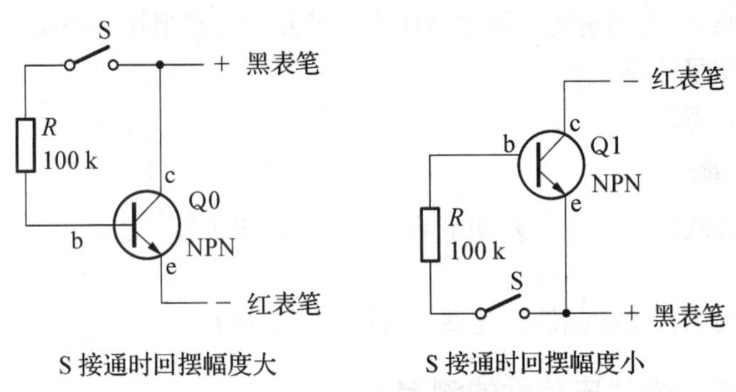

图 3.4　c 和 e 判别原理示意图

PNP 型晶体管的测试方法类似，只需用手指触及 b 与红表笔即可。回摆幅度大时的那次，红表笔所接为 c 极。

该实验使用指针式万用电表，若使用数字显示万用电表，红、黑表笔和指针式万用电表指针的使用恰好相反。

四、实验注意事项

1. 测电阻前，先进行零欧姆调节，每换一次挡位，都要重新调零。

2. 绝不能在带电线路上测量电阻，这样做实际上是把欧姆表当电压表使用，极易烧坏万用电表。

3. 检测 1 μF 以下电容器时，注意表笔极性和所加直流电压的大小，需与相应的电压挡对应，切不可使外加电压超出所测电容器的耐压。

五、实验内容与步骤

1. 电阻的测量

任选两个挡位的电阻测量，根据电阻标称值估计所用万用表欧姆挡量程。指针愈接近欧姆刻度中心读数，测量结果越准确。

按表 3.1 要求，将测量结果记入表内。

表 3.1　电阻测量结果记录表

电阻	R_1(Ω)	R_2(Ω)	$R_1 /\!/ R_2$(Ω)	R_1+R_2(Ω)
标称值(计算值)				
实测值				

2. 电容器好坏的判别

根据实验原理部分(1 μF 以上电容的欧姆挡检测)的描述步骤,用万用电表欧姆挡×1 k 挡检测元件箱上 2.2 μF、4.7 μF 的电容器;根据实验原理部分(1 μF 以下电容器的电压辅助检测)的描述步骤,用万用电表电压挡检测 0.1 μF、0.47 μF 的电容器。

3. 三极管的类型及其极性的判别

用万用电表判别元件箱上的两个三极管的类型及其极性。根据实验原理部分的描述步骤,先判断三极管类型,再判断极性。

六、实验报告要求

1. 结合本实验,将万用电表欧姆挡使用方法及其注意事项作一小结。
2. 记录电阻测量结果。
3. 回答实验思考题。

七、实验思考题

1. 用万用电表欧姆挡检测一未知电容的好坏时,若表针一直指在∞处,是否该电容一定断路?为什么?
2. 用最简洁的语言叙述晶体管类型与极性的判别过程。

实验 2　电路元件伏安特性的测定

一、实验目的

1. 掌握线性、非线性电阻的概念,以及理想、实际电源的概念。
2. 学习线性电阻元件和非线性电阻元件伏安特性的测试方法。
3. 学习电源外特性的测量方法。
4. 掌握应用伏安法判定电阻元件类型的方法。
5. 学习直流稳压电源、直流电压表、直流电流表等仪器的正确使用。

二、实验仪器与设备

直流稳压电源、直流数字电压表、直流毫安表、电阻、电位器、整流二极管、稳压二极管。

三、实验原理

二端电阻元件的伏安特性是指元件的端电压与通过该元件电流之间的函数关系。独立电源和电阻元件的伏安特性可以用电压表、电流表测定,称为伏安测量法,由测得的伏安特性可了解被测元件的性质。

1. 电阻元件

线性电阻元件的伏安特性满足欧姆定理,在关联参考方向下,可表示为 $U=R_{\mathrm{i}}$,其中 R 为常量,称为电阻的阻值。其伏安特性曲线是一条过坐标原点的直线,具有双向性。

非线性电阻元件的阻值 R 不是一个常量,其伏安特性曲线是一条过坐标原点的曲线。非线性电阻的种类很多,而且应用也很广泛。钨丝灯泡、普通二极管、稳压二极管、恒流管和隧道二极管都是非线性电阻元件。

在被测电阻元件上施加不同极性和幅值的电压,测量出流过该元件中的电流,或在被测电阻元件中通入不同方向或幅值的电流,测量该元件两端的电压,得到被测电阻元件的伏安特性。

2. 电压源

理想直流电压源输出固定幅值的电压，输出电流的大小可由外电路决定。因此它的外特性曲线是平行于电流轴的直线。实际电压源的电压 U 和电流 I 关系为 $U=U_S-R_SI$。在线性工作区它可以用一个理想电压源 U_S 和内电阻 R_S 相串联的电路模型来表示。实际电压源的外特性曲线和理想电压源的外特性曲线有一个夹角 θ，θ 越大，说明实际电流源内电阻 R_S 越大。

电压源与一可调电阻 R_L 相连，改变负载电阻 R_L 的阻值，测量相应的电压源电流和端电压，得到被测电压源外特性。

3. 电流源

理想电流源输出固定幅值的电流，其端电压由外电路决定，因此它的外特性曲线是平行于电压轴的直线。实际电流源的电流 I 和电压 U 的关系为 $I=I_S-G_SU$。实际电流源在线性工作区内可以用一个理想电流源和内电导相并联的电路模型来表示。实际电流源的外特性曲线和理想电流源的外特性曲线有一个夹角 θ，θ 越大，说明实际电流源内电导 G_S 值越大。

四、实验注意事项

1. 阅读实验中所用仪表的使用介绍，注意量程和功能的选择，注意电压源使用时不能短路。

2. 测二极管正向特性时，稳压电源输出应由小到大逐渐增加，应时刻注意电流表读数不得超过 20 mA，稳压源输出端切勿碰线短路。

3. 进行不同的实验时，应先估算电压和电流值，合理选择仪表的量程，勿使仪表超量程，仪表的极性亦不可接错。

五、实验内容与步骤

1. 电阻元件伏安特性的测量

取 $R=200\ \Omega$ 作为被测元件，先将稳压电源输出 12 V 调好后关闭电源。按图 3.5 接线。经检查无误后，接通电源，调节可变电阻器，使电压表示数分别为表 3.2 中所列数值，记录相应的电流值于表中。注意有效数字的读取，绘制 U－I 关系曲线图。

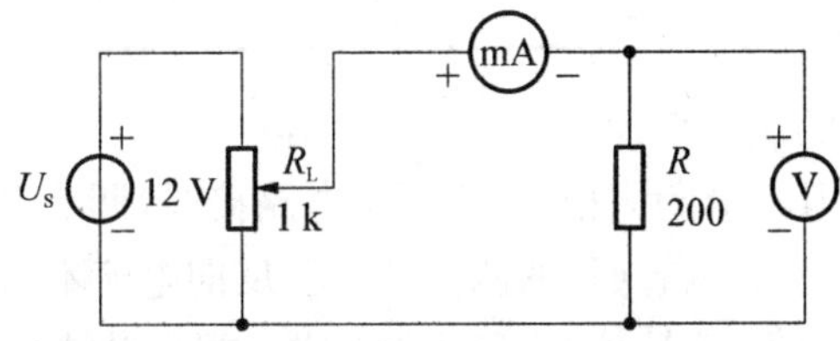

图 3.5　测试线性电阻元件伏安特性的电路图

表 3.2　电阻元件伏安特性测量数据

U(V)	0	2	4	6	8	10
I(mA)						

2. 非线性电阻元件伏安特性的测量

(1) 测定整流二极管的伏安特性

被测对象为半导体二极管。由于硅二极管、锗二极管的正向导通压降不一样，为了使特性曲线测得准确，先从低到高给出一组电压数值初测一次，由测量结果描出曲线草图，然后根据形状，合理选取电压值进行测量。曲线曲率大的地方，相邻电压数值要选得靠近一些；曲率小的地方，可选的疏一些。

按图 3.6 所示接线，U_S为可调稳压电源，其中 D 是整流二极管，可变电阻 R_L 用以调节电压，r 为限流电阻，用以保护二极管。测二极管 D 的正向特性时，调节电源输出电压为 12 V，改变可变电阻 R_L 的值，

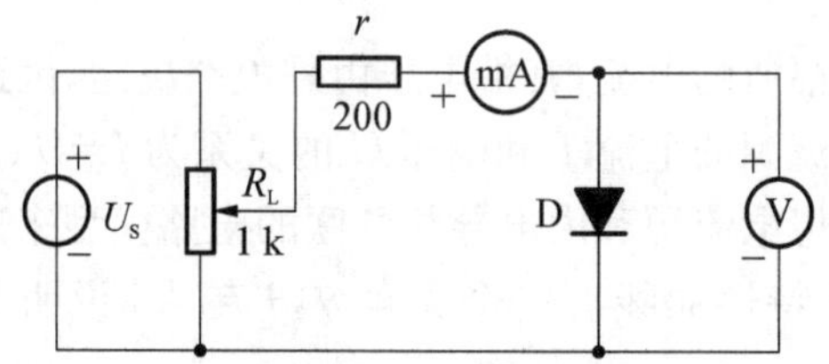

图 3.6 测试非线性电阻正向伏安特性电路图

二极管正向电流不得超过 25 mA，正向压降可在 0～0.75 V 之间取值，特别是在 0.5～0.75 V之间更应多取几个测试点。做反向特性实验时，只需将图 3.6 中的二极管 D 反接，使 R_L=1 kΩ，调节可调稳压源输出电压 U_S，从 0 V 开始缓慢增加，二极管反向电压可在 0～30 V之间取值。由于二极管是单向性元件，注意使用中其端钮的接线。线路连好后，按表 3.3和表 3.4 所列数据观测并记录结果，在 $U-I$ 平面中绘出其伏安特性曲线。

表 3.3 整流二极管正向伏安特性测量数据

U(V)	0	0.2	0.4	0.5	0.55	0.6	0.65	0.7	0.75
I(mA)									

表 3.4 整流二极管反向伏安特性测量数据

U(V)	0	−5	−10	−15	−20	−25	−30
I(mA)							

(2) 测定稳压二极管的伏安特性

将整流二极管换成稳压二极管，按图 3.6 所示电路接线，调节电压源输出电压为 8 V，改变可变电阻 R_L 的值，重复实验内容(1)的测量，其正、反向电流不得超过±20 mA，记录被测稳压二极管上的电压、电流值，填入表 3.5 和表 3.6 中。根据被测数据，绘制稳压二极管伏安特性曲线图。

表 3.5 稳压二极管正向伏安特性测量数据

U(V)	0	0.2	0.4	0.6	0.65	0.7	0.72	0.74	0.76	0.78
I(mA)										

表 3.6　稳压二极管反向伏安特性测量数据

U(V)	0	−1.5	−2	−2.5	−2.8	−3	−3.1	−3.2	−3.5	−3.55
I(mA)										

3. 测定理想电压源、电流源伏安特性

被测对象是直流稳压电源，由于其内阻 $R_0 \leqslant 30\ \text{M}\Omega$，在和外电路电阻相比其内阻可忽略不计的情况下，其输出电压基本维持不变，可视为一理想电压源。实验电路如图 3.7 所示。其中 $r = 200\ \Omega$ 为限流电阻，R_L 为 1 kΩ 可变电阻器。接好电路，调节稳压源输出 $U_S =$ 10 V，保持稳压源输出电压不变，改变电阻 R_L 的值，使电流表读数分别如表 3.7 所示，按表 3.7 所列数据记录测量结果，并绘制伏安特性曲线。

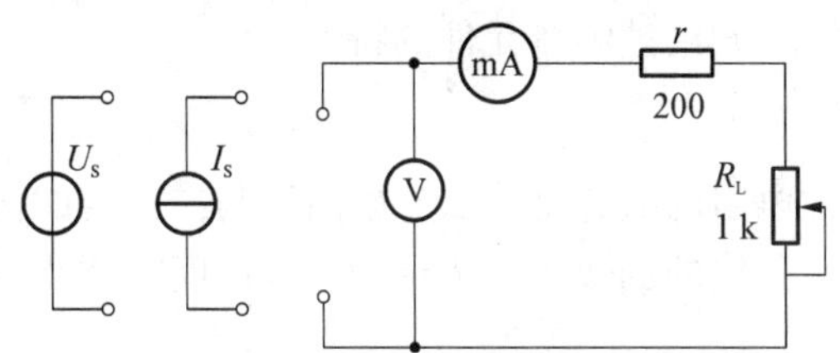

图 3.7　测定理想电源伏安特性电路图

电流源伏安特性的测量与电压源的测量方法一致，将电流源按图 3.7 所示电路连接，调节恒流源输出为 10 mA，保持恒流源输出不变，改变电阻 R_L 的值，使电压表读数分别如表 3.7所示，按表 3.7 所列数据记录测量结果。

表 3.7　理想电源伏安特性测量数据

$r = 200\ \Omega$　　$R_L = 0 \sim 1\ \text{k}\Omega$							
电压源	I(mA)	10	15	20	30	40	45
	U_S(V)						
电流源	U(V)	3	4	6	8	10	11
	I_S(mA)						

4. 测定实际电压源的伏安特性

直流稳压电源其内阻很小，为了了解实际电压源的伏安特性，我们选取一个电阻作为稳压电源的内阻，与其串联组成一个实际电压源模型，然后测其伏安特性。实验电路如图 3.8 所示，调节稳压源输出 $U_S = 12$ V，保持稳压源输出电压不变，改变电阻 R_L 的值，使电流表读数如表 3.8 所示，按表 3.8 所列数据记录测量结果，并绘制伏安特性曲线，写出解析式。

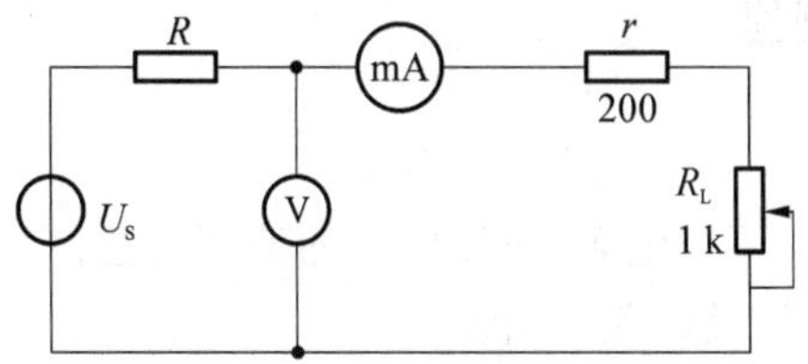

图 3.8　测定实际电压源伏安特性电路图

表 3.8 实际电压源伏安特性测量数据

I(mA)	10	15	20	25	30	35	40
U(V)							

六、实验报告要求

1. 根据测量数据，在坐标纸上按比例绘制出各伏安特性曲线，由特性曲线求出各种情况下实际电源的内阻值，并与实验给定的内阻值相比较，分析引起误差的主要原因。

2. 简要解释各特性曲线的物理意义。

3. 根据伏安特性曲线，判断各元件的性质和名称。由线性电阻的特性曲线求出其电阻值。

4. 根据实验结果，总结、归纳被测各元件的特性。

七、实验思考题

1. 线性电阻和非线性电阻的概念是什么？电阻器与二极管的伏安特性有何区别？

2. 设某器件伏安特性曲线的函数式为 $I=f(U)$，试问在逐点绘制曲线时，其坐标量应如何放置？

3. 稳压二极管与普通二极管有何区别？其用途如何？

4. 用伏安法测量电阻元件伏安特性曲线的电路如图 3.9(a)所示，由于电流表内阻不为零，电压表的读数包括了电流表两端的电压，给测量结果带来了误差。为了使被测元件伏安特性更准确，设电流表的内阻已知，如何用作图的方法对测得的伏安特性曲线进行校正？若将实验电路换为电压表后接，如图 3.9(b)所示，电流表的读数包括了流经电压表支路的电流，设电压表的内阻为已知，对测得的伏安特性又如何校正？

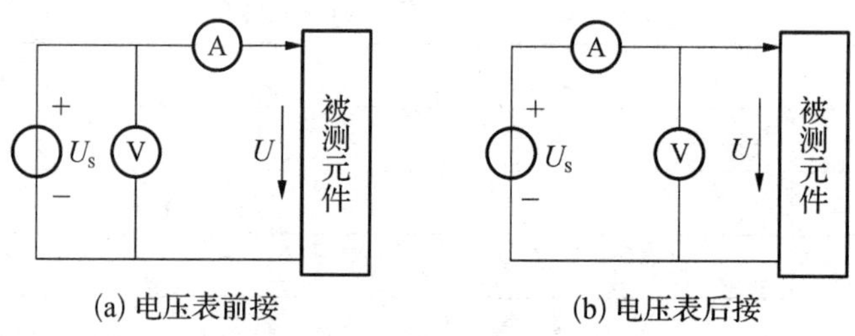

(a) 电压表前接　　(b) 电压表后接

图 3.9 用伏安法测电阻元件的伏安特性曲线

3.2 电路的基本原理

实验 3 电路基本测量

一、实验目的

1. 掌握电流表、电压表、万用电表、稳压电源的使用方法。

2. 学习电流、电压的测量及误差分析。

3. 掌握电位的测量及电位正负的判定。

4. 掌握电路电位图的绘制方法。

5. 根据实验电路参数，合理选择仪表量程，掌握挡位的选择及正确读数的方法。

二、实验仪器与设备

可调直流稳压源、直流数字电压表、直流数字电流表、直流毫安表、实验线路。

三、实验原理

1. 滑线变阻器的使用

可作为可变电阻，用以调节电路中的电流，使负载得到大小合适的电流，它也可作为电位器的使用，改变电路的端电压，使负载得到所需要的电压。它的额定值有最大电阻 R_N 和额定电流 I_N，在各种使用场合，不论滑动触头处于任何位置，流过它的电流均不允许超过额定电流，否则会烧坏滑线变阻器。

2. 电位的测量及电位正负的判定

电路中某点的电位等于该点与参考点之间的电压。电位的参考点选择不同，各节点的电位也相应改变，但任意两点间的电位差不变，即任意两点间电压与参考点电位的选择无关。

测量电位就像测量电压一样，要使用电压表或万用电表电压挡。如果将仪表的接“－”的黑表笔放在电路的正方向(参考方向)的低电位点上，接“＋”的红表笔放在正方向的高电位点上，表针正偏转，则读数应取正值。若表针反偏，则应将表笔对调后再测量，读数取负值。

3. 电位图的绘制

若以电路中的电位值作纵坐标，电路中各点位置(电阻或电源)作横坐标，将测量到的各点电位在该坐标平面中标出，并把标出点按顺序用直线条相连接，就得到电路的电位变化图。每一段直线段即表示该两点间电位的变化情况。而且任意两点的电位变化，即为该两点之间的电压。

在电路中，电位参考点可任意选定，对于不同参考点，所绘出的电位图形是不同，但其各点电位变化的规律是一样的。

4. 电压和电流的测量与读数

在电路测量中，电流表应与被测电路串联，电压表要与被测电路并联。在直流电路中，要注意仪表正极端必须与电路高电位点连接，否则，仪表会出现反摆，甚至会损坏仪表。接线前，应根据电路参数估算后，正确选择仪表的量程。量程选择太小而使电参数超过仪表量程会损坏仪表；量程选择太大又会增加测量误差。根据误差理论分析，一般应当使其读数在 1/2～2/3 满刻度之间。一定准确度的仪表，所选量程越接近被测值，测量结果的误差就越小。

5. 电路故障分析与排除

(1) 实验中常见故障

① 连线：连线错、接触不良、短路或断路。

② 元件：元件错或元件值错，包括电源输出错。

③ 参考点：电源、实验电路、测试仪器之间公共参考点连接错误等等。

(2) 故障检查

故障检查方法很多，一般是根据故障类型，确定部位、缩小范围，在小范围内逐点检查，最后找出故障点并给予排除。简单实用的方法是用万用电表(电压挡或电阻挡)在通电或断电状态下检查电路故障。

① 通电检查法:用万用电表电压挡或电压表,在接通电源的情况下,根据实验原理,电路某两点应该有电压,万用电表测不出电压;某两点不应该有电压,而万用电表测出了电压;或所测电压值与电路原理不符,则故障即在此两点间。

② 断电检查法:实验过程中,可能经常会遇到接触不良或连接导线内部断开的隐性故障。利用万用电表可以较方便地寻找到这类故障点。首先,在测量过程中发现某点或某部分电路在数值上与理论值相差甚远或时有时无时,可以大致推断出故障区域,然后切断电源,用万用电表欧姆挡测量故障区域内的端钮、接线、焊点或元件,当发现某处应当是接通的而阻值较大时,即为故障点。

四、实验注意事项

1. 使用指针式仪表时,要特别关注表针的偏转情况,及时调换表的挡位,防止指针打弯或损坏仪表。

2. 测量电位时,不但要读出数值来,还要判断实际方向,并与设定的参考方向进行比较,若不一致,则该数值前加"—"号。

3. 使用数字直流电压表测量电位时,用黑笔端插入参考点,红笔端插入被测各点,若显示正值,则表明该点电位为正(即高于参考点电位);若显示负值,表明该点电位为负值(即该点电位低于参考点电位)。

4. 使用数字直流电压表测量电压时,红笔端接入被测电压参考方向的正(+)端,黑表笔插入被测电压参考方向的负(—)端,若显示正值,则表明电压参考方向与实际方向一致;若显示负值,表明电压参考方向与实际方向相反。

五、实验内容与步骤

1. 实验线路如图 3.10 所示,实验前先任意设定三条支路的电流参考方向,如图 I_1、I_2、I_3 所示。

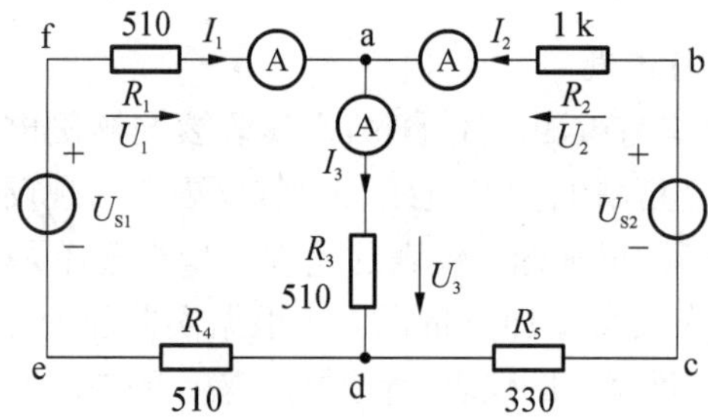

图 3.10 实验电路

(1) 分别将两路直流稳压电源接入电路,按表 3.9 所列数据调节稳压电源输出电压。

(2) 将电流表的"+""—"两端,分别接入三条支路中,记录电流值,填入表3.9 中。

(3) 用直流数字电压表分别测量两路稳压电源输出电压及电阻元件上的电压值,将测量结果记入表 3.9 中。

表 3.9　电路基本测量实验数据

	U_{S1}	U_{S2}	U_1	U_2	U_3	I_1	I_2	I_3
$U_{S1}=12$ V,$U_{S2}=10$ V								
$U_{S1}=6$ V,$U_{S2}=12$ V								
$U_{S1}=12$ V,$U_{S2}=5$ V								

2. 令 $U_{S1}=12$ V,$U_{S2}=10$ V,分别以 c、e 为参考节点,测量图 3.10 中各节点电位及相邻两点之间的电压值,将测量结果记入表 3.10 中,通过计算验证电路中任意两节点间的电压与参考点的选择无关。并根据实验数据绘制电路电位图。

表 3.10　不同参考点电位与电压

参考点	V、U	V_a	V_b	V_c	V_d	V_e	V_f	U_{ab}	U_{bc}	U_{cd}	U_{da}	U_{af}	U_{fe}	U_{de}
c 节点	计算值													
	测量值													
	相对误差													
e 节点	计算值													
	测量值													
	相对误差													

六、实验报告要求

1. 计算表 3.10 中所列各值,总结出有关参考点与各电压间的关系。
2. 根据实验数据,绘制电位图形。
3. 回答实验思考题。
4. 实验心得体会及其他。

七、实验思考题

1. 测量电压、电流时,如何判断数据前的正负号?负号的意义是什么?
2. 电位出现负值,其意义是什么?
3. 电路中同时需要±12 V 电源供电,现有两台 0～30 V 可调稳压电源,问怎样连接才能实现其要求?试画出电路图。
4. 若 I_1 或 I_2 与图 3.10 中所标方向相反,测量时能否断定?其含义如何?

实验 4　基尔霍夫定律的验证

一、实验目的

1. 验证基尔霍夫电流定律(KCL)和电压定律(KVL)。
2. 学会测定电路的开路电压与短路电流;加深对电路参考方向的理解。

二、实验仪器与设备

可调直流稳压电源、直流数字电压表、直流毫安表、万用电表、基尔霍夫定律实验线路。

三、实验原理

基尔霍夫定律是电路理论中最基本也是最重要的定律之一，它概括了集总电路中电流和电压分别应遵循的基本规律。

基尔霍夫电流定律(KCL)：在集总电路中，任何时刻，对于任一节点，所有支路的电流代数和恒等于零，即 $\sum i=0$。

基尔霍夫电压定律(KVL)：在集总电路中，任何时刻，沿任一回路，所有支路的电压代数和恒等于零，即 $\sum u=0$。

电路中各个支路的电流和支路的电压必然受到两类约束，一类是元件本身造成的约束，另一类是元件相互连接关系造成的约束，基尔霍夫定律表述的是第二类约束。

参考方向：在电路理论中，参考方向是一个重要的概念，它具有重要的意义。电路中，我们往往不知道某一个元件两端电压的真实极性或流过电流的真实流向，只有预先假定一个方向，这个方向就是参考方向。在测量或计算中，如果得出某个元件两端电压的极性或电流的流向与参考方向相同，则把该电压值或电流值取为正值。否则把该电压或电流取为负值，以表示电压的极性或电流的流向与参考方向相反。

四、实验注意事项

1. 验证 KCL、KVL 时，电流源的电流及电压源两端电压都要进行测量，实验中给定的已知量仅作参考。

2. 防止电源两端碰线短路。

3. 测量仪表的使用方法同上项目。

五、实验内容与步骤

1. 实验前先任意设定三条支路的电流参考方向，如图 3.11 中的 I_1、I_2、I_3 所示。

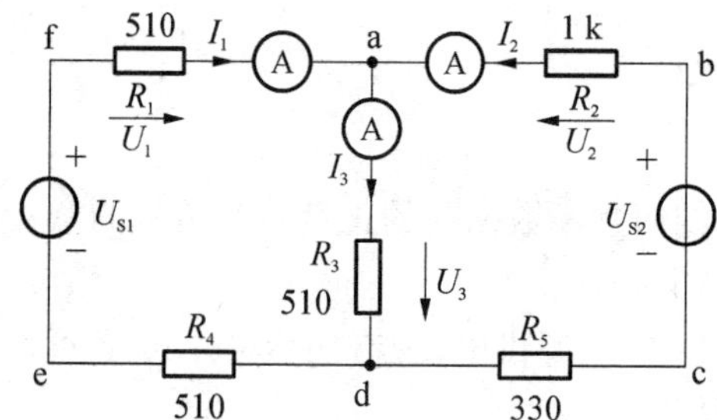

图 3.11 基尔霍夫定理的验证

2. 分别将两路直流稳压电源接入电路，令 $U_{S1}=6$ V，$U_{S2}=12$ V。

3. 将电流表接入三条支路中，选择合适的电流表挡位，记录电流值。

4. 用直流数字电压表分别测量两路电源输出电压及电阻元件上的电压值，记录之。

5. 将测得的各电流、电压值分别代入 $\sum i=0$ 和 $\sum u=0$，计算并验证基尔霍夫定律，作出必要的误差分析。

表 3.11　基尔霍夫定理实验数据

被测量	I_1(mA)	I_2(mA)	I_3(mA)	U_{S1}	U_{S2}	U_{fa}	U_{ab}	U_{cd}	U_{ad}	U_{de}
计算值										
测量值										
相对误差										

六、实验报告要求

1. 根据实验数据，选定实验电路中的任一个节点，验证 KCL 的正确性。
2. 根据实验数据，选定实验电路中的任一个闭合回路，验证 KVL 的正确性。
3. 回答实验思考题。

七、实验思考题

根据图 3.11 的电路参数，计算出待测电流 I_1、I_2、I_3 和各电阻上的电压值，记入表中，以便测量时，可正确选择毫安表和电压表的量程。

实验 5　叠加原理

一、实验目的

1. 验证线性电路叠加原理的正确性。
2. 通过实验加深对叠加原理的内容和适用范围的理解。
3. 学会分析测试误差的方法。

二、实验仪器与设备

可调直流稳压源、直流数字电压表、直流毫安表、叠加原理实验线路。

三、实验原理

叠加原理是分析线性电路时非常有用的网络定理，它反映了线性电路的一个重要规律。叠加原理的内容：在含有多个独立电源的线性电路中，任意支路的电流或电压等于各个独立电源分别单独激励时，在该支路所产生的电流或电压的代数和。电路中某一电源单独激励时，其余不激励的理想电压源用短路线来代替，不激励的电流源用开路线来代替。

含有受控源的电路应用叠加原理时，在各独立电源单独激励的过程中，一定要保留所有的受控源。

线性电路的齐次性是指当激励信号（某独立源的值）增加或减小 K 倍时，电路的响应（即在电路其他各电阻元件上所建立的电流或电压值）也将增加或减小 K 倍。

叠加原理只适用于线性电路，即使在线性电路中，因为功率与电压、电流不是线性关系，所以计算功率时不能应用叠加原理。

四、实验注意事项

1. 用电流表测量各支路电流时，应注意仪表的极性，及数据表格中“＋”“－”号的记录。
2. 注意仪表量程的及时更换。

五、实验内容与步骤

1. 按图 3.12 电路接线，取 $U_{S1}=12\ V$，$U_{S2}=10\ V$。

2. 令 U_{S1} 电源单独作用，用直流数字电压表和毫安表测量各支路电流及各电阻元件两端电压。将数据记入表格 3.12 中。

3. 令 U_{S2} 电源单独作用，用直流数字电压表和毫安表测量各支路及各电阻元件两端电压。

4. 令 U_{S1} 和 U_{S2} 共同作用，重复实验步骤 2。

5. 将 U_{S2} 调至 13 V，即 $1.3U_{S2}$ 电源单独作用，重复上述实验步骤 3。

表 3.12　线性电路测量数据

测量项目	U_{S1}	U_{S2}	I_1	I_2	I_3	U_{ab}	U_{cd}	U_{ad}	U_{de}	U_{fa}
U_{S1} 单独作用										
U_{S2} 单独作用										
U_{S1}、U_{S2} 共同作用										
$1.3U_{S2}$ 单独作用										

6. 将图 3.12 所示电路中的 R_5 换为二极管 1N4007，其余同上述实验步骤，验证非线性电路不满足叠加原理，表格自拟。

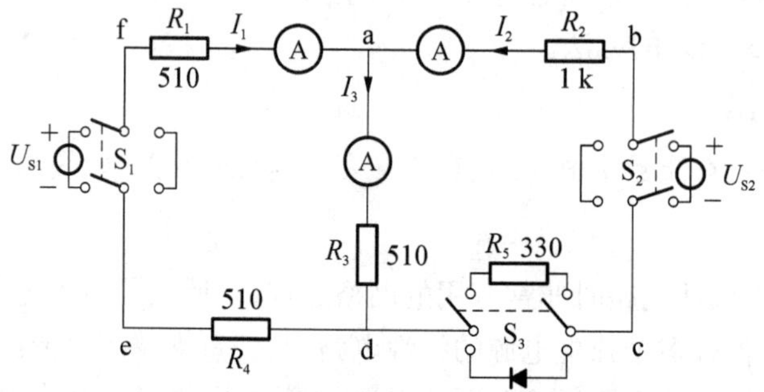

图 3.12　叠加原理实验电路

六、实验报告要求

1. 根据实验数据验证线性电路的叠加性与齐次性。

2. 将理论值与实测值相比较，分析误差产生的原因。

3. 回答实验思考题 1。

七、实验思考题

1. 用电流实测值及电阻标称值计算 R_1、R_2、R_3 上消耗的功率，以实例说明功率能否叠加。

2. 用实验方法验证叠加原理时，如果电源内阻不允许忽略，实验如何进行？

实验 6　互易定理

一、实验目的

1. 验证互易定理。
2. 通过实验加深对互易定理的内容和适用范围的理解。
3. 学会分析测试误差的方法。

二、实验仪器与设备

可调直流稳压源、可调恒流源、直流数字电压表、直流数字毫安表、互易定理实验线路。

三、实验原理

互易定理是不含受控源的线性网络的主要特征之一。如果把一个由线性电阻、电容和电感(包括互感)元件构成的二端口网络称为互易网络,则互易定理可以叙述为:

(1) 当一电压源作用于互易网络的 1、1′端时,在 2、2′端上引起的短路电流 I_2 等于同一电压源作用于该互易网络的 2、2′端时,在 1、1′端上引起的短路电流 $I_{1'}$。如图 3.13 所示,即 $I_2=I_{1'}$。

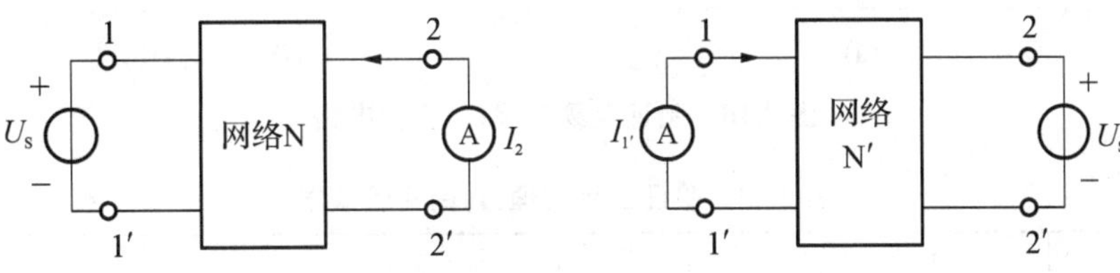

图 3.13　互易网络(1)

(2) 当一电流源 I_S 接入 1、1′端,在 2、2′端引起开路电压 U_2 等于将此电流源移到 2、2′端,在 1、1′端引起的开路电压 $U_{1'}$,如图 3.14 所示,即 $U_2=U_{1'}$。

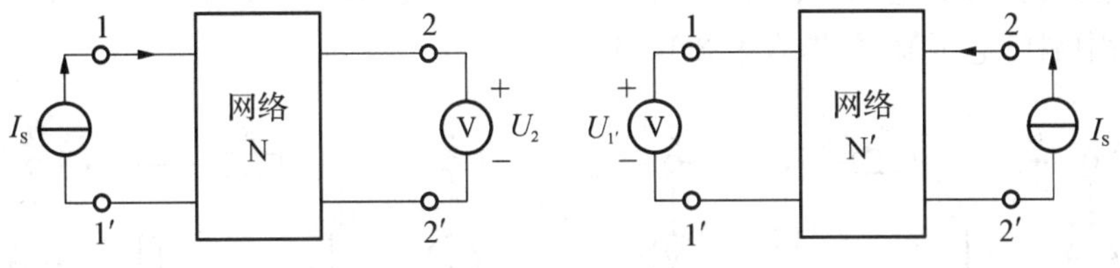

图 3.14　互易网络(2)

(3) 当一电流源 I_S接入 1、1′端,在 2、2′端引起短路电流 I_2,然后在 2、2′端接入电压源 U_S,在 1、1′端引起开路电压 $U_{1'}$,如图 3.15 所示,如果 I_S和 U_S在任何时间都相等(指波形相同,数值相等),则有 $I_2/(\mathrm{A})=U_{1'}/(\mathrm{V})$。

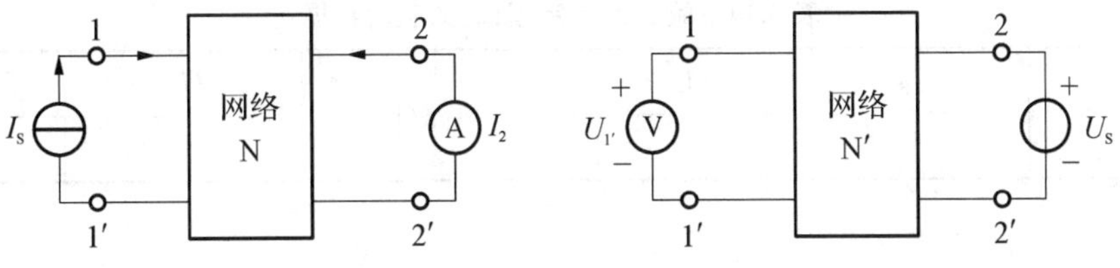

图 3.15　互易网络(3)

四、实验注意事项

1. 测量时注意仪表量程之间的转换，切不可用电流表去测量电压。

2. 改接线路时要关掉电源。

3. 用电流插头测量各支路电流时，应注意仪表的极性，及数据表格中"+""−"号的记录。

五、实验内容与步骤

1. 验证互易定理(1)

实验线路如图 3.16 所示，取 $R_1=100\ \Omega$，$R_2=200\ \Omega$，$R_3=51\ \Omega$，$U_S=10$ V。测量图(a)、(b) 两电路各支路电流值，并填入表 3.13 中。

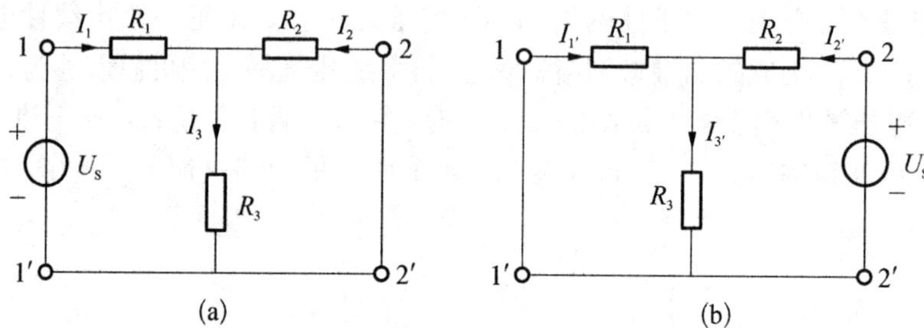

图 3.16　验证互易定理(1)实验电路

表 3.13　验证互易定理(1)的实验数据

电路(a)	I_1	I_2	电路(b)	$I_{1'}$	$I_{2'}$

2. 验证互易定理(2)

实验线路如图 3.17 所示，取 $R_1=100\ \Omega$，$R_2=200\ \Omega$，$R_3=51\ \Omega$，$I_S=10$ mA，测量(a)、(b) 两电路中端口电压值，并填入表 3.14 中。

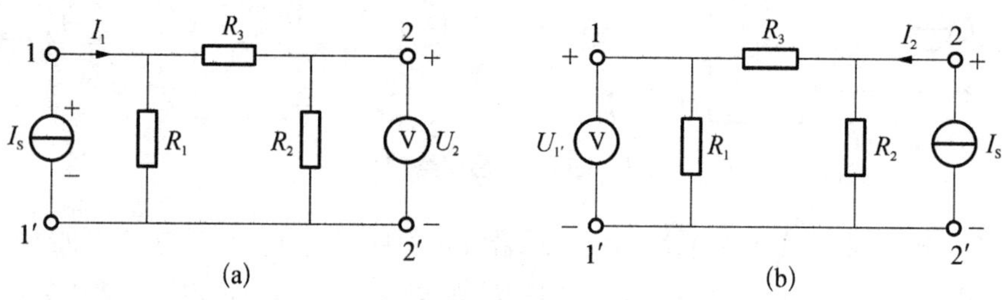

图 3.17　验证互易定理(2)实验电路

表 3.14　验证互易定理(2)的实验数据

电路(a)	I_S	U_2	电路(b)	$U_{1'}$	I_S

六、实验报告要求

1. 指出表 3.12 中哪两个电流互易，表 3.13 中哪两个电压互易，验证互易定理。

2. 将理论值与实测值相比较，分析误差产生的原因。

3. 回答实验思考题。

七、实验思考题

1. 一个由电阻器、耦合电感器和变压器所组成的二端口网络是否为互易网络？

2. 设计一个验证互易定理(3)的实验电路，并验证互易定理(3)。

实验 7　戴维南定理与诺顿定理

一、实验目的

1. 通过验证戴维南定理与诺顿定理，加深对等效概念的理解。

2. 学习测量有源二端网络的开路电压和等效电阻的方法。

二、实验仪器与设备

可调直流稳压源、可调直流恒流源、直流数字电压表、直流数字毫安表、万用电表、可调电阻、戴维南定理实验线路。

三、实验原理

1. 戴维南定理

任何一个线性有源二端网络(或称单口网络)，对外电路来说，总可以用一个理想电压源和电阻相串联的有源支路代替，其理想电压源的电压等于原网络端口的开路电压 U_{OC}，其内阻等于原网络中所有独立电源为零值时入端等效电阻 R_0。

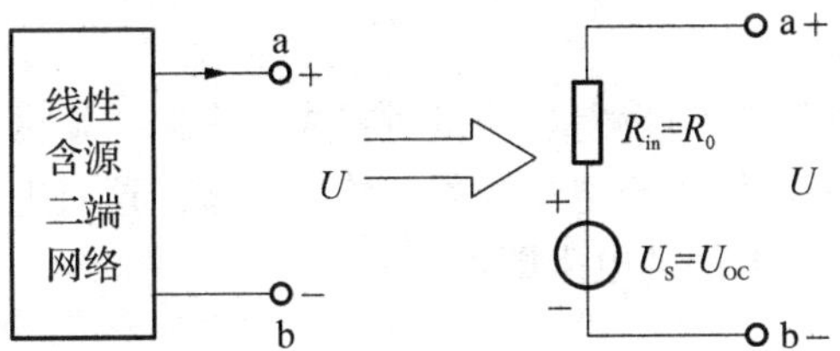

图 3.18　戴维南等效电路

2. 诺顿定理

诺顿定理是戴维南定理的对偶形式，它指出任何一个线性有源二端网络，对外电路而言，总可以用一个理想电流源和电导并联的有源支路来代替，其电流源的电流等于原网络端口的短路电流 I_{SC}，其电导等于原网络中所有独立电源为零时的输入端等效电导 G_0。应用戴维南定理和诺顿定理时，被变换的二端网络必须是线性的，可以包含独立电源或受控电源，但是与外部电路之间除直接相联系外，不允许存在任何耦合。

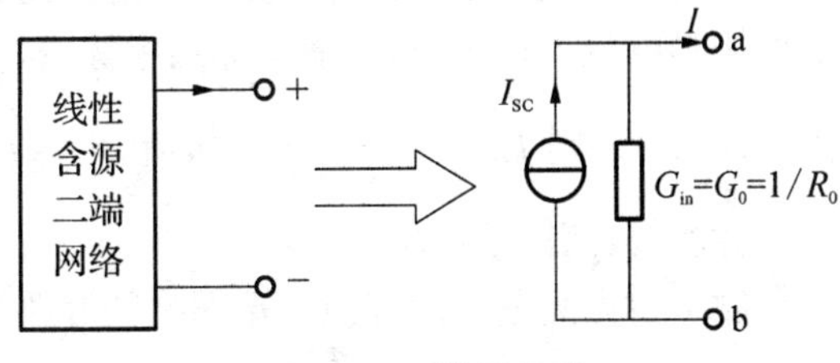

图 3.19　诺顿定理

3. 开路电压U_{OC}的测量

方法一：直接测量法

当有源二端网络的等效电阻R_0远小于电压表内阻R_V时，可直接用电压表测量有源二端网络的开路电压，如图3.20(a)所示。一般电压表内阻并不是很大，最好选用数字电压表，数字电压表的突出特点就是灵敏度高、输入电阻大。通常其输入电阻在10 MΩ以上，有的高达数百兆欧姆，对被测电路影响很小，从工程角度来说，用其所得的电压即有源二端网络的开路电压。

方法二：零示法

在测量具有高内阻含源二端网络的开路电压时，用电压表进行直接测量会造成较大的误差，为了消除电压表内阻的影响，往往采用零示法，如图3.20(b)所示。

零示法测量原理是用一低内阻的稳压电源与被测有源二端网络进行比较，当稳压电源的输出电压E_S与有源二端网络的开路电压U_{OC}相等时，电压表的读数将为零，然后将电路断开，测量此时稳压源的输出电压，即被测有源二端网络的开路电压。

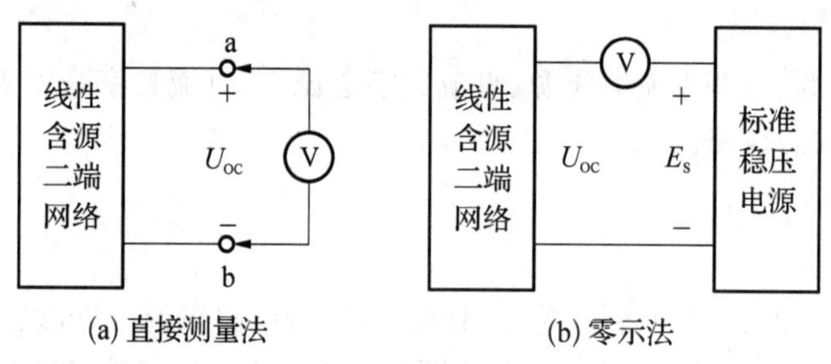

图3.20　开路电压的测量

4. 等效电阻R_0的测量

方法一：直接测量法

用数字万用电表的电阻挡直接测量，测量时首先让有源二端网络中所有独立电源为零，即理想电压源用短路线来代替，理想电流源用开路线代替。这时电路变为无源二端网络，用万用电表欧姆挡直接测量a，b间的电阻即可。

方法二：加压求流法

让有源二端网络中所有独立电源为零，在a，b端施加一已知直流电压U测量流入二端网络的电流I，则等效电阻$R_0=U/I$，以上两种方法适用于电压源内阻很小和电流源内阻很大的场合。

方法三：直线延长法

当有源二端网络不允许短路时，先测开路电压U_{OC}，然后测出有源二端网络的负载电阻的电压和电流。在电压，电流坐标系中标出$(U_{OC},0)(U_1,I_1)$两点，过两点作直线，与横轴交点为$(0,I_{SC})$，则$I_{SC}=\dfrac{U_{OC}}{U_{OC}-U_1}I_1$，所以$R_0=\dfrac{U_{OC}-U_1}{I_1}$。

方法四：两次求压法

测量时先测量一次有源二端网络的开路电压U_{OC}，然后在a、b端接入一个已知电阻R_L，再测出电阻R_L两端的电压U_L，则等效电阻$R_0=\left(\dfrac{U_{OC}}{U_L}-1\right)\times R_L$。

显然，以上两种测求方法与有源二端网络的内部结构无关，或者说对网络内电路结构可以不去考虑，这正是戴维南定理和诺顿定理在电路分析与实验测试技术中得到广泛应用的原因所在。

四、实验注意事项

1. 测量时，注意仪表量程的更换。切不可用电流表测量电压，以防烧毁电流表。
2. 实验步骤中，电源置零时，不可将直流稳压源直接短接。
3. 用万用电表直接测 R_0 时，网络内的独立源必须先置零。

五、实验内容与步骤

1. 利用戴维南定理估算开路电压 U'_{OC}，等效电阻 R'_0，短路电流 I'_{SC}

按图 3.21 所示的实验电路接线，设 $U_S=12$ V，$I_S=10$ mA，利用戴维南定理估算开路电压 U'_{OC}，等效电阻 R'_0，短路电流 I'_{SC}，将计算值填入表 3.15 中。对使用仪表测量各量时，合理选择量程做到心中有数。

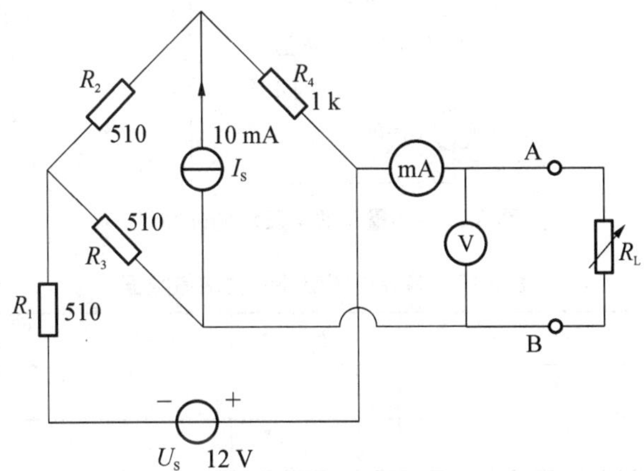

图 3.21　戴维南定理实验电路

表 3.15　戴维南定理理论数据计算

U'_{OC}	R'_0	I'_{SC}

2. 测量开路电压 U_{OC}

将负载开路，用电压表测量 A、B 之间的电压，即为开路电压 U_{OC}，填入表 3.16 中。

3. 测量短路电流 I_{SC} 和等效电阻 R_0

将 A、B 端短路，测量短路电流 I_{sc}，利用 $R_0=U_{OC}/I_{sc}$，可得等效电阻 R_0，填入表 3.16 中。

表 3.16　电路直接测量数据表

U_{OC}(V)	I_{SC}(mA)	R_0(Ω)	
		U_{OC}/I_{SC}(Ω)	实测值

4. 测量有源二端网络的外特性

将可变电阻 R_L 接入电路 A、B 之间，测量有源二端网络的外特性，按表 3.17 中所列电阻值调节 R_L，记录电压表、电流表读数，填入表 3.17 中。

表 3.17　有源二端网络外特性测量数据

$R_L(\Omega)$	0	100	200	300	450	1 000
U(V)						
I(mA)						

5. 测量等效电压源的外特性

实验线路如图 3.22 所示，首先将直流稳压电源输出电压调为 $U_S=U_{OC}$，串入等效内阻 R_0，按步骤 4 测量，将测量结果填入表 3.18 中。

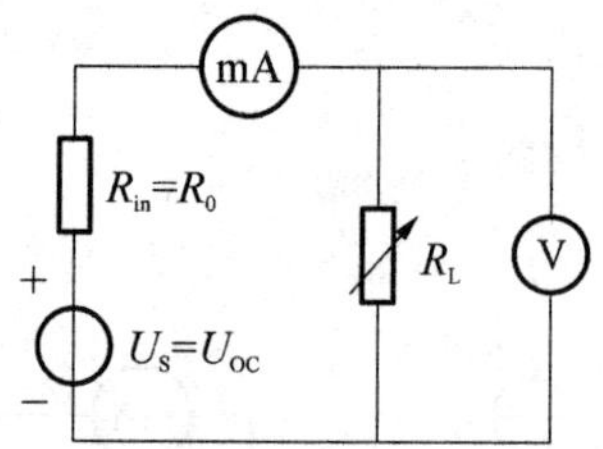

图 3.22　测量等效电压源的外特性

表 3.18　等效电压源外特性测量数据

$R_L(\Omega)$	0	100	200	300	450	1 000
U(V)						
I(mA)						

6. 测量等效电流源的外特性

实验线路如图 3.23 所示，首先将恒流源输出电流调为 $I_S=I_{SC}$，并联等效电导 $G_0=1/R_0$，按照步骤 4 测量之，将测量结果填入表 3.19 中。

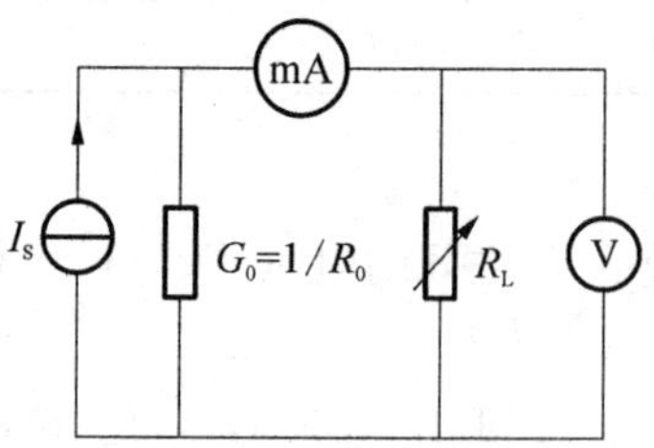

图 3.23　测量等效电流源外特性

表 3.19　等效电流源外特性测量数据

$R_L(\Omega)$	0	100	200	300	450	1 000
U(V)						
I(mA)						

7. 测量有源二端网络等效电阻(又称入端电阻)的其他方法

将被测有源二端网络内的所有独立源置零(将电流源 I_S 断开,去掉电压源,并在原电压源两端所接的两点用一根短路导线相连),然后用伏安法或直接用万用电表的欧姆挡去测 A、B 两点之间的电阻,即被测网络的等效内阻 R_0 或称为网络的入端电阻 R_i。

六、实验报告要求

1. 根据测量数据,在同一坐标系中绘制等效前后 $U-I$ 曲线。
2. 将理论值与实验所测数据相比较,分析误差产生的原因。
3. 回答实验思考题。

七、实验思考题

1. 在求有源二端网络等效电阻时,如何理解“原网络中所有独立电源为零值”?
2. 若将稳压电源两端并入一个 3 kΩ 的电阻,对本实验的测量结果有无影响? 为什么?
3. 说明测有源二端网络开路电压及等效内阻的几种方法,并比较其优缺点。

3.3　含有运算放大器的电路

实验 8　受控源特性研究

一、实验目的

1. 测试受控源的外特性及其转移参数,加深对受控源的理解。
2. 熟悉由运算放大器组成受控源电路的分析方法,了解运算放大器的应用。

二、实验仪器与设备

可调直流稳压电源、可调直流恒流源、直流数字电压表、直流数字毫安表、可调电阻箱、受控源。

三、实验原理

1. 电源有独立电源(如电池、发电机等)与非独立电源(受控源)之分。独立源与受控源的区别:独立源的电势或电流是某一个固定的值或是某一时间的函数,它不与电路的其余部分的状态有关,是独立的;而受控源的电势或电流的值是电路的另一支路电压或电流的函数,是非独立的。

2. 受控源是双口元件,一个为控制端口,另一个为受控端口。受控端口的电流或电压受到控制端口的电流或电压的控制。根据控制变量与受控变量的不同组合,受控源可以分为四类:电压控制电压源(VCVS),其特性为 $U_2=\mu U_1, I_1=0$;电压控制电流源(VCCS),其特性为 $I_S=g_m U_1, I_1=0$;电流控制电压源(CCVS),其特性为 $U_2=r_m I_1, U_1=0$;电流控制电流源(CCCS),其特性为 $I_2=\alpha I_1, U_1=0$。

3. 用运算放大器与电阻元件组成不同的电路,可以实现上述四种类型的受控源。受控源的电压或电流受电路中其他电压或电流的控制,当这些控制电压或电流为零时,受控源的电压或电流也为零。因此,它反映的是电路中某处的电压或电流能控制另一处的电压或电流这一现象,它本身不直接起激励作用。

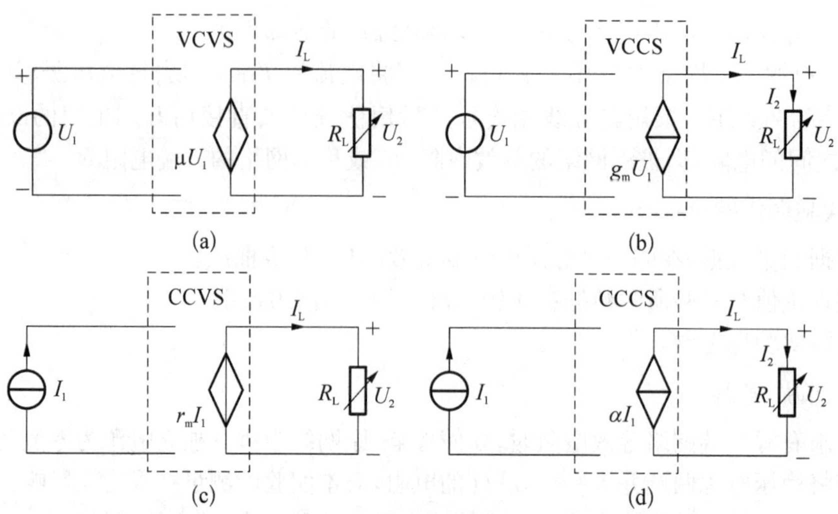

图 3.24　受控源电路符号

4. 运算放大器的"+"端和"−"端之间等电位，通常称为"虚短"。运算放大器的输入端电流等于零，通常称为"虚断"。运算放大器的理想电路模型为一受控源，在它的外部接入不同的电路元件，可以实现信号的模拟运算或模拟变换。放大器电路的输入与输出有公共接地端，这种连接方式称为共地连接。电路的输入、输出无公共接地点，这种接地方式称为浮地连接。

5. 用运放构成四种类型基本受控源的线路原理分析。

(1) 电压控制电压源(VCVS)(电路如图 3.25 所示)

由于运放的虚短路特性，有 $U_p=U_n=U_1$，故 $I_2=\dfrac{U_n}{R_2}=\dfrac{U_1}{R_2}$，又因为 $I_1=I_2$，所以 $U_2=I_1R_1+I_2R_2=I_2(R_1+R_2)=\dfrac{U_1}{R_2}(R_1+R_2)=\left(1+\dfrac{R_1}{R_2}\right)U_1$，即运放的输出电压 U_2 只受输入电压的控制，与负载 R_L 大小无关，电路模型如图3.24(a) 所示。

转移电压比：$\mu=\dfrac{U_2}{U_1}=1+\dfrac{R_1}{R_2}$

其中 μ 为无量纲，又称为电压放大系数。

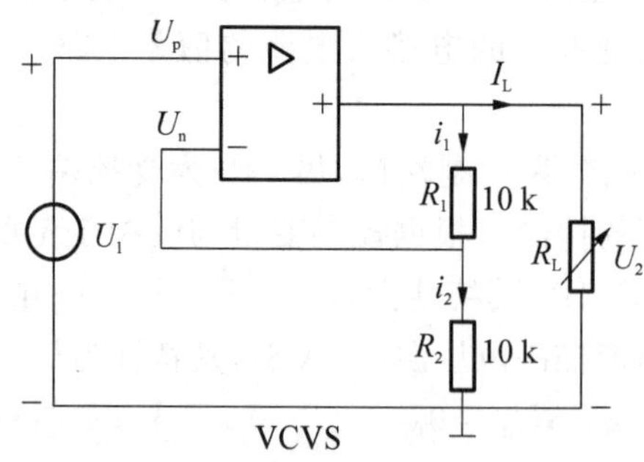

图 3.25　电压控制电压源(VCVS)

这里的输入输出有公共接地点，这种联接方式称为共地联接。

(2) 电压控制电流源(VCCS)将图 3.25 所示的 R_1 看成一个负载电阻 R_L，如图 3.26 所示，即成为电压控制电流源。

运算放大器的输出的电流：$I_L = I_R = \dfrac{U_n}{R} = \dfrac{U_1}{R}$

即运放的输出电流 I_L 只受输入电压 U_1 的控制，与负载 R_L 大小无关。电路模型如图 3.24(b)所示。

转移电导：$g_m = \dfrac{I_L}{U_1} = \dfrac{1}{R}$

这里的输入、输出无公共接地点，这种联接方式称为浮地联接。

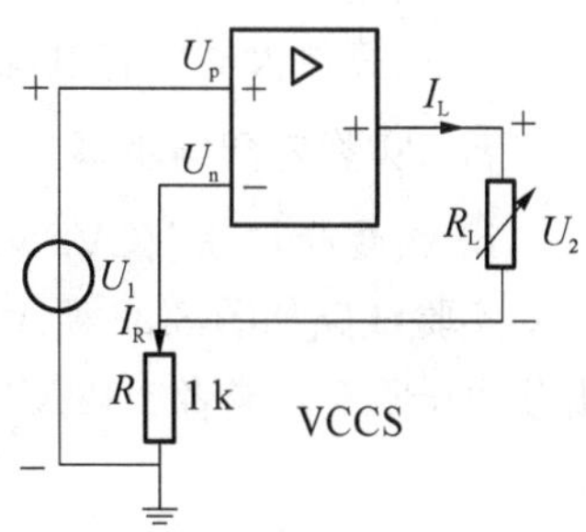

图 3.26　电压控制电流源(VCCS)

(3) 电流控制电压源(CCVS)(电路如图 3.27 所示)

由于运放的"+"端接地，所以 $U_p = 0$，"−"端电压 U_n 也为零，此时运放的"−"端称为虚地点。显然，流过电阻 R 的电流 I_1 就等于网络的输入电流 I_S。

此时运放的输出电压 $U_2 = -I_1R = -I_SR$，即输出电压 U_2 只受输入电流 I_S 的控制，与负载 R_L 大小无关，电路模型如图 3.24(c) 所示。

转移电阻：$r_m = \dfrac{U_2}{I_S} = -R$

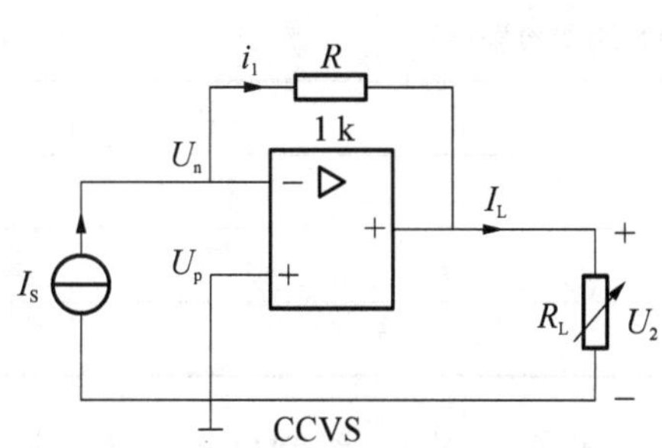

图 3.27　电流控制电压源(CCVS)

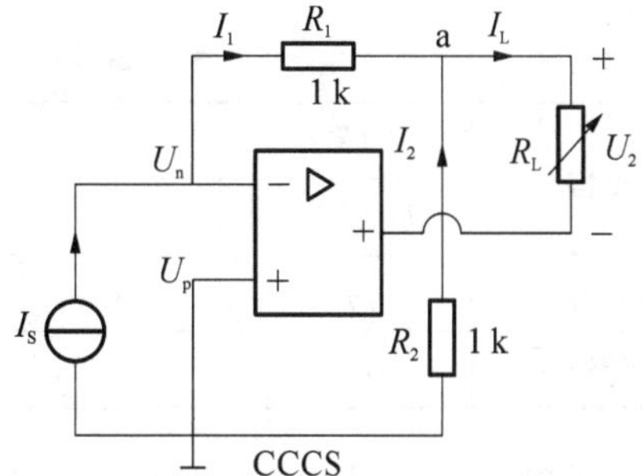

图 3.28　电流控制电流源(CCCS)

(4) 电流控制电流源(CCCS)(电路如图 3.28 所示)

$$U_a = -I_2R_2 = -I_1R_1$$

$$I_L = I_1 + I_2 = i_1 + \frac{R_1}{R_2}I_1 = \left(1 + \frac{R_1}{R_2}\right)I_1 = \left(1 + \frac{R_1}{R_2}\right)I_S$$

即输出电流只受输入电流 I_S的控制，与负载 R_L 大小无关。电路模型如图 3.24(d)所示。

转移电流比：$\alpha = \dfrac{I_L}{I_S} = \left(1 + \dfrac{R_1}{R_2}\right)$，$\alpha$ 为无量纲，又称电流放大系数。此电路为浮地联接。

四、实验注意事项

1. 实验中，注意运放的输出端不能与地短接，输入电压不宜过高(小于 5 V)，不得超过 10 V。输入电流不能过大，应在几十微安至几毫安之间。

2. 在用恒流源供电的实验中，不要使恒流源负载开路。

3. 运算放大器应有电源供电（±15 V 或者±12 V），其正负极性和管脚不能接错。

五、实验内容与步骤

1. 测量受控源 VCVS 的转移特性 $U_2=f(U_1)$ 及负载特性 $U_2=f(I_L)$

实验线路如图 3.29 所示，U_1 为可调直流稳压电源，R_L 为可调电阻。运算放大器应有电源供电（±15 V 或者±12 V），其正负极性和管脚不能接错。

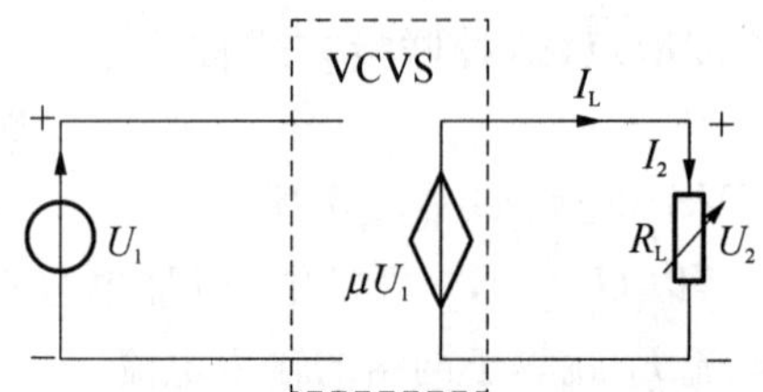

图 3.29　受控源 VCVS 测试电路

(1) 固定 $R_L=2\ k\Omega$，调节直流稳压电源输出电压 U_1，使其在 0～4 V 范围内取值，测量 U_1 及相应的 U_2 值，绘制 $U_2=f(U_1)$ 曲线，并由其线性部分求出转移电压比 μ。测量值填入表 3.20 中。

表 3.20　受控源 VCVS 测量数据(1)

测量值	U_1(V)	
	U_2(V)	
实验计算值	$\mu_{实}$	
理论计算值	$\mu_{理}$	

(2) 保持 $U_1=5$ V，令 R_L 阻值从 1 kΩ 增至∞，测量 U_2 及 I_L，绘制 $U_2=f(I_1)$ 曲线。测量值填入表 3.21 中。

表 3.21　受控源 VCVS 测量数据(2)

R_L(kΩ)	
U_2(V)	
I_L(mA)	

2. 受控源 VCCS 的转移特性 $I_L=f(U_1)$ 及负载特性 $I_L=f(U_2)$

实验线路如图 3.30 所示。

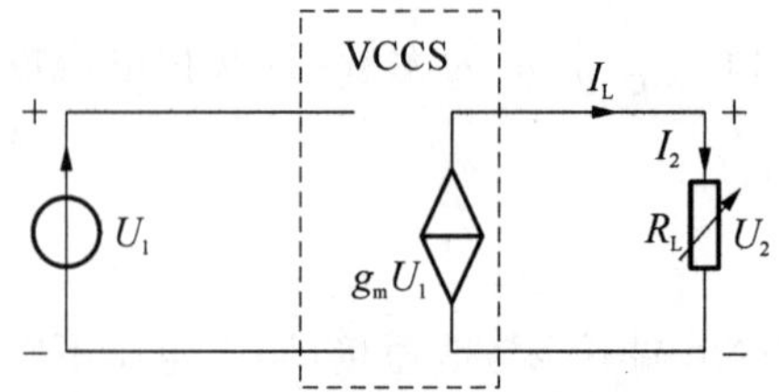

图 3.30　受控源 VCCS 测试电路

(1) 固定 $R_L=5\ k\Omega$,调节直流稳压源输出电压 U_1,使其在 0～5 V 范围内取值。测量 U_1 及相应的 I_L,绘制 $I_L=f(U_1)$ 曲线,并由其线性部分求出转移电导 g_m。测量值填入表 3.22中。

表 3.22　受控源 VCCS 测量数据(1)

测量值	U_1(V)	
	I_L(mA)	
实验计算值	$g_{m实}$(S)	
理论计算值	$g_{m理}$(S)	

(2) 保持 $U_1=2$ V,令 R_L 从 0 增至 3 kΩ,测量相应的 I_L 及 U_2,绘制 $I_L=f(U_2)$ 曲线。测量值填入表 3.23 中。

表 3.23　受控源 VCCS 测量数据(2)

R_L(kΩ)	
I_L(mA)	
U_2(V)	

3. 测量受控源 CCVS 的转移特性 $U_2=f(I_1)$ 及负载特性 $U_2=f(I_L)$

实验线路如图 3.31 所示。I_1 为可调直流恒流源,R_L 为可调电阻。

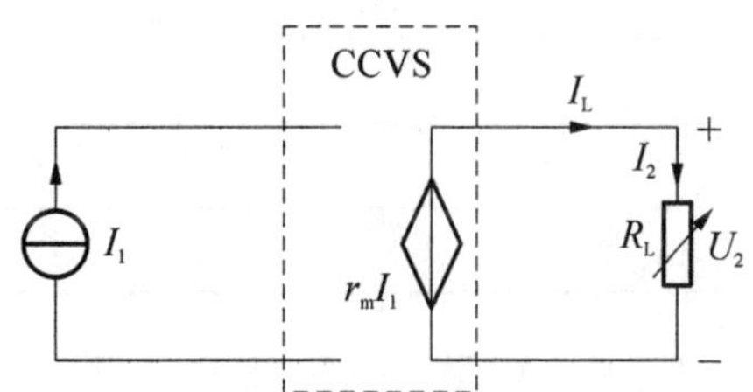

图 3.31　受控源 CCVS 测试电路

(1) 固定 $R_L=2\ k\Omega$,调节直流恒流源输出电流 I_1,使其在 0 ～ 0.8 mA 范围内取值,测量 I_1 及相应的 U_2 值,绘制 $U_2=f(I_1)$ 曲线,并由其线性部分求出转移电阻 r_m。测量值填入表 3.24 中。

表 3.24　受控源 CCVS 测量数据(1)

测量值	I_1(mA)	
	U_2(V)	
实验计算值	$r_{m实}$(kΩ)	
理论计算值	$r_{m理}$(kΩ)	

(2) 保持 $I_1=0.3$ mA,令 R_L 从 1 kΩ 增至 ∞,测量 U_2 及相应 I_L 值,绘制 U_2 及 I_L 值,绘制负载特性曲线 $U_2=f(I_L)$。测量值填入表 3.25 中。

表 3.25　受控源 CCVS 测量数据(2)

R_L(kΩ)	
U_2(V)	
I_L(mA)	

4. 测量受控源 CCCS 的转移特性 $I_L=f(I_1)$ 及负载特性 $I_L=f(U_2)$

实验线路如图 3.32 所示。I_1 为可调直流恒流源,R_L 为可调电阻。

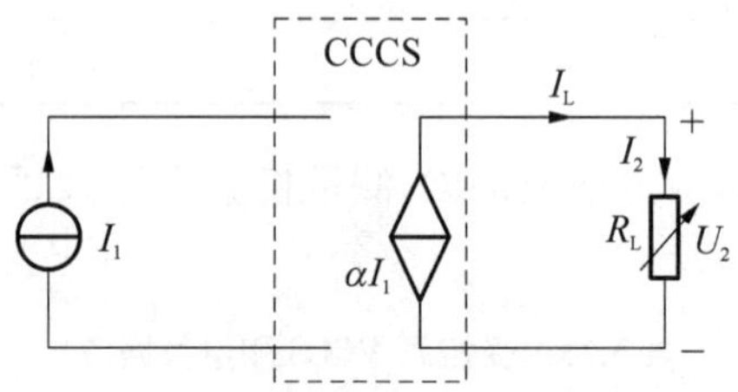

图 3.32　受控源 CCCS 测试电路

(1) 固定 $R_L=2$ kΩ,调节直流恒流源输出电流 I_1,使其在 0～0.8 mA 范围内取值,测量 I_1 及相应的 I_L 值,绘制 $I_L=f(I_1)$ 曲线,并由其线性部分求出转移电流比 α。测量值填入表 3.26 中。

表 3.26　受控源 CCCS 测量数据(1)

测量值	I_1(mA)	
	I_L(mA)	
实验计算值	$\alpha_{实}$	
理论计算值	$\alpha_{理}$	

(2) 保持 $I_1=0.3$ mA,令 R_L 从 0 增至 10 kΩ,测量 I_L 及 U_2 值,绘制负载特性曲线 $I_L=f(U_2)$ 曲线。测量值填入表 3.27 中。

表 3.27　受控源 CCCS 测量数据(2)

R_L(kΩ)	
I_L(mA)	
U_2(V)	

六、实验报告要求

1. 简述实验原理、实验目的,画出各实验电路图,整理实验数据。
2. 用所测数据计算各种受控源系数,并与理论值进行比较,分析误差原因。
3. 回答实验思考题。
4. 总结运算放大器的特点,以及你对实验的体会。

七、实验思考题

1. 受控源与独立源相比有何异同点。

2. 试比较四种受控源的代号、电路模型、控制量与被控制量之间的关系。

3. 四种受控源中的 μ,g_m,r_m 和 α 的意义是什么？如何测得？

4. 若令受控源的控制量极性反向，试问其输出量极性是否发生变化？

5. 在测试四种受控源特性时，是否出现其转移特性或输出特性与理论值不符现象？请给予解释。

实验 9*　电压源与电流源等效变换及最大功率传输定理

微信扫码见“实验 9”

3.4　动态电路分析

实验 10　典型电信号的观察与测量

一、实验目的

1. 熟悉信号发生器的布局，各电位器、拨码开关的作用及其使用方法。

2. 初步掌握用示波器观察电信号波形，定量测出正弦信号和脉冲信号的波形参数。

二、实验仪器与设备

数字示波器、信号发生器、交流毫伏表、频率计。

三、实验原理

1. 正弦交流信号和方波信号是常用的电激励信号，由信号发生器提供。

正弦信号的波形参数是幅值 U_m、周期 T（或频率 f）和初相 φ；方波脉冲信号的波形参数是幅值 U_m、脉冲重复周期 T 及脉宽 t_k。

2. 示波器的主要功能是：精确地再现时间和电压幅度的函数波形。用它可以即时地观察电压幅度相对时间的变化情况，从而获得波形的质量信息，如幅度和频率，波形，不同波形的时间和相位的关系。

在概念上，模拟示波器和数字示波器的测量的目标是相同的，而在实际结构上它们的内部采用的技术不同，所以它们的表现形式并不相同。

数字示波器的蓬勃发展与模拟示波器的逐渐消亡将成为历史的必然趋势。

数字示波器因具有波形触发、存储、显示、测量、波形数据分析处理等独特优点，其使用日益普及。由于数字示波器与模拟示波器之间存在较大的性能差异，如果使用不当，会产生较大的测量误差，从而影响测试任务。

四、实验注意事项

1. 调节仪器旋钮时，动作不要过猛。实验前，需熟读双踪示波器的使用说明，特别是观测双踪时,要特别注意开关、旋钮的操作与调节。

2. 调节示波器时,要注意触发开关和电平调节旋钮的配合使用,以使显示的波形稳定。

3. 信号源的接地端与示波器的接地端要连在一起,以防外界干扰而影响测量的准确性。

4. 做好实验预习,准备好画图用的图纸。

五、实验内容与步骤

1. 双踪示波器的自检

将示波器的输入端口某一端,用信号线接至示波器面板部分的“标准信号”输出,然后协调地调节示波器面板上的水平系统和垂直系统(部分数字示波器有一键 Auto 功能键),使在屏幕的中心部分显示出线条细而清晰、亮度适中的方波波形;从屏上读出“标准信号”的幅值与频率,并与标称值做比较,如相差较大,请老师给予校准。

2. 正弦信号的观察

(1) 正确使用信号发生器,并将示波器自检校准。

(2) 通过电缆线,将信号发生器的正弦波输出口与示波器的端口相连。

(3) 接通电源,调节信号源的频率,使输出频率分别为 50 Hz,1.5 kHz 和 20 kHz,输出幅值分别为有效值 0.1 V,1 V,3 V,调节示波器显示波形至合适的位置,从显示屏上读得幅值及周期,记入表 3.28 中和表 3.29 中。

表 3.28 正弦信号的频率测量表

频率计读数 \ 项目测定	正弦信号频率的测定		
	50 Hz	1.5 kHz	2 kHz
示波器“t/div”位置			
一个周期占有的格数			
信号周期(s)			
计算所得频率(Hz)			

表 3.29 正弦信号的幅值测量表

交流毫伏表读数 \ 项目测定	正弦波信号幅值的测定		
	0.1 V	1 V	3 V
示波器“V/div”位置			
峰峰值波形格数			
峰值			
计算所得有效值			

3. 方波脉冲信号的测定

(1) 将信号发生器设置输出方波。

(2) 调节信号源的输出幅度为 3 V,分别观测 100 Hz,3 kHz 和 30 kHz 方波信号的波形参数。

(3) 使信号频率保持在 3 kHz,调节示波器幅度和脉宽旋钮,观察波形参数的变化,记录之。

六、实验报告要求

1. 整理实验中显示的各种波形，绘制有代表性的波形。

2. 总结实验中所用仪器的使用方法及观察电信号的方法。

3. 心得体会及其他。

七、实验思考题

1. 熟读仪器的使用说明，“t/div”和“V/div”的含义是什么？

2. 应用双踪示波器观察到如图 3.33 所示的两个波形，Y 轴的“V/div”的指示位 0.5 V，“t/div”指示为 20 μs，试问两个波形信号的波形参数为多少？

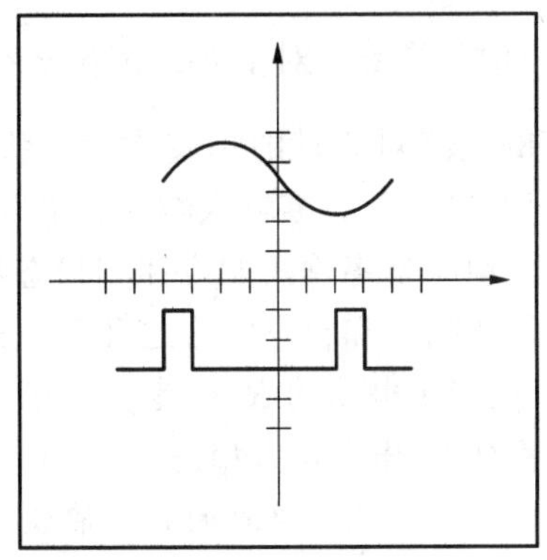

图 3.33　思考题 2 图

实验 11　*RC* 一阶电路的响应及其应用

一、实验目的

1. 研究一阶 RC 电路的零输入响应、零状态响应和全响应的变化规律和特点。

2. 了解 RC 电路在零输入、阶跃激励和方波激励情况下，响应的基本规律和特点。

3. 测定一阶电路的时间常数 τ，了解电路参数对时间常数的影响。

4. 掌握积分电路和微分电路的基本概念。

5. 学习用示波器观察和分析电路的响应。

二、实验仪器与设备

信号发生器、示波器、一阶实验线路。

三、实验原理

1. RC 电路时域响应

从一种稳定状态转到另一种稳定状态往往不能跃变，而是需要一定过程(时间)的，这个物理过程称为过渡过程。所谓稳定状态，就是电路中的电流和电压在给定的条件下已达到某一稳定值(对交流来说是指它的幅值到达稳定)。稳定状态简称稳态。电路的过渡过程往往为时短暂，所以电路在过渡过程中的工作状态常称为暂态，因而过渡过程又称为暂态过程。暂态过程的产生是由于物质所具有的能量不能跃变而造成的。

从 $t=0_-$ 到 $t=0_+$ 瞬间，电感元件中的电流和电容元件上的电压不能跃变，这称为换路定则。换路定则仅适用于换路瞬间，可根据它来确定 $t=0_+$ 时电路中电压和电流之值，即暂态过程的初始值。

在直流激励下，换路前，如果储能元件储有能量，并设电路已处于稳态，则在 $t=0_-$ 电路中，电容元件可视作开路，电感元件可视作短路。换路前，如果储能元件没有储能，则在 $t=0_-$ 和 $t=0_+$ 的电路中，可将电容元件短路，将电感元件开路。

含有 L、C 储能元件（动态元件）的电路，其响应可以由微分方程求解。凡是可用一阶微分方程描述的电路，称为一阶电路，一阶电路通常由一个储能元件和若干个电阻元件组成。对于一阶电路，可用一种简单的方法——三要素法直接求出电压及电流的响应。即 $f(t)=f(\infty)+[f(0_+)-f(\infty)]e^{-\frac{t}{\tau}}$，式中：$f(t)$——电路中任一元件的电压和电流；$f(\infty)$——稳态值；$f(0_+)$——初始值；$\tau$——时间常数。对于 RC 电路，$\tau=RC$，对于 RL 电路，$\tau=\frac{L}{R}$。

所有储能元件初始值为零的电路对激励的响应称为零状态响应。电路在无激励情况下，由储能元件的初始状态引起的响应称为零输入响应。电路在输入激励和初始状态共同作用下引起的响应为全响应。全响应是零输入响应和零状态响应之和，它体现了线性电路的可加性。全响应也可看成是稳态响应和暂态响应之和，暂态响应的起始值与初态和输入有关，而随时间变化的规律仅仅决定于电路的 R、C 参数。稳态响应仅与输入有关。当 $t\to\infty$时，暂态过程趋于零，过渡过程结束，电路进入稳态。

2. RC 电路的时间常数 τ

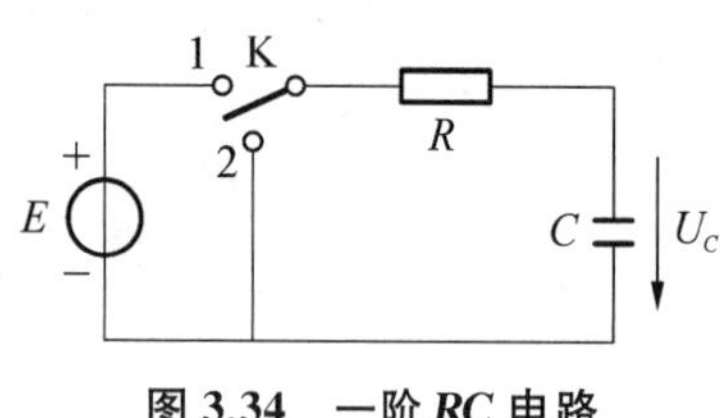

图 3.34　一阶 RC 电路

图 3.34 所示电路为一阶 RC 电路。RC 电路充放电的时间常数 τ 可以从示波器观察的响应波形中估算出来。设时间坐标单位 t 确定，对于充电曲线来说，幅值上升到终值的 63.2%所对应的时间即为一个 τ[见图 3.35(a)]，对于放电曲线来说，幅值下降到初值的 36.8%所需的时间即为一个 τ[见图 3.35(b)]。时间常数 τ 越大，衰减越慢。

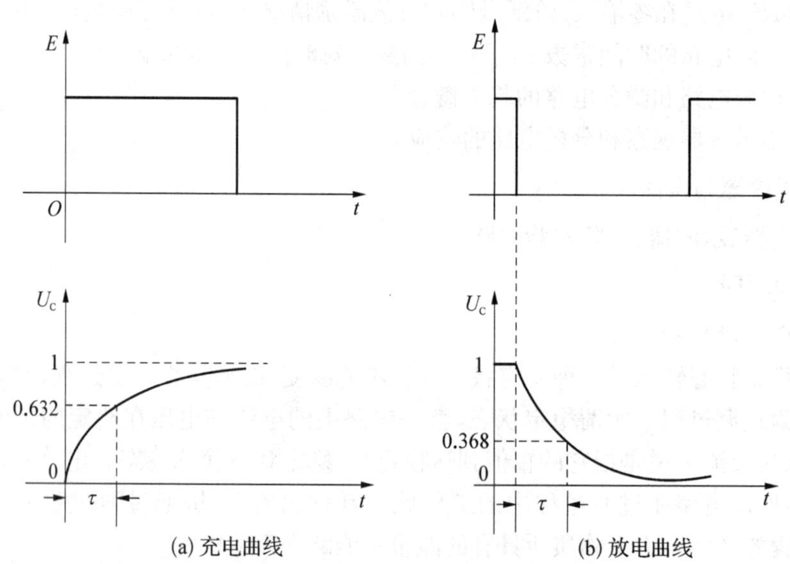

(a) 充电曲线　　(b) 放电曲线

图 3.35　RC 电路充放电曲线

3. 微分电路

微分电路和积分电路是 RC 一阶电路中比较典型的电路，它对电路元件参数和输入信号的周期有着特定的要求。微分电路必须满足两个条件：一是输出电压必须从电阻两端取出，二是 R 值很小，因而 $\tau = RC \ll t_p$，t_p 为输入矩形方波 U_i 的 1/2 周期。如图 3.36 所示构成了一个微分电路，因为此时电路的输出信号电压近似与输入信号电压的导数成正比，故为微分电路。

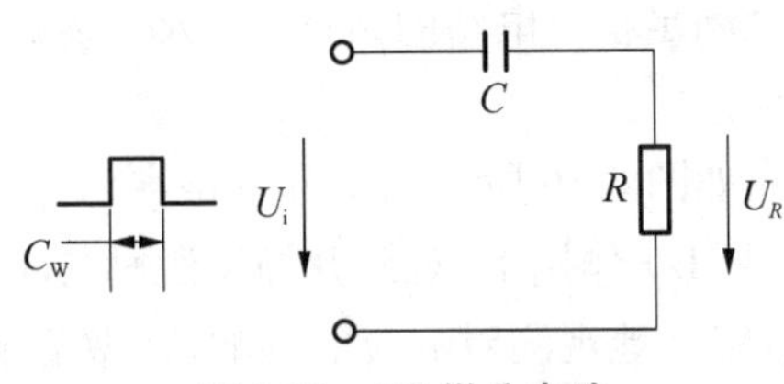

图 3.36　RC 微分电路

只有当时间常数远小于脉宽时，才能使输出很迅速地反映出输入的跃变部分。而当输入跃变进入恒定区域时，输出也近似为零，随之消失，形成一个尖峰脉冲波，故微分电路可以将矩形波转变成尖脉冲波，且脉冲宽度越窄，输入与输出越接近微分关系。

4. 积分电路

积分电路必须满足两个条件：一是输出电压必须从电容两端取出，二是 $\tau = RC \gg t_p$，t_p 为输入矩形方波 U_i 的 1/2 周期。如图 3.37 所示即构成一个积分电路。因为此时电路的输出信号电压近似与输入信号电压对时间的积分成正比，故为积分电路。

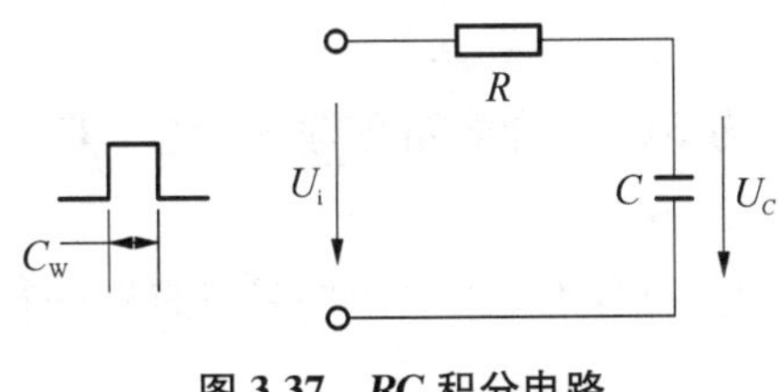

图 3.37　RC 积分电路

由于 $\tau = RC \gg t_p$，充放电很缓慢，就是 U_C 增长和衰减很缓慢，充电时 $U_o = U_C \ll U_R$，所以 $U_i = U_R + U_o \approx U_R$。积分电路能把矩形波转换为三角波、锯齿波。为了得到线性度好，且具有一定幅度的三角波，一定要掌握时间常数 τ 与输入脉冲宽度的关系。方波的脉宽越小，三角波的幅度越小，但与其时间的关系越接近直线，即电路的时间常数 τ 越大，充放电越缓慢，所得三角波的线性越好，但其幅度亦随之下降。

四、实验注意事项

1. 实验前，需熟读示波器的使用说明，特别是观测双踪时，要特别注意那些开关、旋钮的操作与调节。

2. 信号源的接地端与示波器的接地端要连在一起，以防外界干扰而影响测量的准确性。

3. 熟读仪器的使用说明，做好实验预习，准备好画图用的图纸。

五、实验内容与步骤

1. 观测 RC 电路的矩形响应和 RC 积分电路的响应

(1) 选择 R、C 元件，$R = 30\ \text{k}\Omega$，$C = 1\,000\ \text{pF}$（即 $0.001\ \mu\text{F}$）组成如图 3.34 所示的 RC 充

放电电路，E 为信号发生器输出，取 $U_m = 3$ V，$f = 1$ kHz 的方波电压信号，并通过两根信号线，将激励源 U_i 和响应 U_C 的信号分别连至示波器的两个输入口，这时可在示波器的屏幕上观察到激励与响应的变化规律。

(2) 令 $R = 30$ kΩ，$C = 0.01$ μF，观察并描绘响应的波形，并根据电路参数求出时间常数。少量地改变电容值或电阻值，定性地观察对响应的影响，记录观察到的现象。

(3) 增大 R、C 之值，使之满足积分电路的条件 $\tau = RC \gg t_p$，观察对响应的影响。

2. 观测 *RC* 微分电路的响应

(1) 选择 R、C 元件，组成如图 3.36 所示的微分电路，令 $C = 0.01$ μF，$R = 1$ kΩ，在同样的方波激励($U_m = 3$ V，$f = 1$ kHz) 作用下，观测并描绘激励与响应的波形。

(2) 少量地增减 R 之值，定性地观测对响应的影响，并做记录，描绘响应的波形。

(3) 令 C=0.01 μF，R=100 kΩ，计算 τ 值。在同样的方波激励(U_m=3 V，f=1 kHz) 作用下，观测并描绘激励与响应的波形。分析并观察当 R 增至 1 MΩ，输入输出波形有何本质上的区别。

六、实验报告要求

1. 根据实验观测的结果，在方格纸上绘出 RC 一阶电路充放电时 U_C 的变化曲线，由曲线测得值，并由参数值的计算结果做比较，分析误差原因。

2. 根据实验观测结果，归纳总结积分电路和微分电路的形成条件，阐明波形变换的特征。

七、实验思考题

1. 什么样的电信号可作为 RC 一阶电路零输入响应、零状态响应和完全响应的激励信号？

2. 已知 RC 一阶电路 $R = 30$ kΩ，$C = 0.01$ μF，试计算时间常数 τ，并根据 τ 值的物理意义，拟订测量 τ 的方案。

3. 何谓积分电路和微分电路，他们必须具备什么条件？他们在方波序列脉冲的激励下，其输出信号的波形的变化规律如何？这两种电路有何功用？

实验 12　*R*、*L*、*C* 元件阻抗特性的测定

一、实验目的

1. 验证电阻、感抗、容抗与频率的关系，测定 $R-f$，X_L-f 与 X_C-f 特性曲线。

2. 加深理解 R、L、C 元件端电压与电流间的相位关系。

二、实验仪器与设备

信号发生器、交流毫伏表、示波器、实验电路。

三、实验原理

1. 单一参数 $R-f$，X_L-f 与 X_C-f 阻抗频率特性曲线

在正弦交流信号作用下，电阻元件 R 两端电压与流过的电流有关系式 $\dot{U}=R\dot{I}$。

在信号源频率 f 较低情况下，略去附加电感及分布电容的影响，电阻元件的阻值与信号

源频率无关，其阻抗频率特性 $R-f$ 如图 3.38 所示。

如果不计线圈本身的电阻 R_L，又在低频时略去电容的影响，可将电感元件视为纯电感，有关系式 $\dot{U}_L=\mathrm{j}X_L\dot{I}$，感抗 $X_L=2\pi fL$，感抗随信号频率而变，阻抗频率特性 X_L-f 如图 3.38 所示。

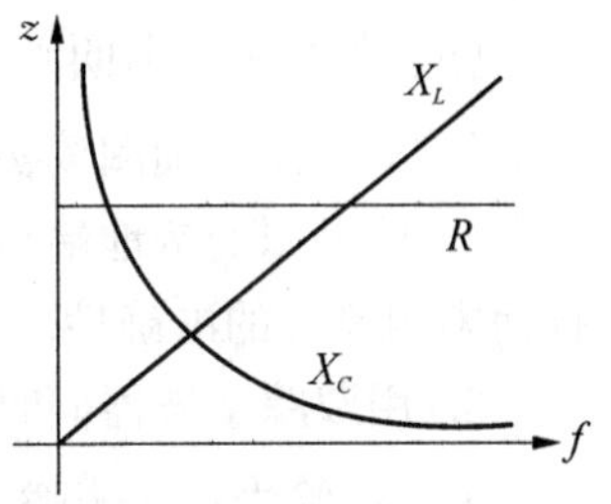

图 3.38　阻抗频率特性

在低频时略去附加电感的影响，将电容元件视为纯电容元件，有关系式 $\dot{U}_C=-\mathrm{j}X_C\dot{I}$，容抗 $X_C=\dfrac{1}{2\pi fC}$，容抗随信号源频率而变，阻抗频率特性 X_C-f 如图 3.38 所示。

2. 单一参数 R、L、C 阻抗频率特性的测试电路

如图 3.39 所示，R、L、C 为被测元件，r 为电流取样电阻。改变信号源频率，测量 R、L、C 元件两端电压 U_R、U_L、U_C，流过被测元件的电流则可由 r 两端电压除以 r 得到。

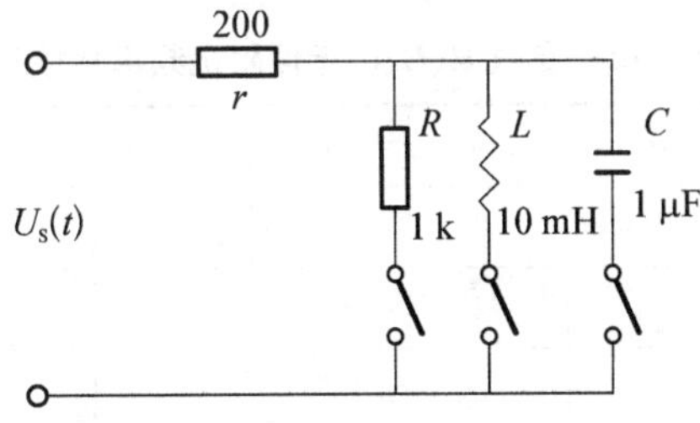

图 3.39　阻抗频率特性测试电路

3. 示波器测量阻抗角的方法

元件的阻抗角(即相位差 φ)随输入信号的频率变化而改变，可用实验方法测得阻抗角的频率特性曲线 $\varphi-f$。

用双踪示波器测量阻抗角(相位差)的方法：将欲测量相位差的两个信号分别接到双踪示波器两个输入端。调节示波器有关旋钮，使示波器屏幕上出现两条大小适中、稳定的波形，如图 3.40 所示，荧光屏上数得水平方向一个周期占 n 格，相位差占 m 格，则实际的相位差 φ(阻抗角)为 $\varphi=m\times\dfrac{360^\circ}{n}$。

流过 rL 串联电路(rC 串联电路)的电流则可由 r 两端电压 U_r 除以 r 得到，用示波器观察 rL 串联电路电流波形，可通过观察流过该电流的电阻 r 上的电压波形来实现。rL 串联电路(rC 串联电路)两端的电压与输入端的激励电压相等，用双踪示波器观察电压波形可通过观察输入端电压波形来实现。注意两路信号的共地问题。

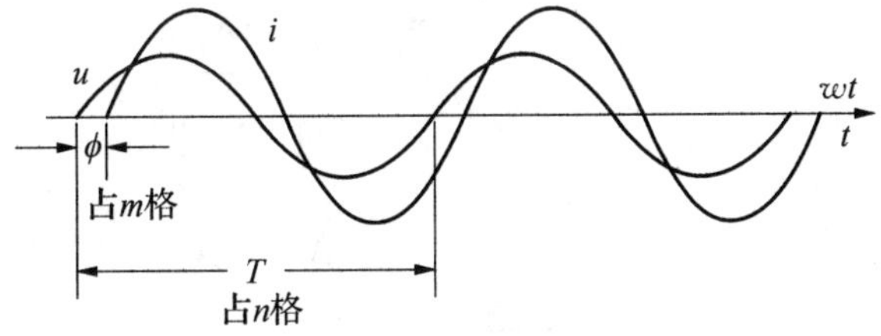

图 3.40　示波器测量阻抗角(相位差)

四、实验注意事项

1. 实验前仔细阅读实验原理部分。

2. 信号源的接地端与示波器的接地端、交流毫伏表的接地端要连在一起，以防外界干扰而影响测量的准确性。

3. 用双踪示波器同时观察双路波形时，应该注意两路信号的共地问题。

五、实验内容与步骤

1. 测量单一参数 R、L、C 元件的阻抗频率特性。

实验线路如图 3.39 所示，将信号发生器输出的正弦信号接至电路输入端，作为激励源 U_S，并使激励电压的有效值为 $U= 3$ V，并在整个实验过程中保持不变(注意接地端的共地问题)。

改变信号源的输出频率从 200 Hz 逐渐增至 5 kHz，并使开关分别接通 R、L、C 三个元件，用交流毫伏表分别测量 U_R、U_r；U_L、U_r；U_C、U_r，并通过计算得到各个频率点的 R、X_L、X_C 之值，记入表 3.30 中。

表 3.30 单一参数 *R*、*L*、*C* 元件阻抗频率特性测量表

频率 f(Hz)		单位	200	500	1 000	2 000	2 500	3 000	4 000	5 000
R	U_R	V								
	U_r	V								
	$I_R = U_r/r$	mA								
	$R = U_R/I_R$	kΩ								
L	U_L	V								
	U_r	V								
	$I_L = U_r/r$	mA								
	$X_L = U_L/I_L$	kΩ								
C	U_C	V								
	U_r	V								
	$I_C = U_r/r$	mA								
	$X_C = U_C/I_C$	kΩ								

2. 用双踪示波器观测图 3.41 所示 rL 串联和 rC 串联电路在不同频率下阻抗角的变化情况，即用双踪示波器观测 rL 串联电路(rC 串联电路)的电压、电流波形相位差，并做记录。

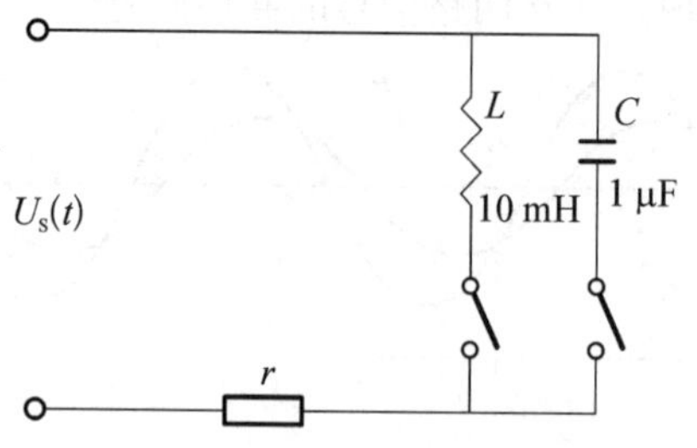

图 3.41 串联电路阻抗角测试电路

表 3.31　串联电路阻抗角测量表

频率 f(Hz)	200	500	1 000	2 000	2 500	3 000	4 000	5 000
n(格)								
M(格)								
φ(度)								

六、实验报告要求

1. 根据实验数据，在方格纸上绘制 R、L、C 三个元件的阻抗频率特性曲线，从中可以得出什么结论？

2. 根据实验数据，在方格纸上绘制 rL 串联、rC 串联电路的阻抗角频率特性曲线，并总结、归纳出结论。

七、实验思考题

1. 图 3.39 中各元件流过的电流如何求得？

2. 怎样用双踪示波器观察 rL 串联和 rC 串联电路阻抗角的频率特性？

实验 13　二阶动态电路的响应及其测试

一、实验目的

1. 研究 RLC 串联电路的电路参数与其暂态过程的关系。

2. 观察二阶电路在过阻尼、临界阻尼和欠阻尼三种情况下的响应波形，加深对二阶电路响应的认识和理解。

3. 利用响应波形，计算二阶电路暂态过程的有关参数。

4. 掌握观察动态电路状态轨迹的方法。

二、实验设备与仪器

信号发生器、示波器、二阶动态电路实验线路。

三、实验原理

用二阶微分方程描述的动态电路，为二阶电路。一个二阶电路在方波正、负阶跃信号的激励下，可获得零状态与零输入响应，其响应的变化轨迹决定于电路的固有频率。

简单而典型的二阶电路是一个 RLC 串联电路和 GCL 并联电路，这二者之间存在着对偶关系。

1. RLC 串联电路

(1) 图 3.42 所示 RLC 串联电路是典型的二阶电路。电路的零输入响应只与电路的参数有关，对应不同的电路参数，其响应有不同的特点：

当 $R>2\sqrt{\dfrac{L}{C}}$ 时，响应是非振荡性的，称为过阻尼情况。零输入响应为非振荡性的放电过程，零状态响应为非振荡性的充电过程。响应电压波形如图 3.43 所示。

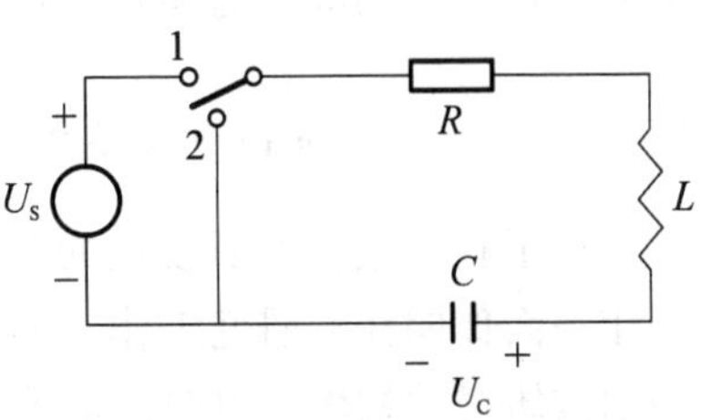

图 3.42　RLC 串联电路

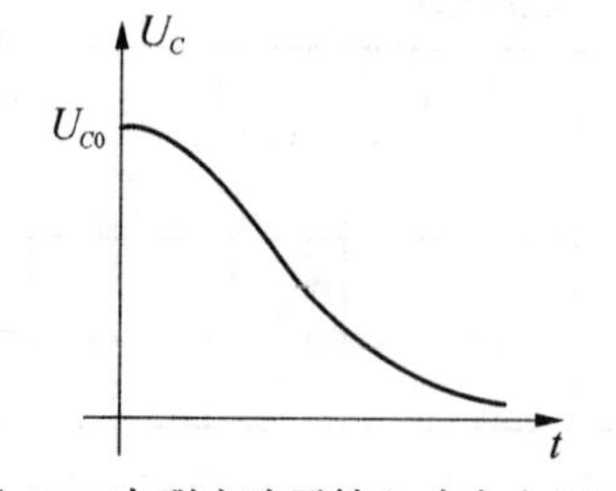

(a) *RLC* 串联电路零输入响应电压波形

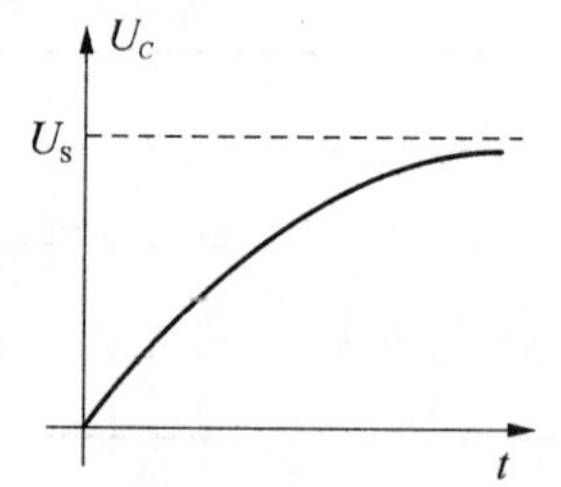

(b) *RLC* 串联电路零状态响应电压波形

图 3.43　过阻尼状态

当 $R<2\sqrt{\frac{L}{C}}$ 时，零输入响应中的电压、电流具有衰减振荡的特点，称为欠阻尼状态。此时衰减系数 $\delta=\frac{R}{2L}$。$\omega_0=\frac{1}{\sqrt{LC}}$ 是在 $R=0$ 情况下的振荡角频率，称为无阻尼振荡电路的固有角频率。在 $R\neq0$ 时，*RLC* 串联电路的固有振荡角频率 $\omega_d=\sqrt{\omega_0^2-\delta^2}$ 将随 $\delta=\frac{R}{2L}$ 的增加而下降。欠阻尼状态时，零输入响应的过渡过程为振荡性的放电过程，零状态响应的过渡过程为振荡充电过程。其响应电压波形如图 3.44 所示。

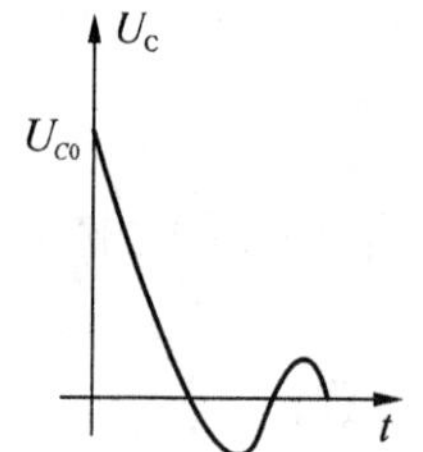

(a) *RLC* 串联电路零输入响应电压波形

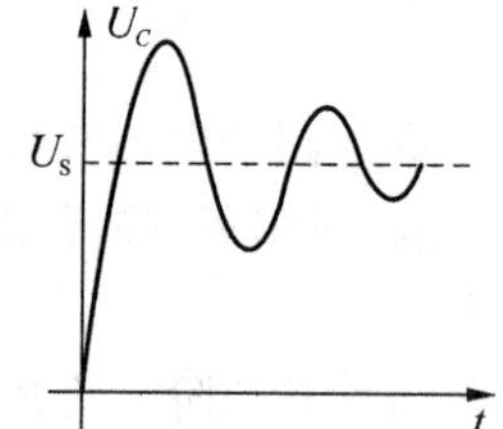

(b) *RLC* 串联电路零状态响应电压波形

图 3.44　欠阻尼状态

当 $R=2\sqrt{\frac{L}{C}}$ 时，有 $\delta=\omega_0$，$\omega_d=\sqrt{\omega_0^2-\delta^2}=0$。暂态过程界于非周期与振荡之间，响应临近振荡，称为临界状态，其本质属于非周期暂态过程。在临界情况下，放电过程是单调衰减过程，仍然属于非振荡性质。

(2) 欠阻尼状态下的衰减系数 δ 和振荡角频率 ω_d 可以通过示波器观测电容电压的波形求得。图 3.45 所示为 *RLC* 串联电路接至方波激励时，呈现衰减振荡暂态过程的波形。相邻两个最大值的间距为振荡周期 T_d，$\omega_d=\frac{2\pi}{T_d}$，对于零输入响应，相邻两个最大值的比值为 $U_{1m}/U_{2m}=e^{\delta T_d}$。所以衰减系数 $\delta=\frac{1}{T_d}\ln\frac{U_{1m}}{U_{2m}}$。

除了在以上各图所表示的 $U-t$ 或 $I-t$ 坐标系上研究动态电路得暂态过程以外，还可以在相平面作同样的研究工作。相平面也是直角坐标系，其横轴表示被研究的物理量 x，纵轴表示被研究的物理量对时间的变化率 dx/dt。由电路理论可知，对于 *RLC* 串联电路，可取

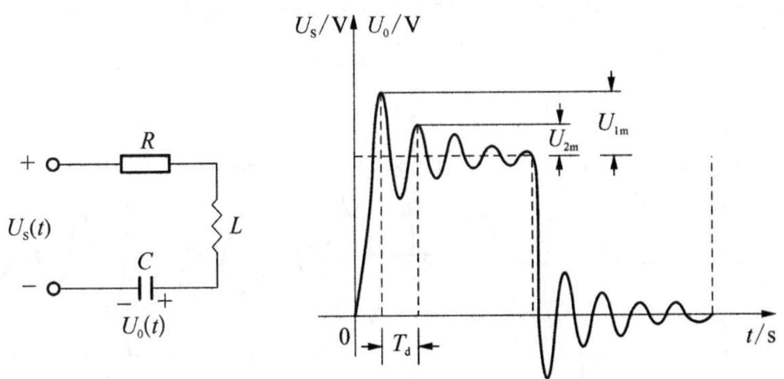

图 3.45　*RLC* 串联电路接至方波激励及衰减振荡的波形

电容电压 U_C、电感电流 I_L 为两个状态变量。因为 $I_L=I_C=C\frac{dU_C}{dt}$，所以 U_C 取为横坐标，I_L 取为纵坐标，构成研究该电路的状态平面。每一时刻的 U_C、I_L，可用相平面上的某点表示，这个点称为相迹点。U_C、I_L 随时间变化的每一个状态可用相平面上的一系列相迹点表示。一系列相迹点相连得到的曲线，称为状态轨迹（或相轨迹）。用示波器显示动态电路状态轨迹的原理与显示李萨如图形完全一样，本实验将 *RLC* 串联电路的 U_C、I_L 分别送入示波器的 *X* 轴输入和 *Y* 轴输入，便可得到状态轨迹。

2. *GCL* 并联电路

图 3.46 所示电路为 *GCL* 并联电路，根据 *KCL*，电路的微分方程为

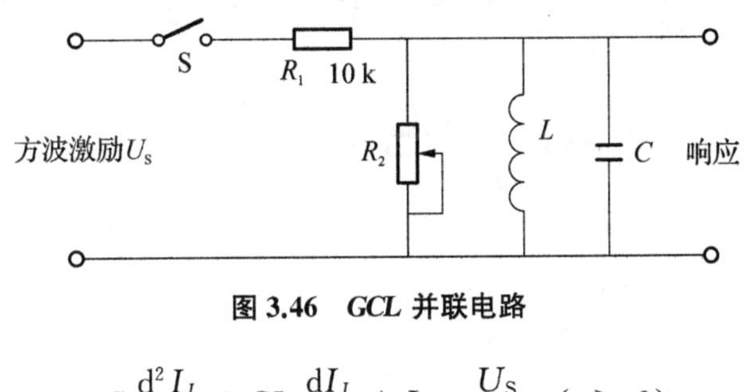

图 3.46　*GCL* 并联电路

$$LC\frac{d^2I_L}{dt^2}+GL\frac{dI_L}{dt}+I_L=\frac{U_S}{R_1}\quad(t\geqslant 0)$$

令 $\delta=\frac{G}{2C}$，δ 称为衰减系数，$G=1/R$；

$\omega_0=\frac{1}{\sqrt{LC}}$，$\omega_0$ 称为固有频率；

$\omega_d=\sqrt{\omega_0^2-\delta^2}$，$\omega_d$ 称为振荡角频率。

方程的解分三种情况：

$\delta>\omega_0$，称为过阻尼状态，响应为非振荡性的衰减过程。

$\delta=\omega_0$，称为临界阻尼状态，响应为临界过程。

$\delta<\omega_0$，称为欠阻尼状态，响应为振荡性的衰减过程。

实验中，可通过调节电路的元件参数值，改变电路的固有频率 ω_0，从而获得单调的衰减

和衰减振荡的响应，并可在示波器上观察到过阻尼、临界阻尼和欠阻尼这三种响应的波形，如图 3.47 和图 3.48 所示。

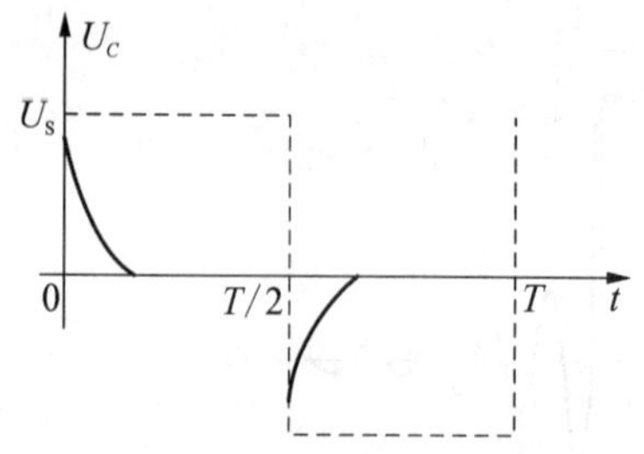

图 3.47 *GCL* 并联电路的过阻尼响应

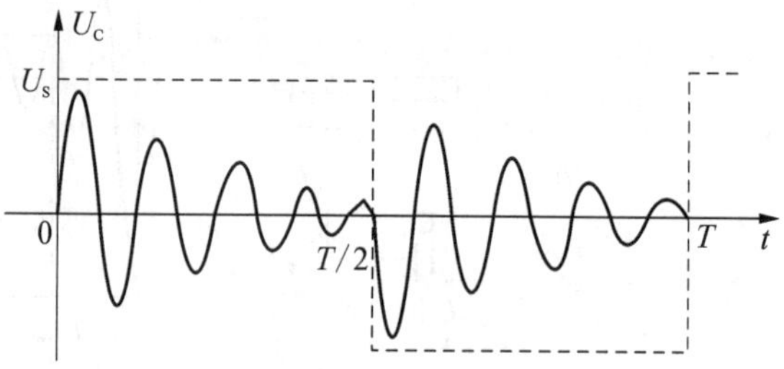

图 3.48 *GCL* 并联电路的欠阻尼响应

四、实验注意事项

1. 调节可变电阻器时，要细心、缓慢，临界阻尼要找准。
2. 实验前，请仔细阅读数字锁存示波器操作说明。
3. 观察双踪时，显示要稳定，如不同步，则可采用外同步法(看示波器说明)触发。

五、实验内容与步骤

1. *RLC* 串联电路的研究

(1) 如图 3.49 所示的 *RLC* 串联电路。令 $r=100\ \Omega$，r 为取样电阻，$L=10\ \text{mH}$，$C=1\,000\ \text{pF}$，R_L 为 10 kΩ 可调电阻器，令信号发生器的输出为 $U_m=3\ \text{V}$，$f=1\ \text{kHz}$ 的方波脉冲信号，通过同轴电缆线接至图的激励端，同时用同轴电缆线将激励端和响应输出端接至双踪示波器的 Y_A 和 Y_B 两个输入口。

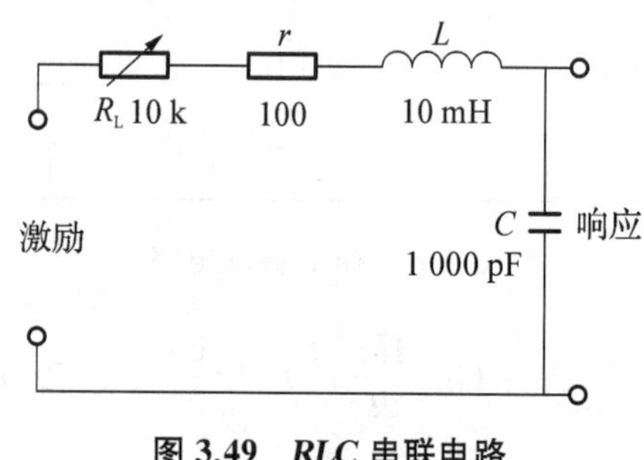

图 3.49 *RLC* 串联电路

(2) 调节可变电阻器 R_L 之值，观察二阶电路的零状态响应由过阻尼过渡到临界阻尼，最后过渡到欠阻尼的变化过渡过程，分别定性地描绘、记录响应的典型变化波形。

(3) 调节 R_L 使示波器上呈现稳定的欠阻尼响应波形，用示波器测出振荡周期 T_d，相邻两个最大值 U_{1m}、U_{2m}，计算出此时电路的衰减常数 δ 和振荡角频率 ω_d。$\omega_d=2\pi/T_d$，衰减系数 $\delta=\dfrac{1}{T_d}\ln\dfrac{U_{1m}}{U_{2m}}$。

(4) 改变一组电路常数，比如增减 L 或 C 之值，重复步骤(2)的测量，并做记录。随后仔细观察，改变电路参数时，ω_d 与 δ 的变化趋势，并做记录。

表 3.32　*RLC* 串联电路测试表

电路参数	元件参数				测量值		
实验次数	r	R_L	L	C	T_d	U_{1m}	U_{2m}
1	100 Ω	调至某一欠阻尼状态	4.7 mH	1 000 pF			
2	100 Ω		10 mH	1 000 pF			
3	100 Ω		10 mH	0.01 μF			

2. *GCL* 并联电路的研究

(1) 如图 3.50 所示的 *GCL* 并联电路。令 $R_1=10\ \text{k}\Omega$，$L=10\ \text{mH}$，$C=1\ 000\ \text{pF}$，R_2 为 10 kΩ 电位器，令信号发生器的输出为 $U_{max}=3\ \text{V}$，$f=1\ \text{kHz}$ 的方波脉冲信号，通过同轴电缆线接至图 3.50 所示的激励端，同时用同轴电缆线将激励端和响应输出端接至双踪示波器的 Y_A 和 Y_B 两个输入口。

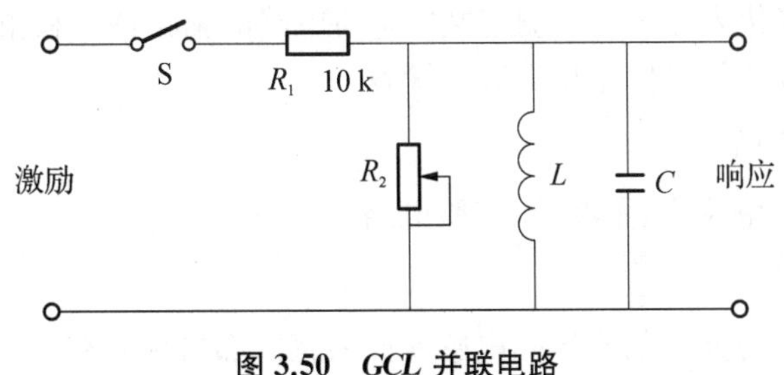

图 3.50　*GCL* 并联电路

(2) 调节可变电阻器 R_2 之值，观察二阶电路的零状态响应由过阻尼过渡到临界阻尼，最后过渡到欠阻尼的变化过渡过程，分别定性地描绘、记录响应的典型变化波形。

(3) 调节 R_2 使示波器呈现稳定的欠阻尼响应波形，用示波器测出振荡周期 T_d，相邻两个最大值 U_{1m}、U_{2m}，计算此时电路的衰减常数 δ 和振荡角频率 ω_d。

(4) 改变一组电路常数，比如增减 L 或 C 之值，重复步骤(2)的测量，并做记录。随后仔细观察，改变电路参数时，ω_d 与 δ 的变化趋势，并做记录。

表 3.33　*GCL* 并联电路测试表

电路参数	元件参数				测量值		
实验次数	R_1	R_2	L	C	T_d	U_{1m}	U_{2m}
1	10 kΩ	调至某一欠阻尼状态	4.7 mH	1 000 pF			
2	10 kΩ		10 mH	1 000 pF			
3	10 kΩ		10 mH	0.01 μF			
4	30 kΩ		10 mH	0.01 μF			

六、实验报告要求

1. 根据观测结果，在方格纸上描绘二阶电路过阻尼、临界阻尼和欠阻尼的响应波形。

2. 测算欠阻尼振荡曲线上的衰减常数 δ 和振荡角频率 ω_d。

3. 归纳、总结电路元件参数的改变对响应变化趋势的影响。

七、实验思考题

1. 根据二阶电路实验线路的参数，计算处于临界阻尼状态下 R_2 的值。

2. 在示波器上，如何测得二阶电路零输入响应欠阻尼状态的衰减常数 δ 和振荡角频率 ω_d？

3.5 交流电路的分析

实验 14 *RC* 电路的频率响应及选频网络特性测试

一、实验目的

1. 测定 *RC* 电路的频率特性，并了解其应用意义。

2. 熟悉文氏电桥电路的结构特点及其应用。

3. 学会用交流毫伏表和示波器测定文氏电桥电路的幅频特性和相频特性。

4. 熟练使用低频信号发生器和交流毫伏表。

二、实验仪器与设备

信号发生器、交流毫伏表、示波器、实验电路。

三、实验原理

在交流电路中，电容元件的容抗和电感元件的感抗都与频率有关，当电源电压（激励）的频率改变时（即使电压的幅值不变），电路中电流和各部分电压（响应）的大小和相位也随着改变。响应与频率的关系称为电路的频率特性或频率响应。首先讨论由 R、C 组成的几种滤波电路。所谓滤波就是利用容抗或感抗随频率而改变的特性，对不同频率的输入信号产生不同的响应，让需要的某一频带信号通过，而抑制不需要的其他频率信号。

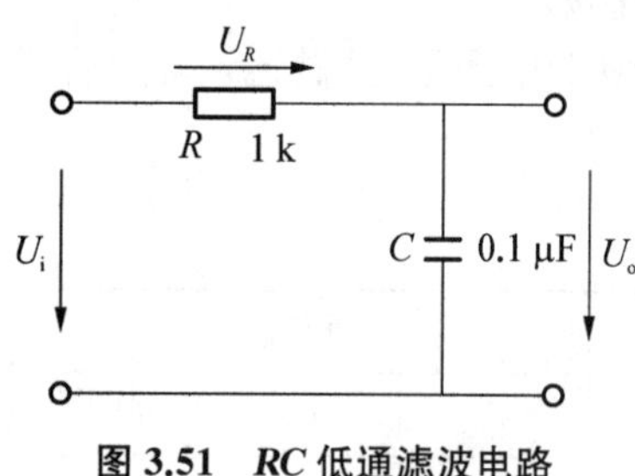

图 3.51 *RC* 低通滤波电路

1. *RC* 低通滤波电路

电路如图 3.51 所示，*RC* 低通滤波电路输出信号取自电容两端，电路输出电压与输入电压的比值称为电路的转移函数或传递函数，用 $T(j\omega)$表示，它是一个复数。

$$T(j\omega)=\frac{\dot{U}_o}{\dot{U}_i}=\frac{\frac{1}{j\omega C}}{R+\frac{1}{j\omega C}}=\frac{1}{1+j\omega RC}=|T(j\omega)|\angle\varphi(\omega)$$

设 $\omega_0=\frac{1}{RC}$，则 $T(j\omega)=\frac{\dot{U}_o}{\dot{U}_i}=\frac{1}{\sqrt{1+(\omega RC)^2}}\angle\varphi(\omega)=\frac{1}{\sqrt{1+\left(\frac{\omega}{\omega_0}\right)^2}}\angle\varphi(\omega)$

表示$|T(j\omega)|$随 ω 变化的特性称为幅频特性，表示 $\varphi(\omega)$随 ω 变化的特性称为相频特性，两者统称为频率特性。

在实际应用中，输出电压不能下降过多。通常规定：当输出电压下降到输入电压的 70.7%，即$|T(j\omega)|$下降到 0.707 时为最低限。此时，$\omega=\omega_0$，而将频率范围 $0<\omega<\omega_0$ 称为

通频带，ω_0 称为截止频率，它又称为半功率点频率。

当 $\omega < \omega_0$ 时，$|T(j\omega)|$ 变化不大，接近等于1；当 $\omega > \omega_0$ 时，$|T(j\omega)|$ 明显下降。这表明上述 RC 电路具有使低频信号较易通过而抑制较高频率信号的作用，故称为低通滤波电路。

2. RC 高通滤波电路

电路如图 3.52 所示。RC 高通滤波电路输出信号取自电阻两端，电路的传递函数为

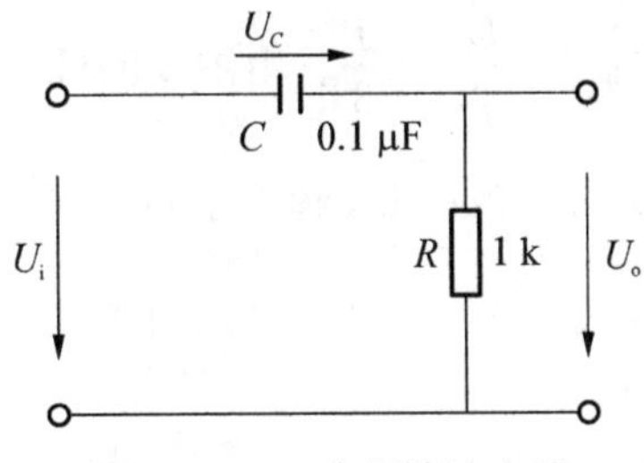

图 3.52　RC 高通滤波电路

$$T(j\omega)=\frac{\dot{U}_o}{\dot{U}_i}=\frac{R}{R+\frac{1}{j\omega C}}=\frac{j\omega RC}{1+j\omega RC}=|T(j\omega)|\angle\varphi(\omega)$$

设 $\omega_0=\dfrac{1}{RC}$，则 $T(j\omega)=\dfrac{\dot{U}_o}{\dot{U}_i}=\dfrac{1}{\sqrt{1+\left(\dfrac{1}{\omega RC}\right)^2}}\angle\varphi(\omega)=\dfrac{1}{\sqrt{1+\left(\dfrac{\omega_0}{\omega}\right)^2}}\angle\varphi(\omega)$

上述 RC 电路具有使高频信号较易通过而抑制较低频率信号的作用，故常称为高通滤波电路。

3. RC 串并联选频网络

电路如图 3.53 所示。文氏电桥电路是一个 RC 串并联电路，该电路结构简单，被广泛应用于低频振荡电路中作为选频环节，可以获得高纯度的正弦波电压。用函数信号发生器的正弦输出信号作为图 3.53 所示激励信号 U_i，并保持 U_i 值不变的情况下，改变输入信号的频率 f，用交流毫伏表或示波器测出输出端相应于各个频率点下的输出电压 U_o 的值，将这些数据画在以频率 f 为横轴，U_o 为纵轴的坐标纸上，用一条光滑的曲线连接这些点，该曲线就是上述电路的幅频特性曲线。

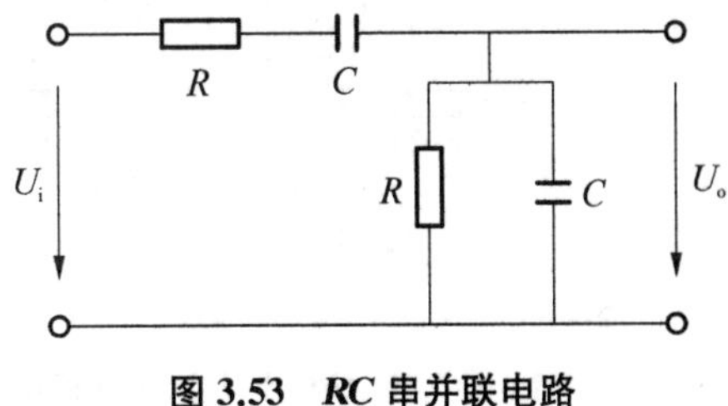

图 3.53　RC 串并联电路

文氏电桥的一个特点是其输出电压幅度不仅会随输入信号的频率而改变，而且还会出现一个与输入电压同相位的最大值，如图 3.54(a)所示。

由电路分析得知，该电路的频率特性为

$$T(j\omega)=\frac{\dot{U}_o}{\dot{U}_i}=\frac{1}{\left(1+\frac{R_1}{R_2}+\frac{C_1}{C_2}\right)+j\left(\omega R_1C_1-\frac{1}{\omega R_2C_2}\right)}$$

若取 $R_1 = R_2 = R$、$C_1 = C_2 = C$，则 $T(\mathrm{j}\omega) = \frac{\dot{U}_\mathrm{o}}{\dot{U}_\mathrm{i}} = \frac{1}{3 + j\left(\omega RC - \frac{1}{\omega RC}\right)}$

当 $\omega = \omega_0 = \frac{1}{RC}$ 时，即 $f = f_0 - \frac{1}{2\pi RC}$ 时，电路呈谐振状态，f_0 称电路固有频率。

此时，U_o 与 U_i 同相位，$T(\mathrm{j}\omega) = \frac{\dot{U}_\mathrm{o}}{\dot{U}_\mathrm{i}} = \frac{1}{3}$。由图 3.54(b) 可知，$RC$ 串并联电路具有带通特性。当 $\omega > \omega_0$，U_o 滞后于 U_i，$\omega < \omega_0$，U_o 超前于 U_i。

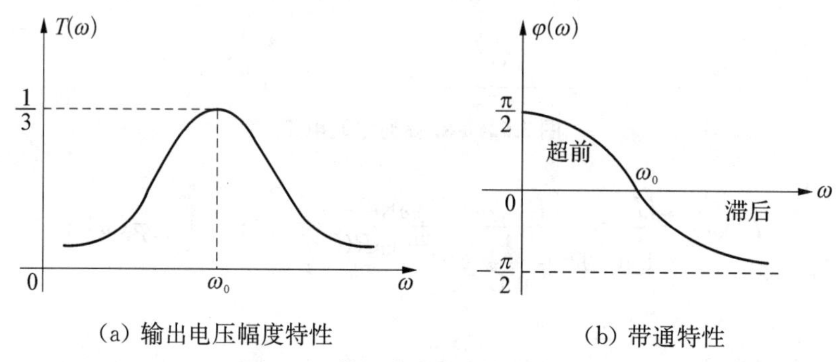

(a) 输出电压幅度特性　　(b) 带通特性

图 3.54　带通滤波电路的频率特性

4. RC 双 T 选频网络

如图 3.55 所示是一 RC 双 T 选频网络，它的特点是在一个较窄的频带内有极显著的带阻特性。一般情况下，RC 双 T 选频网络的元件的量值都取简单的对称关系。用同样方法可以测量 RC 双 T 选频网络的幅频特性。

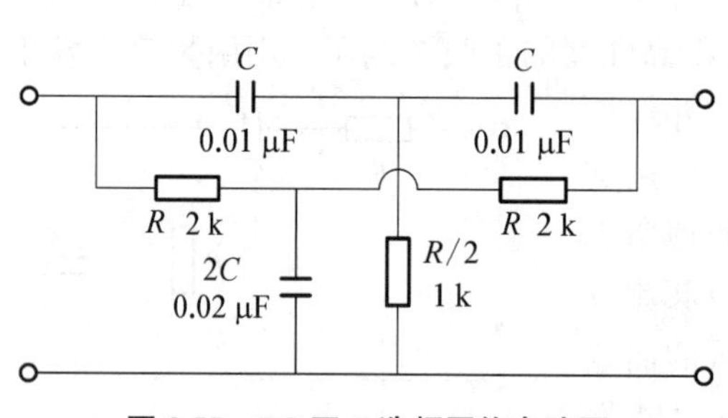

图 3.55　RC 双 T 选频网络电路图

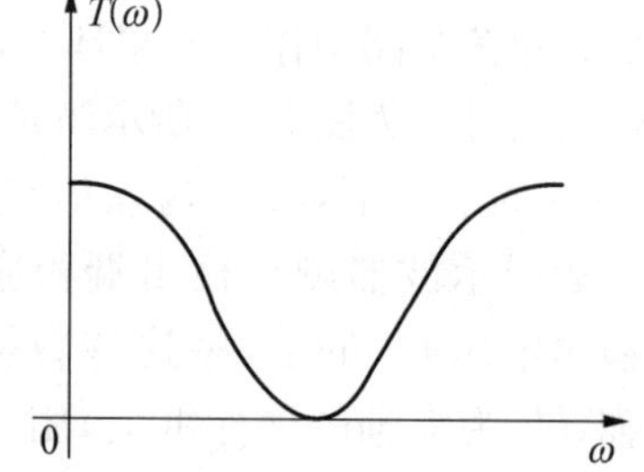

图 3.56　RC 双 T 选频网络幅频特性曲线

用函数信号发生器的正弦输出信号作为图 3.55 所示激励信号 U_i，并保持 U_i 值不变的情况下，改变输入信号的频率 f，用交流毫伏表或示波器监视 U_i 并测出输出端相应于各个频率点下的输出电压 U_o 的值，将这些数据画在以频率 f 为横轴，U_o 为纵轴的坐标纸上，用一条光滑的曲线连接这些电压，该曲线就是上述电路的幅频特性曲线。其幅频特性曲线如图 3.56 所示。

5. 绘制被测电路的相频特性曲线

在正弦稳态情况下，网络的响应相量与激励相量之比称为频域网络函数。当频率为截止角频率时，即 $f = f_0$ 时，幅频特性有最大值 $\frac{1}{3}$，相频特性为 0，这正是称之为选频网络的原因。实验中，可根据输入电压与输出电压同相位确定预选频率 f_0。

将上述电路的输入和输出分别接到双踪示波器的 Y_A 和 Y_B 两个输入端，改变输入正弦信号的频率，观测相应的输入和输出波形间的时延 τ 及信号的周期 T，则两波形间的相位差为

$$\varphi=\frac{\tau}{t}\times 360°=\varphi_o-\varphi_i\text{（输出相位与输入相位之差）}$$

将各个不同频率下的相位差 φ 测出，即可绘出被测电路的相频特性曲线，如图 3.54(b)所示。

四、实验注意事项

1. 由于信号源内阻的影响，注意在调节输出频率时，应同时调节输出幅度，使实验电路的输入电压保持不变。

2. 为消除电路内外干扰，要求毫伏表与信号源“共地”。

五、实验内容与步骤

1. 低通电路测试

按图 3.51 所示电路接线，$R=1\ \text{k}\Omega$，$C=0.1\ \mu\text{F}$，改变信号源的频率 f，保持 $U_i=3$ V(有效值)，分别测量表 3.34 中所列频率下的 U_{o1}。

表 3.34　低通电路实验数据

序数	1	2	3	4	5	6	7	8	9	10
f(Hz)										
U_i(mV)										
U_{o1}(mV)										

2. 高通电路测试

按图 3.52 所示电路接线，$R=1\ \text{k}\Omega$，$C=0.1\ \mu\text{F}$，改变信号源的频率 f，保持 $U_i=3$ V(有效值)，测 U_{o2} 值填入表 3.35 中。

表 3.35　高通电路实验数据

序数	1	2	3	4	5	6	7	8	9	10
f(Hz)										
U_i(mV)										
U_{o1}(mV)										

3. *RC* 选频网络的幅频特性测试

(1) 按图 3.53 所示电路选取一组参数(如 $R=1\ \text{k}\Omega$，$C=0.1\ \mu\text{F}$)。

(2) 调节信号源的输出电压为 3 V 的正弦信号，接入图 3.51 的输入端。

(3) 改变信号源的频率 f，并保持 $U_i=3$ V(有效值)不变，测量输出电压 U_o，可先测量 $\beta=\frac{1}{3}$时的电路频率，然后再在 f_0 左右设置其他频率点测量 U_o。数据记入表 3.36 中。

(4) 可另选一组参数(如令 $R=200\ \Omega$，$C=2.2\ \mu\text{F}$)，重复测量一组数据。数据记入表 3.36 中。

表 3.36　**RC 选频网络的幅频特性测试**

$R = 1\,\mathrm{k\Omega}, C = 0.1\,\mu\mathrm{F}$										
f(Hz)										
U_i(V)										
U_o(V)										
$R = 200\,\Omega, C = 2.2\,\mu\mathrm{F}$										
f(Hz)										
U_i(V)										
U_o(V)										

4. *RC* 选频网络的相频特性测试

按实验原理 4 的内容、方法步骤进行，选定两组电路参数进行测量。数据记入表 3.37中。

表 3.37　**RC 选频网络的相频特性**

$R = 1\,\mathrm{k\Omega}, C = 0.1\,\mu\mathrm{F}$										
f(Hz)										
T(ms)										
τ(ms)										
φ										
$R = 200\,\Omega, C = 2.2\,\mu\mathrm{F}$										
f(Hz)										
T(ms)										
τ(ms)										
φ										

5. *RC* 双 *T* 选频网络的测试

测试图 3.55 所示的双 *T* 型滤波器的幅频特性，自拟表格，记录测试数据。

六、实验报告要求

1. 根据表中数据，用坐标纸分别作出低通、高通及选频电路的幅频特性，要求用频率取对数坐标。求出 f_0 或 ω_0，说明电路的作用。

2. 取 $f = f_0$ 时的数据，验证是否满足 $U_o = \frac{1}{3}U_i$，$\varphi = 0$。

3. 回答实验思考题。

4. 总结分析本次实验结果。

七、实验思考题

1. 根据电路参数，估算电路两组参数时的固有频率 f_0。

2. 推导 RC 串并联电路的幅频、相频特性的数学表达式。

3. 为什么 RC 电路具有移相作用?

实验 15　*RLC* 串联谐振电路

一、实验目的

1. 观察谐振现象,加深对串联谐振电路特性的理解。
2. 学习测定 RLC 串联谐振电路的频率特性曲线。
3. 测量电路的谐振频率,研究电路参数对谐振特性的影响。
4. 掌握交流毫伏表的使用方法。

二、实验设备

信号发生器、交流毫伏表、示波器、频率计、谐振电路实验线路。

三、实验原理

1. RLC 串联谐振的条件

在如图 3.57 所示的 RLC 串联电路上,施加一正弦电压,则该电路的阻抗是电流角频率的函数,即

$$Z=R+\mathrm{j}\left(\omega L-\frac{1}{\omega C}\right)=|Z|\angle\varphi$$

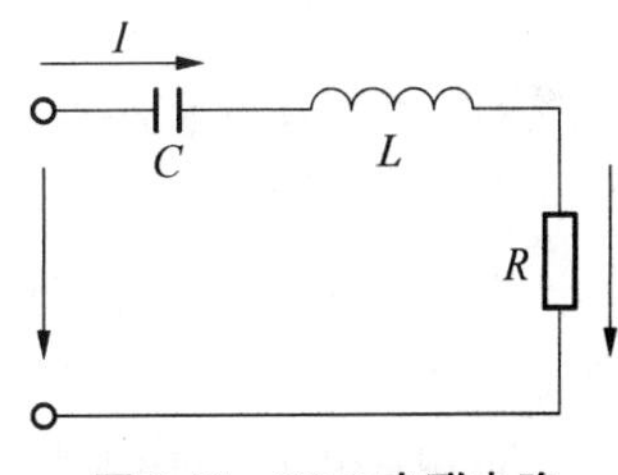

图 3.57　*RLC* 串联电路

当 $\omega L-\frac{1}{\omega C}=0$ 时,电路处于串联谐振状态,谐振角频率和谐振频率分别为

$$\omega_0=\frac{1}{\sqrt{LC}},f_0=\frac{1}{2\pi\sqrt{LC}}$$

显然,谐振频率仅与元件 L,C 的数值有关,而与电阻 R 和激励电源的角频率 ω 无关。f_0 反映了串联电路的一个固有性质,而且对于每一个 RLC 串联电路,总有一个对应的谐振频率 f_0。

2. 电路处于谐振状态时的特性

(1) 由于谐振时回路总电抗 $X_0=\omega_0 L-\frac{1}{\omega_0 C}=0$,回路阻抗 Z_0 为最小值,整个电路相当于一个纯电阻回路,激励电源的电压与回路电流同相位。

(2) 由于感抗 $\omega_0 L$ 与容抗 $\frac{1}{\omega_0 C}$ 相等,电感上的电压 U_L 与电容上的电压 U_C 数值相等,相位相差180°,电感上的电压(或电容上的电压)与激励电压之比称为品质因数 Q,即

$$Q=\frac{U_L}{U_S}=\frac{U_C}{U_S}=\frac{\omega_0 L}{R}=\frac{1}{\omega_0 CR}=\frac{1}{R}\sqrt{\frac{L}{C}}$$

在 L 和 C 为定值的条件下,Q 值仅仅决定于回路电阻 R 的大小。若 $Q>1$,则谐振时 $U_L=U_C>U$。

(3) 在激励电压值(有效值)不变的情况下,回路中的电流 $I=\frac{U_S}{R}$ 为最大值。

3. 串联谐振电路的频率特性

回路的响应电流与激励电源的角频率的关系称为电流的幅频特性(表明其关系的图形为串联谐振曲线),表达式为

$$I(\omega)=\frac{U_S}{\sqrt{R^2+\left(\omega L-\frac{1}{\omega C}\right)^2}}=\frac{U_S}{R\sqrt{1+Q^2\left(\eta-\frac{1}{\eta}\right)^2}}=\frac{I_0}{\sqrt{1+Q^2\left(\eta-\frac{1}{\eta}\right)^2}}$$

其中:$I_0=\frac{U_S}{R}$,$\eta=\frac{\omega}{\omega_0}$

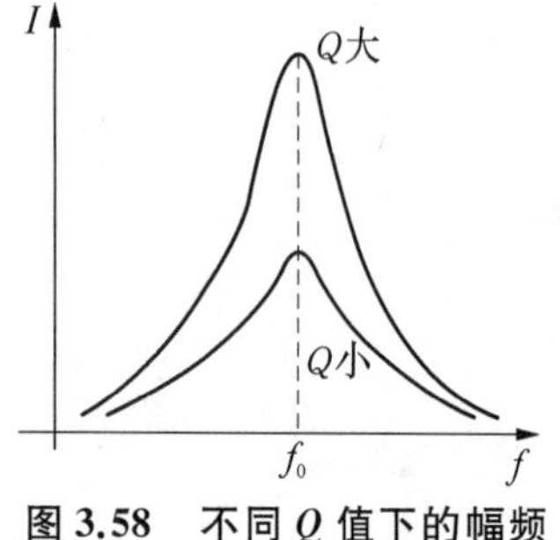

图 3.58　不同 Q 值下的幅频特性曲线

当电路中的 L,C 保持不变时,改变 R 的大小,可以得到不同的 Q 值的电流的幅频特性曲线,如图 3.58 所示。显然,Q 值越高即 R 值越小,曲线越尖锐,其选频性能提高,而通频带变窄。反之 Q 值越小则选频性能差而通频带加宽。

为了便于比较,而把上式归一化,通过研究电流比 I/I_0 与角频率比 ω/ω_0 之间的函数关系,即所谓通用幅频特性。其表达式为

$$\frac{I}{I_0}=\frac{1}{\sqrt{1+Q^2\,(\eta-1/\eta)^2}}$$

I_0 为谐振时的回路响应电流。显然 Q 值越大,在一定的频率偏移下,电流比下降得越厉害。

取电路电流 I 作为响应,当输入电压 U_i 维持不变时,在不同信号频率的激励下,测出电阻 R 两端电压 U_0 之值,则 $I=U_0/R$,然后以 f 为横坐标,以 I 为纵坐标,绘出光滑的曲线,此即为幅频特性,亦称电流谐振曲线,如图 3.59 所示。

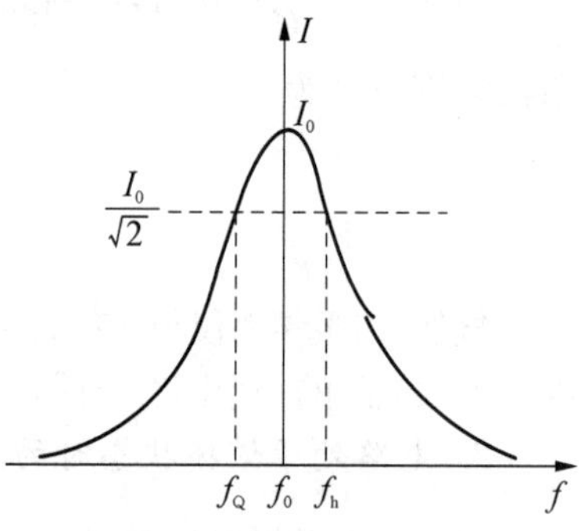

图 3.59　电流谐振曲线

幅频特性曲线可以计算得出,或用实验方法测定。

四、实验注意事项

1. 使用交流毫伏表测量电压值,在读数时要注意量程是否改变。

2. 在谐振频率附近,应加大测量密度。

3. 每次改变信号源频率时,都要保持 5 V 不变。

4. 使用毫伏表测量前,要先校正零点。

五、实验内容与步骤

1. 按图 3.57 所示接线,$R=510\ \Omega$,$L=30\ \text{mH}$,$C=0.1\ \mu\text{F}$,调整信号发生器,使其波形为正弦波,输出电压有效值为 3 V,用交流毫伏表监测电阻 R 两端的电压 U_R,调节信号发生器的输出频率(注意要维持信号源的输出幅度不变),当 U_R 的读数为最大值时,读的频率计上的频率值即为谐振频率 f_0。

2. 用交流毫伏表分别测量电路发生谐振时的 U_i、U_R、U_L、U_C 电压,记入表 3.38 中。如果用双踪示波器测量,则应注意共地问题。

表 3.38　谐振时电压数据表

条件	U_i/V	U_R/V	U_L/V	U_C/V
$R=510\ \Omega$				
$R=2\ \text{k}\Omega$				

3. 调节信号发生器的频率输出，在 f_0 附近分别选几个测量点，测量不同频率时的 U_R 值，记入下表中，并根据计算结果，绘制谐振曲线(标出 Q 值)。

表 3.39　*RLC* 串联谐振数据表

负载	项目		频率 f(kHz)								
$R=510\ \Omega$ $L=30\ \text{mH}$ $C=0.1\ \mu\text{F}$	测量值	U_R/V									
	计算值	I/mA									
		I/I_0									
		f/f_0									
$R=2\ \text{k}\Omega$ $L=30\ \text{mH}$ $C=0.1\ \mu\text{F}$	测量值	U_R/V									
	计算值	I/mA									
		I/I_0									
		f/f_0									

4. 取 $C=0.01\ \mu\text{F}$，重复上述步骤的测量过程，并将所测数据记入自拟表格中。

六、实验报告要求

1. 完成表格中的计算，并在坐标纸上绘制谐振曲线。
2. 计算实验电路的通频带，谐振频率 ω_0 和品质因数 Q，并与实测值相比较，分析产生误差的原因。
3. 回答实验思考题。

七、实验思考题

1. 怎样判断串联电路已经处于谐振状态？
2. 对于通过实验获得的谐振曲线，分析电路参数对它的影响。
3. 说明通频带与品质因数及选择性之间的关系。
4. 怎样利用表 3.39 中的数据求得电路的品质因数 Q？
5. 电路谐振时，为什么电感和电容的端电压比信号源的输出电压要高？

实验 16* 　双口网络研究

微信扫码见
“实验 16”

第 4 章

模拟电子技术实验

4.1　训练要点

1. 模拟电路实验注意点：

(1) 在进行小信号放大实验时，由于所用信号发生器及连接线的缘故，往往在进入放大器前就出现噪声或不稳定，易受外界干扰，实验时可采用在放大器输入端加衰减的方法加以改进。一般可用实验箱中电阻组成衰减器，这样连接线上信号电平较高，不易受干扰。

(2) 三极管的直流放大倍数与交流放大倍数是不同物理意义量，只有在信号很小，理论上三极管工作近似在线性状态时才认为近似相等，实际上万用表所测出的直流放大倍数与交流放大倍数是不相同的。

(3) 在做实验内容时所有信号都是定量分析，为了克服干扰相应提高输入信号，为此在做实验时发现信号输入不当时自己适当调节，满足实验要求为主。

(4) 由于各个三极管参数的分散特性，定量分析时同一实验电路用到不同的三极管时可能所测的数据不一致，实验结果不一致，甚至出现自激等情况使实验电路做不出实验的现象，这样需要自己适当调节电路参数。另外，在搭建电路时连线要最少，节点要最少，防止连线干扰，产生电路自激等，从而影响实验结果。

2. 由于实验电路大部分是分立元件，连线时容易误操作损坏元器件，故实验时应注意观察，若发现有破坏性异常现象(例如有元件冒烟、发烫或有异味)应立即关断电源，保持现场，报告指导教师。找到原因，排除故障，经指导教师同意再继续实验。

3. 实验过程中需要改接线时，应关断电源后才能拆、接线。连线时在保证接触良好的前提下应尽量轻插轻拔，检查电路正确无误后方可通电实验。拆线时若遇到连线与插孔连接过紧的情况，应用手捏住连线插头的塑料线端，左右摇晃，直至连线与插孔松脱，切勿用蛮力强行拔出。

4. 打开电源开关时指示灯将被点亮，若指示灯异常，如不亮或闪烁，则说明电源未接入或实验电路接错致使电源短路，一旦发现指示灯闪烁应立即关断电源开关，检查实验电路，找到原因、排除故障，经指导教师同意再继续实验。

5. 转动电位器时，切勿用力过猛，以免造成元件损坏。请勿直接用手触摸芯片、电解电容等元件，更不可用蛮力推、拉、摇、压元器件，以免造成损坏。

6. 实验过程中应仔细观察实验现象，认真记录实验结果(数据、波形、现象)。所记录的实验结果经指导教师审阅签字后再拆除实验线路。

7. 实验结束后，必须关断电源，并将仪器、设备、工具、导线等按规定整理好。

4.2　放大器干扰、噪声抑制和自激振荡的消除

放大器的调试一般包括调整和测量静态工作点，调整和测量放大器的性能指标：放大倍数、输入电阻、输出电阻和通频带等。放大电路是一种弱电系统，具有很高的灵敏度，因此很容易接受外界和内部一些无规则信号的影响。也就是在放大器的输入端短路时，输出端仍有杂乱无规则的电压输出，这就是放大器的噪声和干扰电压。另外，由于安装、布线不合理，负反馈太深以及各级放大器共用一个直流电源造成级间耦合等，也能使放大器没有输入信号时，有一定幅度和频率的电压输出。噪声、干扰和自激振荡的存在妨碍了对有用信号的观察和测量，严重时放大器将不能正常工作。所以必须抑制干扰、噪声和消除自激振荡，才能进行正常的调试和测量。

1. 干扰和噪声的抑制

把放大器输入短路，在放大器输出端仍可测量到一定的噪声和干扰电压。其频率如果是 50 Hz(或 100 Hz)，一般称为 50 Hz 交流声，有时是非周期性的，没有一定规律。50 Hz 交流声大都来自电源变压器或交流电源线，100 Hz 交流声往往是由于整流滤波不良所造成的。另外，由电路周围的电磁波干扰信号引起的干扰电压也是常见的。由于放大器的放大倍数很高(特别是多级放大器)，只要在它的前级引进一点微弱的干扰，经过几级放大，在输出端就可以产生一个很大的干扰电压。还有，电路中的地线接得不合理，也会引起干扰。

针对实验电路的结构，由于是分立元件连线的方式，容易受外界干扰，比如电源接入干扰信号，或连线不合理、或接地点不合理等，这样在做实验调试过程要求我们抑制干扰和噪声，采取一定的措施：

(1) 搭建电路时连线要求合理，尽量用最少的线连接好电路，输入回路的导线和输出回路、电源的导线要分开，不要平行或捆扎在一起，以免相互感应。

(2) 电源串入时可以适当加滤波电路

(3) 选择合理的接地点，尽量把地接在实验电路板的插孔与测试钩上，不要把地引出外接而引入干扰。

2. 自激振荡的消除

检查放大器是否发生自激振荡，可以把输入端短路，用示波器(或毫伏表)接在放大器的输出端进行观察。自激振荡的频率一般为比较高的或极低的数值，而且频率随着放大器元件参数不同而改变(甚至拨动一下放大器连接导线的位置，频率也会改变)。高频振荡主要是由于连线不合理引起的。例如输入和输出线靠得太近，产生正反馈作用。对此要连线尽量少，接线要短等。也可以用一个小电容(例如 1 000 pF 左右)一端接地，另一端逐级接触管子的输入端，或电路中合适部件，找到抑制振荡的最灵敏的一点(即电容接此点时，自激振荡消失)，在此处外接一个合适的电阻电容或单一电容(一般 100 pF～0.1 μF，由试验决定)，进行高频滤波或负反馈，以压低放大电路对高频信号的放大倍数或移动高频电压的相位，从而抑制高频振荡。一般放大电路在晶体管的基极与集电极接这种校正电路。

低频振荡是由于各级放大电路共用一个直流电源所引起。最常用的消除办法是在放大电路各级之间加上“去耦电路”R 和 C。

实验电路的整个结构以分立元件为基础，这种搭建电路方式易受干扰与自激，但这也是

实际设计电路时常常面临的问题，也是我们学习更多知识的最好平台。

4.3 双极结型三极管及其放大电路

实验 1 晶体管共射极单管放大器

一、实验目的

1. 掌握放大器静态工作点的调试方法，学会分析静态工作点对放大器性能的影响。
2. 掌握放大器电压放大倍数、输入电阻、输出电阻及最大不失真输出电压的测试方法。
3. 熟悉常用电子仪器及模拟电路实验设备的使用。

二、实验仪器

双踪示波器、万用表、交流毫伏表、信号发生器。

三、实验原理

1. 放大器静态指标的测试

图 4.1 为电阻分压式工作点稳定单管放大器实验电路图。它的偏置电路采用 R_{B2} 和 R_{B1} 组成的分压电路，并在发射极中接有电阻 R_E，以稳定放大器的静态工作点。当在放大器的输入端加入输入信号 U_i 后，在放大器的输出端便可得到一个与 U_i 相位相反，幅值被放大了的输出信号 U_o，从而实现了电压放大。

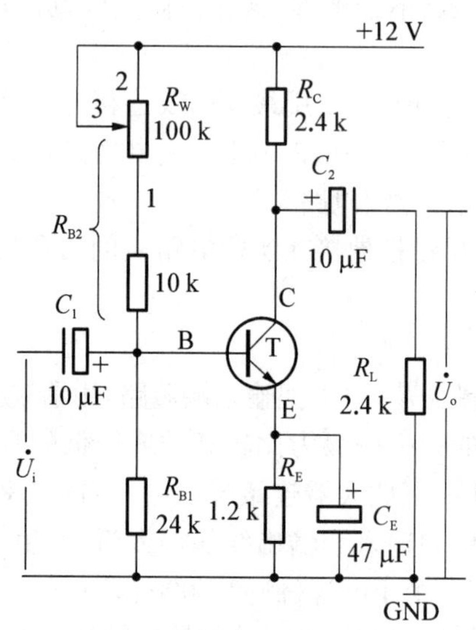

图 4.1 共射极单管放大器实验电路

在图 4.1 电路中，当流过偏置电阻 R_{B1} 和 R_{B2} 的电流远大于晶体管 T 的基极电流 I_B 时（一般 5～10 倍），则它的静态工作点可用下式估算，V_{CC}为供电电源，此处为＋12 V。

$$U_B \approx \frac{R_{B1}}{R_{B1}+R_{B2}}V_{CC},\ I_E=\frac{U_B-U_{BE}}{R_E}\approx I_C,\ U_{CE}=V_{CC}-I_C(R_C+R_E)$$

电压放大倍数：$A_V=-\beta\frac{R_C \mathbin{/\!/} R_L}{r_{be}}$

输入电阻：$R_i=R_{B1} \mathbin{/\!/} R_{B2} \mathbin{/\!/} r_{be}$

输出电阻：$R_o \approx R_C$

(1) 静态工作点的测量

测量放大器的静态工作点，应在输入信号 $U_i=0$ 的情况下进行，即将放大器输入端与地端短接，然后选用量程合适的数字万用表，分别测量晶体管的集电极电流 I_C 以及各电极对地的电位 U_B、U_C 和 U_E。一般实验中，为了避免断开集电极，采用测量电压，然后算出 I_C 的方法，例如，只要测出 U_E，即可用 $I_C \approx I_E=\frac{U_E}{R_E}$ 算出 $I_C$$\left(\text{也可根据 } I_C=\frac{V_{CC}-U_C}{R_C}\text{，由 } U_C \text{ 确定 } I_C\right)$，同时也能算出。

(2) 静态工作点的调试

放大器静态工作点的调试是指对三极管集电极电流 I_C(或 U_{CE})调整与测试。

静态工作点是否合适，对放大器的性能和输出波形都有很大的影响。如工作点偏高，放大器在加入交流信号以后易产生饱和失真，此时 u_o 的负半周将被削底，如图 4.2(a)所示，如工作点偏低则易产生截止失真，即 u_o 的正半周被缩顶(一般截止失真不如饱和失真明显)，如图 4.2(b)所示。这些情况都不符合不失真放大的要求。所以在选定工作点以后还必须进行动态调试，即在放大器的输入端加入一定的 u_i，检查输出电压 u_o 的大小和波形是否满足要求。如不满足，则应调节静态工作点的位置。

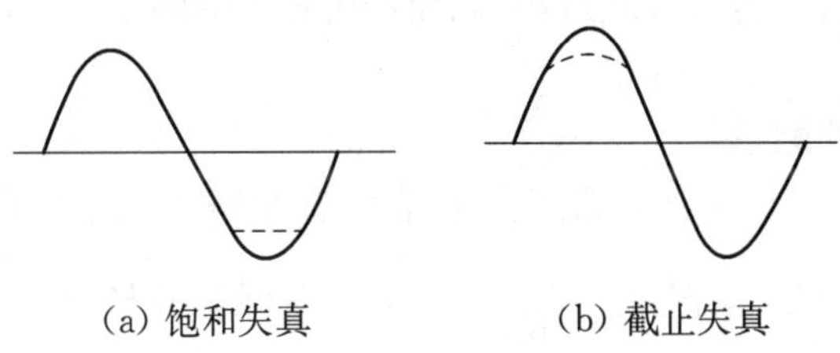

(a) 饱和失真　　(b) 截止失真

图 4.2　静态工作点对 u_o 波形失真的影响

改变电路参数 U_{CC}，R_C，R_B(R_{B1}，R_{B2})都会引起静态工作点的变化，如图 4.3 所示，但通常多采用调节偏电阻 R_{B2} 的方法来改变静态工作点，如减小 R_{B2}，则可使静态工作点提高等。

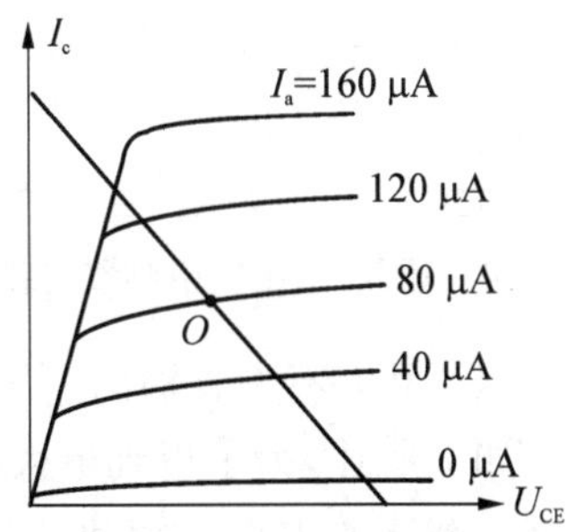

图 4.3　电路参数对静态工作点的影响

最后还要说明的是，上面所说的工作点“偏高”或“偏低”不是绝对的，应该是相对信号的

幅度而言，如信号幅度很小，即使工作点较高或较低也不一定会出现失真。所以确切地说，产生波形失真是信号幅度与静态工作点设置配合不当所致。如需满足较大信号的要求，静态工作点最好尽量靠近交流负载线的中点。

2. 放大器动态指标测试

放大器动态指标测试包括电压放大倍数、输入电阻、输出电阻、最大不失真输出电压(动态范围)和通频带等。

(1) 电压放大倍数 A_V 的测量

调整放大器到合适的静态工作点，然后加入输入电压 u_{i}，在输出电压 u_{o} 不失真的情况下，用交流毫伏表测出 u_{i} 和 u_{o} 的有效值 U_{i} 和 U_{o}，则 $A_V=\dfrac{U_{\mathrm{o}}}{U_{\mathrm{i}}}$。

(2) 输入电阻 R_{i} 的测量

为了测量放大器的输入电阻，按图 4.4 所示电路在被测放大器的输入端与信号源之间串入一已知电阻 R，在放大器正常工作的情况下，用交流毫伏表测出 U_{S} 和 U_{i}，则根据输入电阻的定义可得

$$R_{\mathrm{i}}=\frac{U_{\mathrm{i}}}{I_{\mathrm{i}}}=\frac{U_{\mathrm{i}}}{\dfrac{U_R}{R}}=\frac{U_{\mathrm{i}}}{U_{\mathrm{S}}-U_{\mathrm{i}}}R$$

测量时应注意：

① 测量 R 两端电压 U_R 时必须分别测出 U_{S} 和 U_{i}，然后按 $U_R=U_{\mathrm{S}}-U_{\mathrm{i}}$ 求出 U_R 值。

② 电阻 R 的值不宜取得过大或过小，以免产生较大的测量误差，通常取 R 与 R_{i} 为同一数量级，本实验可取 $R=1\sim 2\ \mathrm{k\Omega}$。

(3) 输出电阻 R_{o} 的测量

按图 4.4 所示电路，在放大器正常工作条件下，测出输出端不接负载 R_{L} 的输出电压 U_{o} 和接入负载后输出电压 U_{L}，根据 $U_{\mathrm{L}}=\dfrac{R_{\mathrm{L}}}{R_{\mathrm{o}}+R_{\mathrm{L}}}U_{\mathrm{o}}$，即可求出 $R_{\mathrm{o}}=\left(\dfrac{U_{\mathrm{o}}}{U_{\mathrm{L}}}-1\right)R_{\mathrm{L}}$。

在测试中应注意，必须保持 R_L 接入前后输入信号的大小不变。

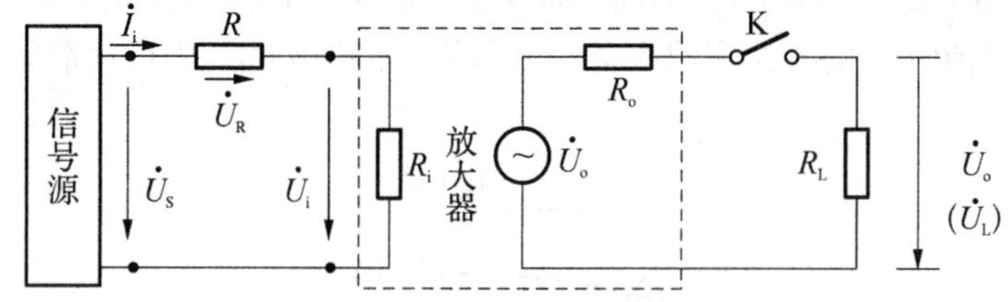

图 4.4　输入、输出电阻测量电路

(4) 最大不失真输出电压 U_{opp} 的测量(最大动态范围)

如上所述，为了得到最大动态范围，应将静态工作点调在交流负载线的中点。为此在放大器正常工作情况下，逐步增大输入信号的幅度，并同时调节 R_{W}(改变静态工作点)，用示波器观察 u_{o}，当输出波形同时出现削底和缩顶现象(见图 4.5)

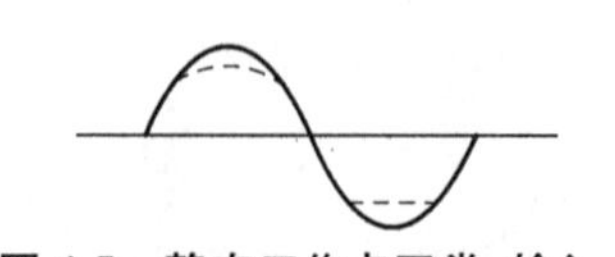

图 4.5　静态工作点正常，输入信号太大引起的失真

时，说明静态工作点已调在交流负载线的中点。然后反复调整输入信号，使波形输出幅度最大，且无明显失真时，用交流毫伏表测出 U_o（有效值），则动态范围等于 $2\sqrt{2}U_o$。或用示波器直接读出 U_{opp} 来。

(5) 放大器频率特性的测量

放大器的频率特性是指放大器的电压放大倍数 A_V 与输入信号频率 f 之间的关系曲线。单管阻容耦合放大电路的幅频特性曲线如图 4.6 所示。

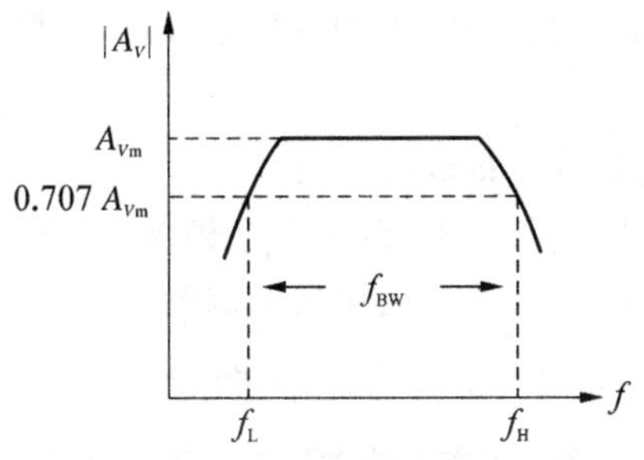

图 4.6　幅频特性曲线

A_{Vm} 为中频电压放大倍数，通常规定电压放大倍数随频率变化下降到中频放大倍数的 $1/\sqrt{2}$ 倍，即 $0.707A_{Vm}$ 所对应的频率分别称为下限频率 f_L 和上限频率 f_H，则通频带 $f_{BW}=f_H-f_L$。

放大器的幅频特性就是测量不同频率信号时的电压放大倍数 A_V。为此可采用前述测 A_V 的方法，每改变一个信号频率，测量其相应的电压放大倍数，测量时要注意取点要恰当，在低频段与高频段要多测几点，在中频可以少测几点。此外，在改变频率时，要保持输入信号的幅度不变，且输出波形不能失真。

四、实验内容

1. 测量静态工作点

静态工作点测量条件：输入接地即使 $U_i=0$。

打开电源，调节 R_W，使 $I_C=2.0$ mA（即 $U_E=2.4$ V），用万用表测量 U_B、U_E、U_C、R_{B2} 的值。记入表 4.1。

表 4.1　静态工作点测量数据表

测量值				计算值		
U_B(V)	U_E(V)	U_C(V)	R_{B2}(kΩ)	U_{BE}(V)	U_{CE}(V)	I_C(mA)

2. 测量电压放大倍数

调节一个频率为 1 kHz、峰峰值为 50 mV 的正弦波作为输入信号 U_i。同时用双踪示波器观察放大器输入电压 U_i 和输出电压 U_o 的波形，在 U_o 波形不失真的条件下用毫伏表测量，并用双踪示波器观察 U_o 和 U_i 的相位关系，记入表 4.2。

表 4.2　测量电压放大倍数(U_i=________V)

R_C(kΩ)	R_L(kΩ)	U_o(V)	A_V	观察记录一组 U_O 和 U_i 波形
2.4	∞			
1.2	∞			
2.4	2.4			

注意:由于晶体管元件参数的分散性,定量分析时所给 U_i 为 50 mV 不一定适合,具体情况需要根据实际给适当的 U_i 值,以后不再说明。由于 U_o 所测的值为有效值,故峰峰值 U_i 需要转化为有效值或用毫伏表测得的 U_i 来计算 A_V 值。

3. 观察静态工作点对电压放大倍数的影响

在 R_C=2.4 kΩ,R_L=∞ 连线条件下,调节一个频率为 1 kHz、峰峰值为 50 mV 的正弦波作为输入信号 U_i 连到放大电路。调节 R_W,用示波器监视输出电压波形,在 u_o 不失真的条件下,测量数组 I_C 和 U_o 的值,记入表 4.3。测量 I_C 时,要使 U_i=0。

表 4.3　静态工作点对电压放大倍数的影响测试表

I_C(mA)			2.0		
U_o(V)					
A_V					

4. 观察静态工作点对输出波形失真的影响

在 R_C=2.4 kΩ,R_L=∞ 连线条件下,使 u_i=0,调节 R_W 使 I_C=2.0 mA(参见本实验步骤 2),测出 U_{CE} 值。调节一个频率为 1 kHz、峰峰值为 50 mV 的正弦波作为输入信号 U_i 连到放大电路,再逐步加大输入信号,使输出电压 U_o 足够大但不失真。然后保持输入信号不变,分别增大和减小 R_W,使波形出现失真,绘出 U_o 的波形,并测出失真情况下的 I_C 和 U_{CE} 值,记入表 4.4 中。每次测 I_C 和 U_{CE} 值时要使输入信号为零(即使 u_i=0)。

表 4.4　静态工作点对输出波形的影响测试表

I_C(mA)	U_{CE}(V)	U_o 波形	失真情况	管子工作状态
2.0				

5. 测量最大不失真输出电压

在 R_C=2.4 kΩ,R_L=2.4 kΩ 连线条件下,同时调节输入信号的幅度和电位器 R_W,用示波器和毫伏表测量 U_{opp} 及 U_o 值,记入表 4.5。

表 4.5　最大不失真测试表

I_C(mA)	U_{im} 有效值(mV)	U_{om} 有效值(V)	U_{opp} 峰峰值(V)

6*. 测量输入电阻和输出电阻

按图 4.4 所示，取 $R=2\ \text{k}\Omega$，$R_C=2.4\ \text{k}\Omega$，$R_L=2.4\ \text{k}\Omega$，$I_C=2.0\ \text{mA}$。输入 $f=1\ \text{kHz}$、峰峰值为 50 mV 的正弦信号，在输出电压 u_o 不失真的情况下，用毫伏表测出 U_S，U_i 和 U_L，根据实验原理中公式算出 R_i。

保持 U_S 不变，断开 R_L，测量输出电压 U_o，根据实验原理中公式算出 R_o。

7*. 测量幅频特性曲线

取 $I_C=2.0\ \text{mA}$，$R_C=2.4\ \text{k}\Omega$，$R_L=2.4\ \text{k}\Omega$。保持上步输入信号 u_i 不变，改变信号源频率 f，逐点测出相应的输出电压 U_o，自作表记录之。为了频率 f 取值合适，可先粗测一下，找出中频范围，然后再仔细读数。

实验 2　晶体管两级放大器

一、实验目的

1. 掌握两级阻容放大器的静态分析和动态分析方法。
2. 加深理解放大电路各项性能指标。

二、实验仪器

双踪示波器、万用表、交流毫伏表、信号发生器。

三、实验原理

实验电路图如图 4.7 所示。

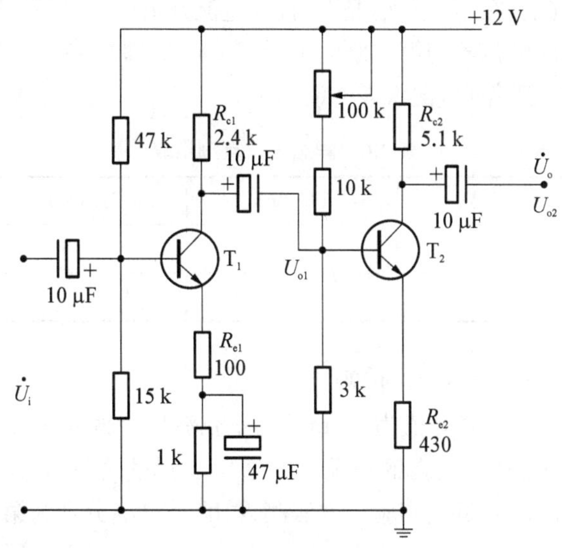

图 4.7　晶体管两级阻容放大电路

1. 静态工作点的测量

阻容耦合因有隔直作用，故各级静态工作点互相独立，只要按实验二分析方法，一级一级地计算就可以了。

2. 两级放大电路的动态分析

(1) 中频电压放大倍数的估算：$A_V=A_{V1}\times A_{V2}$

单管基本共射电路电压放大倍数：$A_V = -\dfrac{\beta R'_L}{r_{be} + (1+\beta)R_e}$

要特别注意的是，公式中的 R'_L，不仅是本级电路输出端的等效电阻，还应包含下级电路等效至输入端的电阻，即前一级输出端往后看总的等效电阻。

(2) 输入电阻的估算

两级放大电路的输入电阻一般来说就是输入级电路的输入电阻，即 $R_i \approx R_{i1}$。

(3) 输出电阻的估算

两级放大电路的输出电阻一般来说就是输出级电路的输出电阻，即 $R_o \approx R_{o2}$。

3. 两级放大电路的频率响应

(1) 幅频特性

已知两级放大电路总的电压放大倍数是各级放大电路放大倍数的乘积，则其对数幅频特性便是各级对数幅频特性之和，即 $20\lg|\dot{A}_V| = 20\lg|\dot{A}_{V1}| + 20\lg|\dot{A}_{V2}|$。

(2) 相频特性

两级放大电路总的相位为各级放大电路相位移之和，即 $\varphi = \varphi_1 + \varphi_2$。

四、实验内容

1. 在实验箱的晶体管系列模块中，按图 4.7 所示正确连接电路，U_i、U_o 悬空，接入 +12 V电源。

2. 测量静态工作点：

在步骤 1 连线基础上，在 $U_i=0$ 情况下，打开直流开关，第一级静态工作点已固定，可以直接测量。调节 100 kΩ 电位器使第二级的 $I_{C2}=1.0$ mA(即 $U_{E2}=0.43$ V)，用万用表分别测量第一级、第二级的静态工作点，记入表 4.6。

表 4.6　静态工作点测量表

	U_B(V)	U_E(V)	U_C(V)	I_C(mA)
第一级				
第二级				

五、测试两级放大器的各项性能指标

调节一个频率为 1 kHz、峰峰值为 50 mV 的正弦波作为输入信号 U_i。用示波器观察放大器输出电压 U_o 的波形，在不失真的情况下用毫伏表测量出 U_i、U_o，算出两级放大器的倍数，输出电阻和输入电阻的测量按实验二方法测得，U_{o1} 与 U_{o2} 分别为第一级电压输出与第二级电压输出。A_{V1} 为第一级电压放大倍数，$A_{V2}(U_{o2}/U_{o1})$ 为第二级电压放大倍数，A_V 为整个电压放大倍数，根据接入的不同负载测量性能指标记入表 4.7。

表 4.7　放大电路指标测量表

负载	U_i(mV)	U_{o1}(V)	U_{o2}(V)	U_o(V)	A_{V1}	A_{V2}	A_V	R_i(kΩ)	R_o(kΩ)
$R_L=\infty$									
$R_L=10$ kΩ									

六*、测量频率特性曲线

保持输入信号 U_i 的幅度不变，改变信号源频率 f，逐点测出 $R_L=10\ k\Omega$ 时相应的输出电压 U_o，用双踪示波器观察 U_o 与 U_i 的相位关系，自作表记录数据。为了频率 f 取值合适，可先粗测一下，找出中频范围，然后再仔细读数。

实验 3　射极跟随器

一、实验目的

1. 掌握射极跟随器的特性及测试方法。
2. 进一步学习放大器各项参数测试方法。

二、实验仪器

双踪示波器、万用表、交流毫伏表、信号发生器。

三、实验原理

图 4.8 所示为射极跟随器，输出取自发射极，故称其为射极跟随器。R_B 调到最小值时易出现饱和失真，R_B 调到最大值时易出现截止失真，由于本实验不需要失真情况，故 $R_W=100\ k\Omega$ 取值比较适中，若想看到饱和失真使 $R_W=0\ k\Omega$，增加输入幅度即可出现，若想看到截止失真使 $R_W=1\ M\Omega$，增加输入幅度即可出现，有兴趣的同学可以验证一下。本实验基于图 4.8 所示做实验，现分析射极跟随器的特点。

1. 输入电阻 R_i 高

$$R_i=r_{be}+(1+\beta)R_E$$

如考虑偏置电阻 R_B 和负载电阻 R_L 的影响，则

$$R_i=R_B\,/\!/\,[r_{be}+(1+\beta)(R_E\,/\!/\,R_L)]$$

由上式可知射极跟随器的输入电阻 R_i 比共射极单管放大器的输入电阻 $R_i=R_B\,/\!/\,r_{be}$ 要高得多。输入电阻的测试方法同单管放大器，实验线路如图 4.8 所示，$R_i=\dfrac{U_i}{I_i}=\dfrac{U_i}{U_S-U_i}R_1$，即只要测得 A、B 两点的对地电位即可。

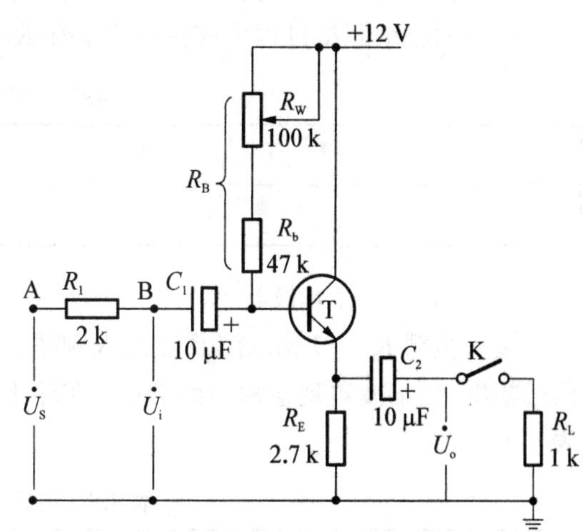

图 4.8　射极跟随器实验电路

2. 输出电阻 R_o 低

$$R_o=\frac{r_{be}}{\beta}\,/\!/\,R_E\approx\frac{r_{be}}{\beta}$$

如考虑信号源内阻 R_S，则

$$R_o=\frac{r_{be}+(R_S\,/\!/\,R_B)}{\beta}\,/\!/\,R_E\approx\frac{r_{be}+(R_S\,/\!/\,R_B)}{\beta}$$

由上式可知射极跟随器的输出电阻比共射极单管放大器的输出电阻低得多。三极管的β愈高,输出电阻愈小。

输出电阻R_o的测试方法亦同单管放大器,即先测出空载输出电压U_o,再测接入负载R_L后的输出电压U_L,根据$U_L=\dfrac{U_o}{R_o+R_L}R_L$,即可求出$R_o=\left(\dfrac{U_o}{U_L}-1\right)R_L$

3. 电压放大倍数近似等于1

按照图4.8所示电路可以得到

$$A_V=\frac{(1+\beta)(R_E \mathbin{/\!/} R_L)}{r_{be}+(1+\beta)(R_E \mathbin{/\!/} R_L)}<1$$

上式说明射极跟随器的电压放大倍数小于近似1且为正值。这是深度电压负反馈的结果。但它的射极电流仍比基极电流大$(1+\beta)$倍,所以它具有一定的电流和功率放大作用。

四、实验内容

1. 按图4.8所示正确连接电路,此时R_L先开路

2. 静态工作点的调整

打开直流开关,在B点加入频率为1 kHz、峰峰值为1 V的正弦信号U_i,输出端用示波器监视,调节R_W及信号源的输出幅度,使在示波器的屏幕上得到一个最大不失真输出波形,然后置$U_i=0$,用万用表测量晶体管各电极对地电位,将测得数据记入表4.8。

在下面整个测试过程中应保持R_W和R_b值不变(即I_E不变)。

表4.8　静态工作点测量表

U_E(V)	U_B(V)	U_C(V)	$I_E=U_E/R_E$(mA)

3. 测量电压放大倍数A_V

接入负载$R_L=1\text{ k}\Omega$,在B点加入频率为1 kHz、峰峰值为1 V的正弦信号U_i,调节输入信号幅度,用示波器观察输出波形U_o,在输出最大不失真情况下,用毫伏表测U_i、U_o值,记入表4.9。

表4.9　电压放大倍数测量表

U_i(V)	U_o(V)	$A_V=U_o/U_i$

4. 测量输出电阻R_o

接上负载$R_L=1\text{ k}\Omega$,在B点加入频率为1 kHz、峰峰值为1 V的正弦信号U_i,用示波器监视输出波形,用毫伏表测空载输出电压U_o,有负载时输出电压U_L,记入表4.10。

表 4.10　输出电阻测量表

U_o(V)	U_L(V)	$R_o=(U_o/U_L-1)R_L$(kΩ)

5. 测量输入电阻 R_i

在 A 点加入频率为 1 kHz、峰峰值为 1 V 的正弦信号 U_S，用示波器监视输出波形，用交流毫伏表分别测出 A、B 点对地的电位 U_S、U_i，记入表 4.11。

表 4.11　输入电阻测量表

U_S(V)	U_i(V)	$R_i=\frac{U_i}{U_S-U_i}R$(kΩ)

6. 测射极跟随器的跟随特性

接入负载 $R_L=1$ kΩ，在 B 点加入频率为 1 kHz、峰峰值为 1 V 的正弦信号 U_i，并保持不变，逐渐增大信号 U_i 幅度，用示波器监视输出波形直至输出波形不失真时，测所对应的 U_L 值，计算出 A_V，记入表 4.12。

表 4.12　跟随器特性测量表

	1	2	3	4
U_i(V)				
U_L(V)				
A_V				

4.4　场效应三极管及其放大电路

实验 4　场效应管放大器

一、实验目的

1. 了解结型场效应管的性能和特点。
2. 进一步熟悉放大器动态参数的测试方法。

二、实验仪器

双踪示波器、万用表、交流毫伏表、信号发生器。

三、实验原理

实验电路如图 4.9 所示。

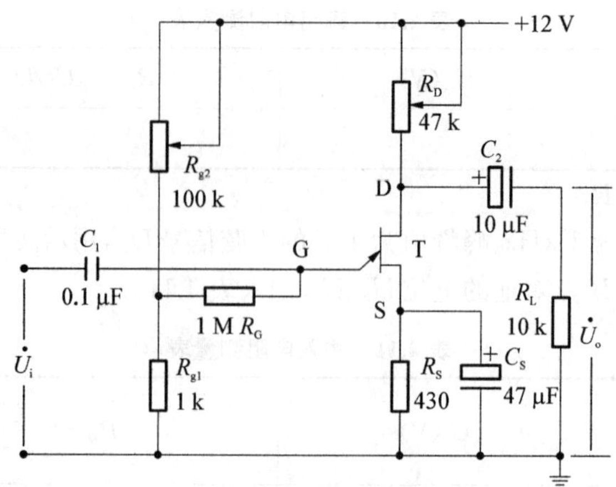

图 4.9　结型场效应管共源级放大器

1. 结型场效应管的特性和参数

场效应管的特性主要有输出特性和转移特性。图 4.10 所示为 N 沟道结型场效应管 3DJ6F 的输出特性和转移特性曲线。其直流参数主要有饱和漏极电流 I_{DSS}，夹断电压 U_P 等；交流参数主要有低频跨导 $g_m = \dfrac{\Delta I_D}{\Delta U_{GS}} \mid U_{GS} =$ 常数。

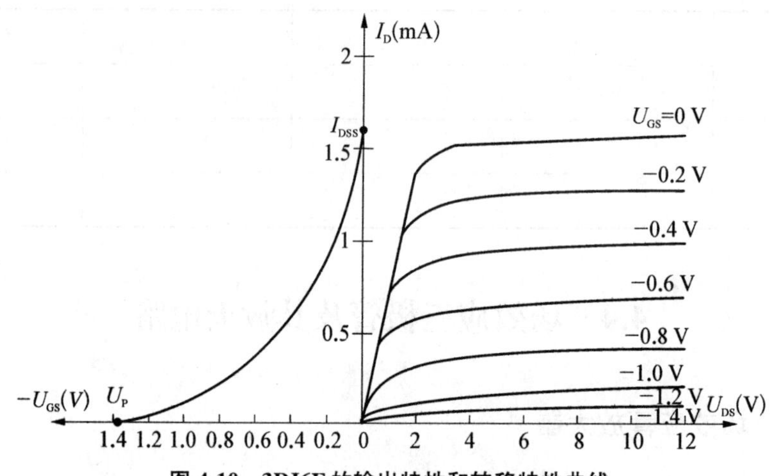

图 4.10　3DJ6F 的输出特性和转移特性曲线

表 4.13 列出了 3DJ6F 的典型参数值及测试条件。

表 4.13　3DJ6F 参数指标

参数名称	饱和漏极电流 I_{DSS}(mA)	夹断电压 U_P(V)	跨导 g_m(μA/V)
测试条件	$U_{DS}=10$ V $U_{GS}=0$ V	$U_{DS}=10$ V $I_{DS}=50$ μA	$U_{DS}=10$ V $I_{DS}=3$ mA $f=1$ kHz
参数值	1～3.5	<|−9|	>1 000

2. 场效应管放大器性能分析

图 4.9 所示为结型场效应管组成的共源极放大电路。其静态工作点：

$$U_{GS}=U_G-U_S=\frac{R_{g1}}{R_{g1}+R_{g2}}U_{DD}-I_DR_S$$

$$I_D=I_{DSS}\left(1-\frac{U_{GS}}{U_P}\right)^2$$

中频电压放大倍数：$A_V=-g_mR'_L=-g_mR_D /\!/ R_L$

输入电阻：　　　　$R_i=R_G+R_{g1} /\!/ R_{g2}$

输出电阻：　　　　$R_o\approx R_D$

式中跨导 g_m 可由特性曲线用作图法求得，或用公式计算。但要注意，计算时 U_{GS} 要用静态工作点处之数值。

$$g_m=\frac{2I_{DSS}}{U_P}\left(1-\frac{U_{GS}}{U_P}\right)$$

3. 输入电阻的测量方法

场效应管放大器静态工作点、电压放大倍数和输出电阻的测量方法，与实验 2 中晶体管放大器测量方法相同。其输入电阻的测量，从原理上讲，也可采用实验 2 中所述方法，但由于场效应管的 R_i 比较大，如直接测量输入电压 U_S 和 U_i，由于测量仪器的输入电阻有限，必然会带来较大的误差。因此为了减小误差，常利用被测放大器的隔离作用，通过测量输出电压 U_o 来计算输入电阻。测量电路如图 4.11 所示。

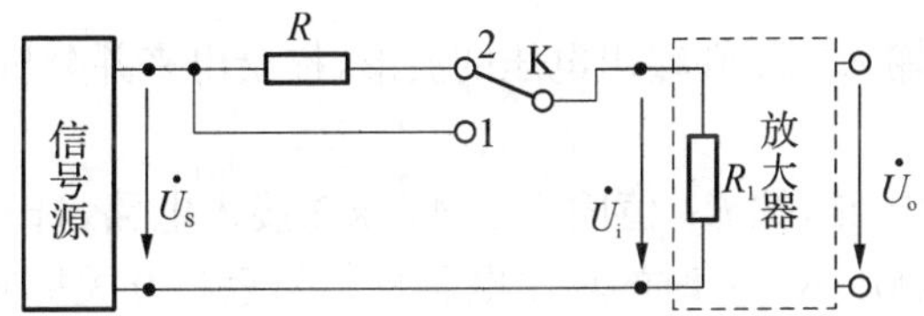

图 4.11　输入电阻测量电路

在放大器的输入端串入电阻 R，把开关 K 掷向位置 1（即使 $R=0$），测量放大器的输入电压 $U_{o1}=A_VU_S$；保持 U_S 不变，再把 K 掷向 2（即接入 R），测量放大器的输出电压 U_{o2}。由于两次测量中 A_V 和 U_S 保持不变，故 $U_{o2}=A_VU_i=\frac{R_i}{R+R_i}U_SA_V$。由此可以求出 $R_i=\frac{U_{o2}}{U_{o1}-U_{o2}}R$。

式中 R 和 R_i 不要相差太大，本实验可取 $R=100\sim200$ kΩ。

四、实验内容

1. 按图 4.9 展开连线，且使电位器 R_D 初始值调到 4.3 kΩ。

2. 静态工作点的测量和调整

(1) 查阅场效应管的特性曲线和参数，记录下来备用，如图 4.10 所示可知放大区的中间部分：U_{DS} 在 4～8 V 之间，U_{GS} 在 −1～−0.2 V 之间。

(2) 使$U_i=0$,打开直流开关,用万用表测量U_G,U_S和U_D。检查静态工作点是否在特性曲线放大区的中间部分。如合适则把结果记入表4.14。

(3) 若不合适,则适当调整R_{g2},调好后,再测量U_G、U_S和U_D,记入表4.14。

表4.14　静态工作点测量表

测量值						计算值		
U_G(V)	U_S(V)	U_D(V)	U_{DS}(V)	U_{GS}(V)	I_D(mA)	U_{DS}(V)	U_{GS}(V)	I_D(mA)

3. 电压放大倍数A_V、输入电阻R_i和输出电阻R_o的测量

(1) A_V和R_o的测量

按图4.9所示电路实验,把R_D值固定在4.3 kΩ接入电路,在放大器的输入端加入频率为1 kHz、峰峰值为200 mV的正弦信号U_i,并用示波器监视输出电压的波形。在输出电压没有失真的条件下,分别测量$R_L=\infty$和$R_L=10$ kΩ的输出电压U_o(注意:保持U_i不变),记入表4.15。

表4.15　电压放大倍数与输出电阻测量表

	测量值				计算值		U_i和U_o波形
	U_i(V)	U_o(V)	A_V	R_o(kΩ)	A_V	R_o(kΩ)	
$R_L=\infty$							
$R_L=10$ k							

用示波器同时观察输入电压和输出电压的波形,描绘出来并分析它们的相位关系。

(2) R_i的测量

按图4.11改接实验电路,把R_D值固定在4.3 kΩ接入电路,选择合适大小的输入电压U_S,将开关K掷向"1",测出$R=0$时的输出电压U_{o1},然后将开关掷向"2"(接入R),保持U_S不变,再测出U_{o2},根据公式$R_i=\frac{U_{o2}}{U_{o1}-U_{o2}}R$,求出$R_i$,记入表4.16。

表4.16　输入电阻测量表

测量值			计算值
U_{o1}(V)	U_{o2}(V)	R_i(kΩ)	R_i(kΩ)

4.6　反馈放大电路

实验5　负反馈放大器

一、实验目的

1. 通过实验了解串联电压负反馈对放大器性能的改善。

2. 了解负反馈放大器各项技术指标的测试方法。

3. 掌握负反馈放大电路频率特性的测量方法。

二、实验仪器

双踪示波器、万用表、交流毫伏表、信号发生器。

三、实验原理

图 4.12 为带有负反馈的两极阻容耦合放大电路，在电路中通过 R_f 把输出电压 U_o 引回到输入端，加在晶体管 T_1 的发射极上，在发射极电阻 R_{F1} 上形成反馈电压 U_f。根据反馈网络从基本放大器输出端取样方式的不同，可知它属于电压串联负反馈。基本理论知识参考课本。电压串联负反馈对放大器性能的影响主要有以下几点。

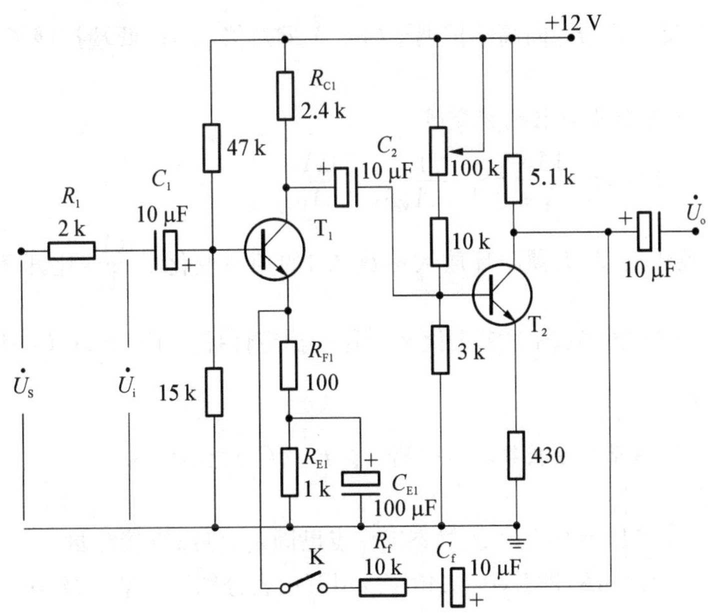

图 4.12　带有电压串联负反馈的两级阻容耦合放大器

1. 负反馈使放大器的放大倍数降低，A_{Vf} 的表达式为

$$A_{Vf}=\frac{A_V}{1+A_VF_V}$$

从式中可见，加上负反馈后，A_{Vf} 比 A_V 降低了 $(1+A_VF_V)$ 倍，并且 $|1+A_VF_V|$ 愈大，放大倍数降低愈多。深度反馈时，$A_{Vf}\approx\frac{1}{F_V}$。

2. 反馈系数

$$F_V=\frac{R_{F1}}{R_f+R_{F1}}$$

3. 负反馈改变放大器的输入电阻与输出电阻

负反馈对放大器输入阻抗和输出阻抗的影响比较复杂。不同的反馈形式，对阻抗的影响不一样。一般并联负反馈能降低输入阻抗，而串联负反馈则提高输入阻抗，电压负反馈使输出阻抗降低，电流负反馈使输出阻抗升高。

输入电阻：$R_{if}=(1+A_VF_V)R_i$

输出电阻：$R_{of}=\dfrac{R_o}{1+A_VF_V}$

4. 负反馈扩展了放大器的通频带

引入负反馈后，放大器的上限频率与下限频率的表达式分别为

$$f_{Hf}=(1+A_VF_V)f_H$$

$$f_{Lf}=\frac{1}{1+A_VF_V}f_L$$

$$BW=f_{Hf}-f_{Lf}\approx f_{Hf}\quad (f_{Hf}\gg f_{Lf})$$

可见，引入负反馈后，f_{Hf}向高端扩展了$(1+A_VF_V)$倍，f_{Lf}向低端扩展了$(1+A_VF_V)$倍，使通频带加宽。

5. 负反馈提高了放大倍数的稳定性

当反馈深度一定时，有 $\dfrac{dA_{Vf}}{A_{Vf}}=\dfrac{1}{1+A_VF_V}\cdot\dfrac{dA_V}{A_V}$

可见引入负反馈后，放大器闭环放大倍数 A_{Vf}的相对变化量$\dfrac{dA_{Vf}}{A_{Vf}}$比开环放大倍数的相对变化量$\dfrac{dA_V}{A_V}$减少了$(1+A_VF_V)$倍，即闭环增益的稳定性提高了$(1+A_VF_V)$倍。

四、实验内容

1. 按图 4.12 所示正确连接线路，反馈网络(R_f+C_f)先不接入

2. 测量静态工作点

打开直流开关，使$U_S=0$，第一级静态工作点已固定，可以直接测量。调节 100 kΩ 电位器使第二级的 $I_{C2}=1.0$ mA(即$U_{E2}=0.43$ V)，用万用表分别测量第一级、第二级的静态工作点，记入表 4.17。

表 4.17　静态工作点测量表

	U_B(V)	U_E(V)	U_C(V)	I_C(mA)
第一级				
第二级				

3. 测试基本放大器的各项性能指标

测量基本放大电路的 A_V、R_i、R_o 及 f_H和 f_L 值并将其值填入表 4.18 中，测量方法参考本章实验 3，输入信号频率为 1 kHz，U_i 的峰峰值为 50 mV。

4. 测试负反馈放大器的各项性能指标

在接入负反馈支路 $R_f=10$ kΩ 的情况下，测量负反馈放大器的 A_{Vf}、R_{if}、R_{of}及 f_{Hf}和 f_{Lf}值并将其值填入表 4.18 中，输入信号频率为 1 kHz，U_i 的峰峰值为 50 mV。

表 4.18　负反馈放大器性能指标测量表

K \ 数值		U_S (mV)	U_i (mV)	U_o (V)	A_V	R_i (kΩ)	R_o (kΩ)	f_H (kHz)	f_L (Hz)
基本放大器（K 断开）	$R_L=\infty$								
	$R_L=10\ k\Omega$								
负反馈放大器（K 闭合）	$R_L=\infty$								
	$R_L=10\ k\Omega$								

注：测量值都应统一为有效值的方式计算，绝不可将峰峰值和有效值混算，示波器所测量的为峰峰值，万用表和毫伏表所测量的为有效值。测量 f_H 和 f_L 时，输入 $U_i=50\ mV$，$f=1\ kHz$ 的交流信号，测得中频时的 U_o 值，然后改变信号源的频率，先 f 增加，使 U_o 值降到中频时的 0.707 倍，但要保持 $U_i=50\ mV$ 不变，此时输入信号的频率即为 f_H，降低频率，使 U_o 值降到中频时的 0.707 倍，此时输入信号的频率即为 f_L。

5. 观察负反馈对非线性失真的改善

先接入基本放大器（K 断开），输入 $f=1\ kHz$ 的交流信号，使 U_o 出现轻度非线性失真，然后加入负反馈 $R_f=10\ k\Omega$（K 闭合）并增大输入信号，使 U_o 波形达到基本放大器同样的幅度，观察波形的失真程度。

4.7　模拟集成电路

实验 6　差动放大器

一、实验目的

1. 加深理解差动放大器的工作原理，电路特点和抑制零漂的方法。
2. 学习差动放大电路静态工作点的测试方法。
3. 学习差动放大器的差模、共模放大倍数、共模抑制比的测量方法。

二、实验仪器

双踪示波器、万用表、交流毫伏表、信号发生器。

三、实验原理

图 4.13 所示电路为具有恒流源的差动放大器，其中晶体管 T1、T2 称为差分对管，它与电阻 R_{B1}、R_{B2}、R_{C1}、R_{C2} 及电位器 R_{W1} 共同组成差动放大的基本电路。其中 $R_{B1}=R_{B2}$，$R_{C1}=R_{C2}$，R_{W1} 为调零电位器，若电路完全对称，静态时，R_{W1} 应处为中点位置，若电路不对称，应调节 R_{W1}，使 U_{o1}、U_{o2} 两端静态时的电位相等。

晶体管 T3、T4 与电阻 R_{E3}、R_{E4}、R 和 R_{W2} 共同组成镜像恒流源电路，为差动放大器提供恒定电流 I_o。要求 T3、T4 为差分对管。R_1 和 R_2 为均衡电阻，且 $R_1=R_2$，给差动放大器提供对称的差模输入信号。由于电路参数完全对称，当外界温度变化，或电源电压波动时，对电路的影响是一样的，所以差动放大器能有效地抑制零点漂移。

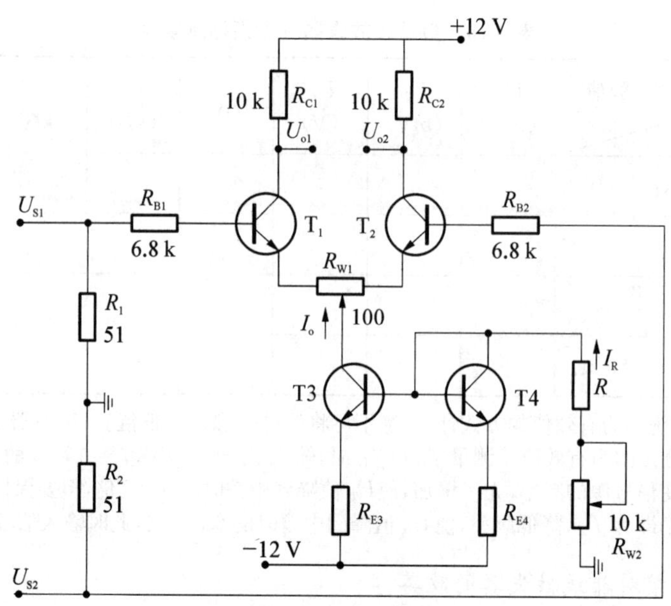

图 4.13　恒流源差动放大器

1. *差动放大电路的输入输出方式*

如图 4.13 所示电路,根据输入信号和输出信号的不同方式可以有四种连接方式。即

(1) 双端输入-双端输出　将差模信号加在 U_{S1}、U_{S2} 两端,输出取自 U_{o1}、U_{o2} 两端。

(2) 双端输入-单端输出　将差模信号加在 U_{S1}、U_{S2} 两端,输出取自 U_{o1} 或 U_{o2} 到地的信号。

(3) 单端输入-双端输出　将差模信号加在 U_{S1} 上,U_{S2} 接地(或 U_{S1} 接地而信号加在 U_{S2} 上),输出取自 U_{o1}、U_{o2} 两端。

(4) 单端输入-单端输出　将差模信号加在 U_{S1} 上,U_{S2} 接地(或 U_{S1} 接地而信号加在 U_{S2} 上),输出取自 U_{o1} 或 U_{o2} 到地的信号。

连接方式不同,电路的性能参数不同。

2. *静态工作点的计算*

静态时差动放大器的输入端不加信号,由恒流源电路得

$$I_R = 2I_{B4} + I_{C4} = \frac{2I_{C4}}{\beta} + I_{C4} \approx I_{C4} = I_0$$

I_0 为 I_R 的镜像电流。由电路可得

$$I_0 = I_R = \frac{-V_{EE} + 0.7\ \mathrm{V}}{(R + R_{W2}) + R_{E4}}$$

由上式可见 I_0 主要由 $-V_{EE}$(−12 V)及电阻 R、R_{W2}、R_{E4} 决定,与晶体管的特性参数无关。差动放大器中的 T1、T2 参数对称,则

$$I_{C1} = I_{C2} = I_0/2$$

$$V_{C1} = V_{C2} = V_{CC} - I_{C1}R_{C1} = V_{CC} - \frac{I_0 R_{C1}}{2}$$

$$h_{ie} = 300\ \Omega + (1 + h_{fe})\frac{26\ \mathrm{mV}}{I\ \mathrm{mA}} = 300\ \Omega + (1 + h_{fe})\frac{26\ \mathrm{mV}}{I_0/2\ \mathrm{mA}}$$

由此可见，差动放大器的工作点，主要由镜像恒流源 I_0 决定。

3. 差动放大器的重要指标计算

(1) 差模放大倍数 A_{Vd}

由分析可知，差动放大器在单端输入或双端输入，它们的差模电压增益相同。但是，要根据双端输出和单端输出分别计算。在此分析双端输入，单端输入自己分析。设差动放大器的两个输入端输入两个大小相等，极性相反的信号 $V_{id}=V_{id1}-V_{id2}$。双端输入-双端输出时，差动放大器的差模电压增益为

$$A_{Vd}=\frac{V_{od}}{V_{id}}=\frac{V_{od1}-V_{od2}}{V_{id1}-V_{id2}}=A_{Vi}=\frac{-h_{fe}R'_L}{R_{B1}+h_{ie}+(1+h_{fe})\dfrac{R_{W1}}{2}}$$

式中 $R'_L=R_C\ /\!/\ \dfrac{R_L}{2}$。$A_{Vi}$ 为单管电压增益。

双端输入-单端输出时，电压增益为

$$A_{Vd1}=\frac{V_{od1}}{V_{id}}=\frac{V_{od1}}{2V_{id1}}=\frac{1}{2}A_{Vi}=\frac{-h_{fe}R'_L}{2\left[R_{B1}+h_{ie}+(1+h_{fe})\dfrac{R_{W1}}{2}\right]}$$

式中 $R'_L=R_C\ /\!/\ R_L$。

(2) 共模放大倍数 A_{VC}

设差动放大器的两个输入端同时加上两个大小相等，极性相同的信号即 $V_{iC}=V_{i1}=V_{i2}$，单端输出的差模电压增益为

$$A_{VC1}=\frac{V_{oC1}}{V_{iC}}=\frac{V_{oC2}}{V_{iC}}=A_{VC2}=\frac{-h_{fe}R'_L}{R_{B1}+h_{ie}+(1+h_{fe})\dfrac{R_{W1}}{2}+(1+h_{fe})R'_e}\approx\frac{R'_L}{2R'_e}$$

式中 R'_e为恒流源的交流等效电阻，即

$$R'_e=\frac{1}{h_{oe3}}\left(1+\frac{h_{fe3}R_{E3}}{h_{ie3}+R_{E3}+R_B}\right)$$

$$h_{ie3}=300\ \Omega+(1+h_{fe})\frac{26\ \text{mV}}{I_{E3}\ \text{mA}}$$

$$R_B\approx(R+R_{W2})\ /\!/\ R_{E4}$$

由于$\dfrac{1}{h_{oe3}}$一般为几百千欧，所以 $R'_e\gg R'_L$，则共模电压增益 $A_{VC}<1$，在单端输出时，共模信号得到了抑制。

双端输出时，在电路完全对称情况下，则输出电压 $A_{oC1}=V_{oC2}$，共模增益为

$$A_{VC}=\frac{V_{oC1}-V_{oC1}}{V_{iC}}=0$$

上式说明，双单端输出时，对零点漂移，电源波动等干扰信号有很强的抑制能力。

注意： 如果电路的对称性很好，恒流源恒定不变，则 U_{o1} 与 U_{o2} 的值近似为零，示波器观

测U_{o1}与U_{o2}的波形近似于一条水平直线。共模放大倍数近似为零，则共模抑制比K_{CMR}为无穷大。如果电路的对称性不好，或恒流源不恒定，则U_{o1}、U_{o2}为一对大小相等极性相反的正弦波（示波器幅度调节到最低挡），用长尾式差动放大电路可观察到U_{o1}、U_{o2}分别为正弦波，实际上对管参数不一致，受信号频率与对管内部容性的影响，大小和相位可能有出入，但不影响正弦波的出现。

(3) 共模抑制比K_{CMR}

差动放大电器性能的优劣常用共模抑制比K_{CMR}来衡量，即

$$K_{CMR}=\left|\frac{A_{Vd}}{A_{VC}}\right| \text{或} K_{CMR}=20\lg\left|\frac{A_d}{A_C}\right| (\text{dB})$$

单端输出时，共模抑制比为 $K_{CMR}=\dfrac{A_{Vd1}}{A_{VC}}=\dfrac{h_{fe}R'_e}{R_{B1}+h_{ie}+(1+h_{fe})\dfrac{R_{W1}}{2}}$

双端输出时，共模抑制比为 $K_{CMR}=\left|\dfrac{A_{Vd}}{A_{VC}}\right|=\infty$

四、实验内容

1. 正确连接原理图

2. 调整静态工作点

打开直流开关，不加输入信号，将输入端对地短路，调节恒流源电路的R_{W2}，使$I_0=1$ mA，即$I_0=2V_{RC1}/R_{C1}$。再用万用表直流挡分别测量差分对管T1、T2的集电极对地的电压V_{C1}、V_{C2}，如果$V_{C1}\neq V_{C2}$应调整R_{W1}使满足$V_{C1}=V_{C2}$。若始终调节R_{W1}与R_{W2}无法满足$V_{C1}=V_{C2}$，可适当调电路参数如R_{C1}或R_{C2}，使R_{C1}与R_{C2}不相等以满足电路对称，再调节R_{W1}与R_{W2}满足$V_{C1}=V_{C2}$。然后分别测V_{C1}、V_{C2}、V_{B1}、V_{B2}、V_{E1}、V_{E2}的电压，记入自制表中。

3. 测量差模放大倍数A_{Vd}

从输入端输入$V_{id}=50$ mV（峰峰值）、$f=1$ kHz的差模信号，用毫伏表分别测出双端输出差模电压$V_{od}(U_{o1}-U_{o2})$和单端输出电压$V_{od1}(U_{o1})$、$V_{od2}(U_{o2})$且用示波器观察他们的波形（V_{od}的波形观察方法：用两个探头，分别测V_{od1}、V_{od2}的波形，微调挡相同，按下示波器Y2反相按键，在显示方式中选择叠加方式即可得到所测的差分波形）。并计算出差模双端输出的放大倍数A_{Vd}和单端输出的差模放大倍数A_{Vd1}或A_{Vd2}。记入自制的表中。

4. 测量共模放大倍数A_{VC}

将输入端两点连接在一起，R_1与R_2从电路中断开，从输入端输入10 V（峰峰值），$f=1$ kHz的共模信号，用毫伏表分别测量T1、T2两管集电极对地的共模输出电压U_{oC1}和U_{oC2}且用示波器观察他们的波形，则双端输出的共模电压为$U_{oC}=U_{oC1}-U_{oC2}$，并计算出单端输出的共模放大倍数A_{VC1}（或A_{VC2}）和双端输出的共模放大倍数A_{VC}。

(1) 根据以上测量结果，分别计算双端输出和单端输出共模抑制比，即K_{CMR}（单）和K_{CMR}（双）。

(2)* 有条件的话可以观察温漂现象，首先调零，使$V_{C1}=V_{C2}$（方法同步骤2），然后用电吹风吹T1、T2，观察双端及单端输出电压的变化现象。

(3) 用一固定电阻$R_E=10$ kΩ代替恒流源电路，即将R_E接在$-V_{EE}$和R_{W1}中间触点插

孔之间组成长尾式差动放大电路，重复步骤 3、4、5，并与恒流源电路相比较。

实验 7*　集成运算放大器指标测试

微信扫码见
“实验 7”

实验 8　集成运算放大器的基本应用——模拟运算电路

一、实验目的

1. 研究由集成运算放大器组成的比例、加法、减法和积分等基本运算电路的功能。
2. 了解运算放大器在实际应用时应考虑的一些问题。

二、实验仪器

双踪示波器、万用表、交流毫伏表、信号发生器。

三、实验原理

1. 反相比例运算电路

电路如图 4.14 所示。对于理想运放，该电路的输出电压与输入电压之间的关系为

$$U_o = -\frac{R_F}{R_1} U_i$$

为减小输入级偏置电流引起的运算误差，在同相输入端应接入平衡电阻 $R_2 = R_1 \mathbin{/\!/} R_F$。

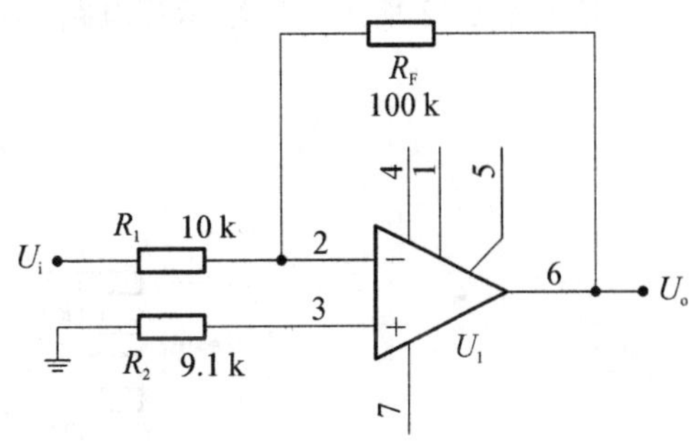

图 4.14　反相比例运算电路

2. 反相加法电路

电路如图 4.15 所示，输出电压与输入电压之间的关系为

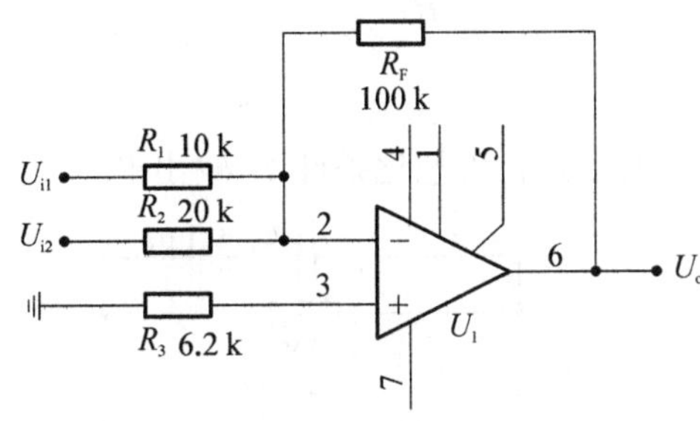

图 4.15　反相加法运算电路

$$U_o = -\left(\frac{R_F}{R_1} U_{i1} + \frac{R_F}{R_2} U_{i2}\right), R_3 = R_1 \mathbin{/\!/} R_2 \mathbin{/\!/} R_F$$

3. 同相比例运算电路

图 4.16(a)所示是同相比例运算电路，它的输出电压与输入电压之间的关系为

$$U_o=\left(1+\frac{R_F}{R_1}\right)U_i \quad R_2=R_1 \mathbin{/\!/} R_F$$

当 $R_1\rightarrow\infty$ 时，$U_o=U_i$，即得到如图 4.16(b) 所示的电压跟随器。图中 $R_2=R_F$，用以减小漂移和起保护作用。一般 R_F 取 10 kΩ，R_F 太小起不到保护作用，太大则影响跟随性。

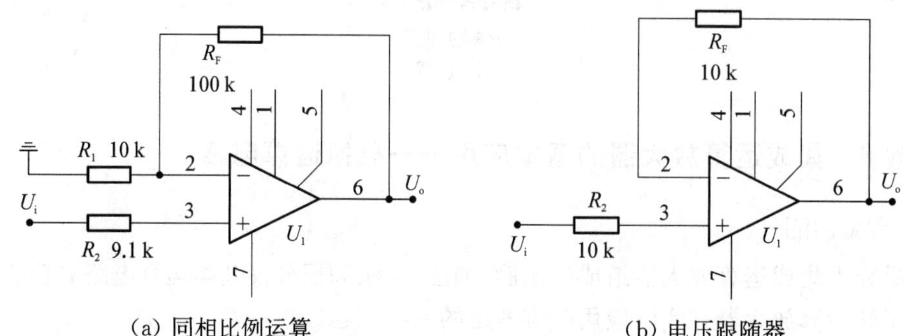

(a) 同相比例运算　　(b) 电压跟随器

图 4.16　同相比例运算电路

4. 差动放大电路(减法器)

对于图 4.17 所示的减法运算电路，当 $R_1=R_2$，$R_3=R_F$ 时，有如下关系式：

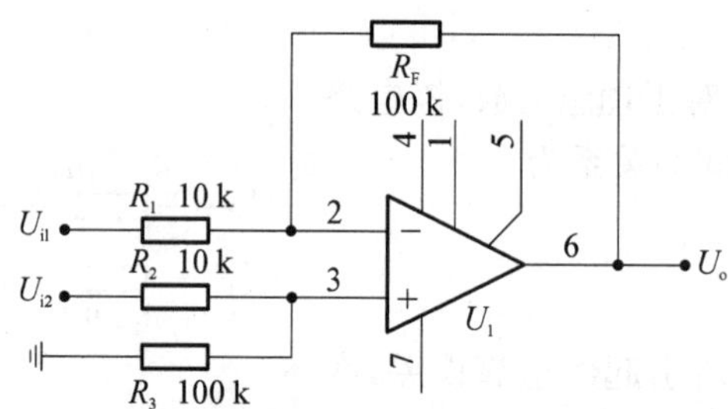

图 4.17　减法运算电路

$$U_o=\frac{R_F}{R_1}(U_{i2}-U_{i1})$$

5. 积分运算电路

反相积分电路如图 4.18 所示。在理想化条件下，输出电压 U_o 为

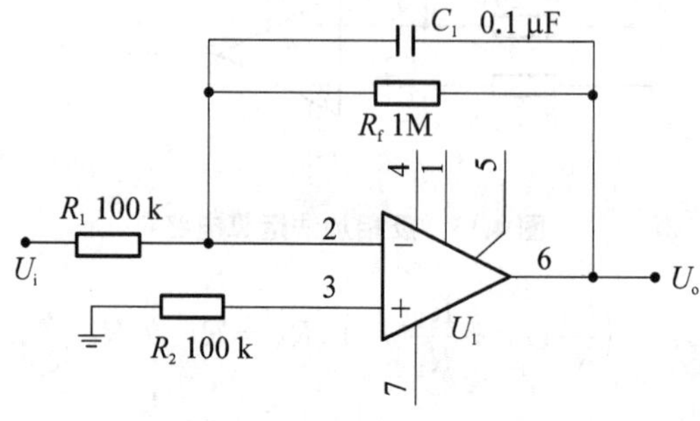

图 4.18　积分运算电路

$$U_o(t)=-\frac{1}{RC}\int_0^t U_i \mathrm{d}t+U_C(0)$$

式中 $U_C(0)$ 是 $t=0$ 时刻电容 C 两端的电压值，即初始值。

如果 $U_i(t)$ 是幅值为 E 的阶跃电压，并设 $U_C(0)=0$，则

$$U_o(t)=-\frac{1}{RC}\int_0^t E\mathrm{d}t=-\frac{E}{RC}t$$

此时显然 R、C 的数值越大，达到给定的 U_o 值所需的时间就越长，改变 R 或 C 的值积分波形也不同。一般方波变换为三角波，正弦波移相。

6. 微分运算电路

微分电路的输出电压正比于输入电压对时间的微分，一般表达式为

$$U_o=-RC\frac{\mathrm{d}U_i}{\mathrm{d}t}$$

利用微分电路可实现对波形的变换，矩形波变换为尖脉冲。

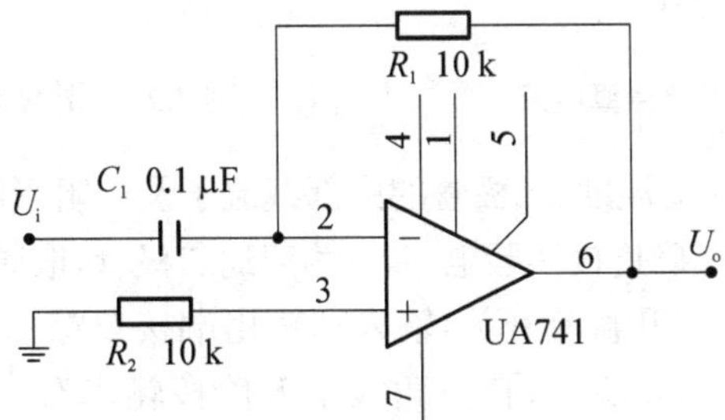

图 4.19　微分运算电路

7. 对数运算电路

对数电路的输出电压与输入电压的对数成正比，其一般表达式为

$$U_o=K\ln U_i(K\text{ 为负系数})$$

利用集成运放和二极管组成如图 4.20 所示基本对数电路。

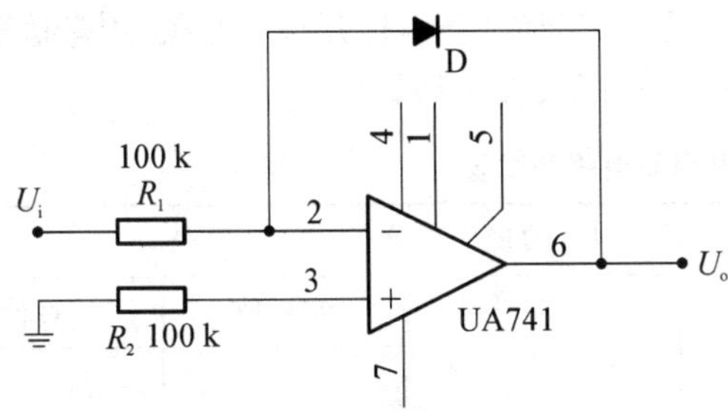

图 4.20　对数运算电路

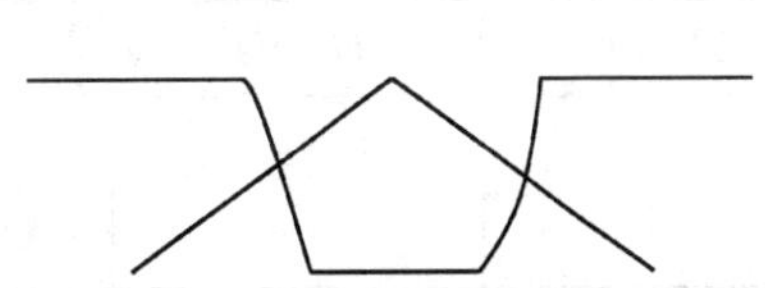

图 4.21　对数运算电路输入输出波形对比

由于对数运算精度受温度、二极管的内部载流子及内阻影响，仅在一定的电流范围才满足指数特性，不容易调节。故本实验仅供有兴趣的同学调试。按如图 4.20 所示正确连接实

验电路，D 为普通二极管，取频率为 1 kHz，峰峰值为 500 mV 的三角波作为输入信号 U_i，打开直流开关，输入和输出端接双踪示波器，调节三角波的幅度，观察输入和输出波形如图 4.21所示，在三角波上升沿阶段输出有较凸的下降沿，在三角波下降沿阶段有较凹的上升沿。如若波形的相位不对调节适当的输入频率。

8. 指数运算电路

指数电路的输出电压与输入电压的指数成正比，其一般表达式为

$$U_o = K e^{U_i} (K \text{ 为负系数})$$

利用集成运放和二极管组成如图 4.22 所示基本指数电路。

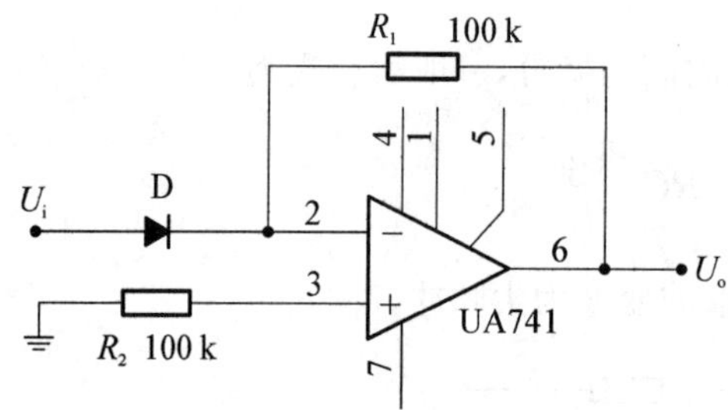

图 4.22 指数运算电路

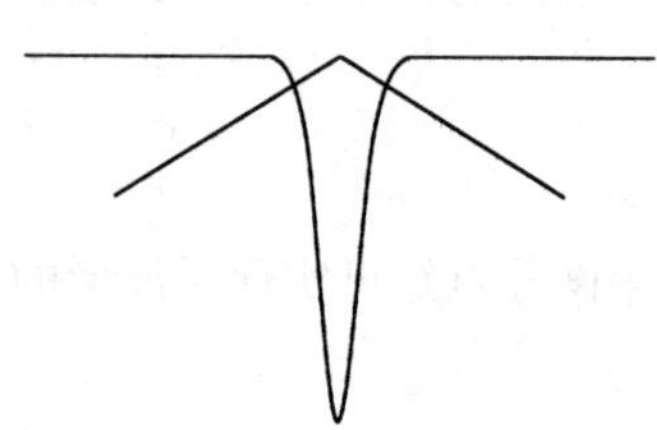

图 4.23 指数运算电路输入输出波形对比

由于指数运算精度同样受温度、二极管的内部载流子及内阻影响，本实验仅供有兴趣的同学调试。按如图 4.22 所示正确连接实验电路，D 为普通二极管，取频率为 1 kHz，峰峰值为 1 V 的三角波作为输入信号 U_i，打开直流开关，输入和输出端接双踪示波器，调节三角波的幅度，观察输入和输出波形如图 4.33 所示，在三角波上升阶段输出有一个下降沿的指数运算，在下降沿阶段输出有一个上升沿运算阶段。如若波形的相位不对调节适当的输入频率。

四、实验内容

实验时切忌将输出端短路，否则将会损坏集成块。输入信号时先按实验所给的值调好信号源再加入运放输入端，另外做实验前先对运放调零，若失调电压对输出影响不大，可以不用调零，以后不再说明调零情况。

1. 反相比例运算电路

(1) 按图 4.14 正确连线。

(2) 输入 $f=100$ Hz，$U_i=0.5$ V(峰峰值) 的正弦交流信号，打开直流开关，用毫伏表测量 U_i、U_o 值，并用示波器观察 U_o 和 U_i 的相位关系，记入表 4.19。

表 4.19 反相比例运算电路测试表

U_i(V)	U_o(V)	U_i 波形	U_o 波形	A_V	
				实测值	计算值

2. 同相比例运算电路

(1) 按图 4.16(a)连接实验电路。实验步骤同上，将结果记入表 4.20。

(2) 将图 4.16(a)改为 4.25(b)电路重复内容(1)。

表 4.20 同相比例运算电路测试表

U_i(V)	U_o(V)	U_i 波形	U_o 波形	A_V	
				实测值	计算值

3. 反相加法运算电路

(1) 按图 4.15 正确连接实验电路。

(2) 输入信号采用直流信号源。

用万用表测量输入电压 U_{i1}、U_{i2}(且要求均大于零小于 0.5 V)及输出电压 U_o,记入下表。

表 4.21 反相加法运算电路测试表

U_{i1}(V)					
U_{i2}(V)					
U_o(V)					

4. 减法运算电路

(1) 按图 4.17 正确连接实验电路。

(2) 采用直流输入信号,实验步骤同内容 3,记入表 4.22。

表 4.22 减法运算电路测试表

U_{i1}(V)					
U_{i2}(V)					
U_o(V)					

5. 积分运算电路

(1) 按积分电路如图 4.18 所示正确连接。

(2) 取频率约为 100 Hz,峰峰值为 2 V 的方波作为输入信号 U_i,打开直流开关,输出端接示波器,可观察到三角波波形输出并记录。

6. 微分运算电路

(1) 按微分电路如图 4.19 所示正确连接。

(2) 取频率约为 100 Hz,峰峰值为 0.5 V 的方波作为输入信号 U_i,打开直流开关,输出端接示波器,可观察到尖顶波。

实验 9 集成运算放大器的基本应用——波形发生器

一、实验目的

1. 学习用集成运放构成正弦波、方波和三角波发生器。

2. 学习波形发生器的调整和主要性能指标的测试方法。

二、实验仪器

双踪示波器、频率计、交流毫伏表。

三、实验原理

1. RC 桥式正弦波振荡器(文氏电桥振荡器)

如图 4.24 所示,RC 串、并联电路构成正反馈支路同时兼作选频网络,R_1、R_2、R_W 及二极管等元件构成负反馈和稳幅环节。调节电位器 R_W,可以改变负反馈深度,以满足振荡的振幅条件和改善波形。利用两个反向并联二极管 D_1、D_2 正向电阻的非线性特性来实现稳幅。D_1、D_2 采用硅管(温度稳定性好),且要求特性匹配,才能保证输出波形正、负半周对称。R_3 的接入是为了削弱二极管非线性影响,以改善波形失真。

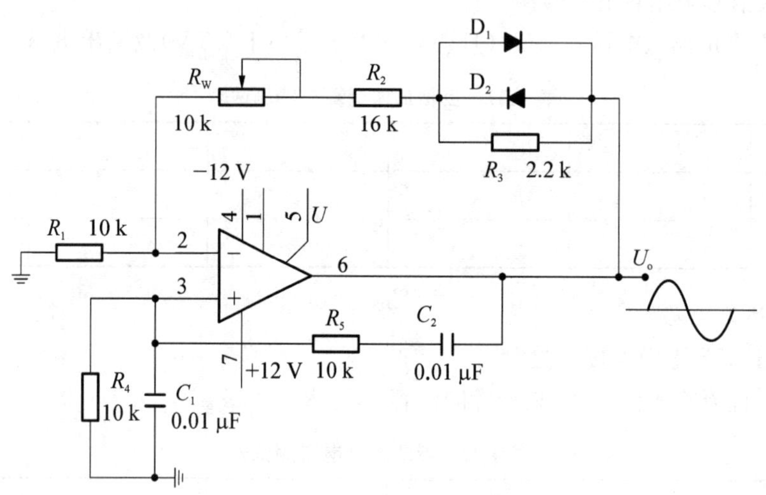

图 4.24 *RC* 桥式正弦波振荡器

电路的振荡频率:$f_0=\dfrac{1}{2\pi RC}$

起振的幅值条件:$\dfrac{R_F}{R_1}>2$

式中 $R_F=R_W+R_2+(R_3 \mathbin{/\!/} r_D)$,$r_D$ 为二极管正向导通电阻。

调整 R_W,使电路起振,且波形失真最小。如不能起振,则说明负反馈太强,应适当加大 R_F。如波形失真严重,则应适当减小 R_F。

改变选频网络的参数 C 或 R,即可调节振荡频率。一般采用改变电容 C 作频率量程切换,而调节 R 作量程内的频率细调。

2. 方波发生器

由集成运放构成的方波发生器和三角波发生器,一般均包括比较器和 RC 积分器两大部分。图 4.25 所示为由迟回比较器及简单 RC 积分电路组成的方波——三角波发生器。它的特点是线路简单,但三角波的线性度较差。主要用于产生方波,或对三角波要求不高的场合。

该电路的振荡频率: $f_0=\dfrac{1}{2R_fC_f\ln\left(1+\dfrac{2R'_2}{R'_1}\right)}$

R_W 从中点触头分为 R_{W1} 和 R_{W2},$R'_1=R_1+R_{W1}$,$R'_2=R_2+R_{W2}$。

方波的输出幅值：$U_{om}=\pm U_Z$

式中 U_Z 为两级稳压管稳压值。

三角波的幅值：$U_{cm}=\dfrac{R'_2}{R'_1+R'_2}U_Z$

调节电位器 $R_W\left(即改变\dfrac{R'_2}{R'_1}\right)$，可以改变振荡频率，但三角波的幅值也随之变化。如要互不影响，则可通过改变 R_f（或 C_f）来实现振荡频率的调节。

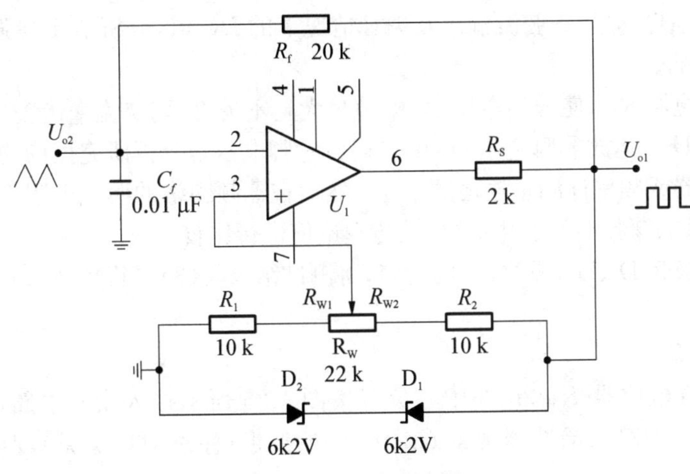

图 4.25　方波发生器

3. 三角波和方波发生器

如把滞回比较器和积分器首尾相接形成正反馈闭环系统，如图 4.26 所示，则比较器输出的方波经积分器积分可到三角波，三角波又触发比较器自动翻转形成方波，这样即可构成三角波、方波发生器。由于采用运放组成的积分电路，可实现恒流充电，使三角波线性大大改善。

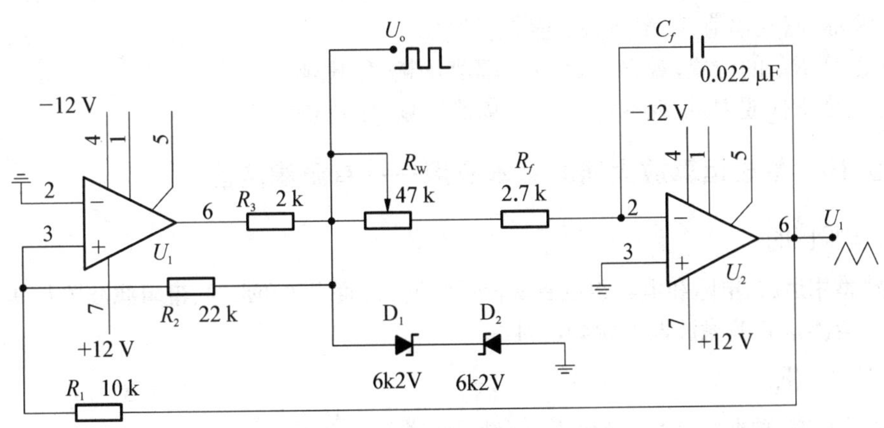

图 4.26　三角波、方波发生器

电路的振荡频率：$f_0=\dfrac{R_2}{4R_1(R_f+R_W)C_f}$

方波的幅值：$U_{om}=\pm U_Z$

三角波的幅值：$U_{1m}=\pm R_1\cdot U_Z/R_2$

调节 R_W 可以改变振荡频率，改变比值 R_1/R_2 可调节三角波的幅值。

四、实验内容

1. *RC* 桥式正弦波振荡器

(1) 按图 4.24 连接实验电路，输出端 U_o 接示波器。

(2) 打开直流开关，调节电位器 R_W，使输出波形从无到有，从正弦波到出现失真。描绘 U_o 的波形，记下临界起振、正弦波输出及失真情况下的 R_W 值，分析负反馈强弱对起振条件及输出波形的影响。

(3) 调节电位器 R_W，使输出电压 U_o 幅值最大且不失真，用交流毫伏表分别测量输出电压 U_o、反馈电压 U_+（运放③脚电压）和 U_-（运放②脚电压），分析研究振荡的幅值条件。

(4) 用示波器或频率计测量振荡频率 f_0，然后在选频网络的两个电阻 R 上并联同一阻值电阻，观察记录振荡频率的变化情况，并与理论值进行比较。

(5) 断开二极管 D_1、D_2，重复(3)的内容，将测试结果与(3)进行比较分析 D_1、D_2 的稳幅作用。

2. 方波发生器

(1) 将 22 kΩ 电位器(R_W)调至中心位置按图 4.25 所示接入实验电路，正确连接电路后，打开直流开关，用双踪示波器观察 U_{o1} 及 U_{o2} 的波形（注意对应关系），测量其幅值及频率，记录之。

(2) 改变 R_W 动点的位置，观察 U_{o1}、U_{o2} 幅值及频率变化情况。把动点调至最上端和最下端，用频率计测出频率范围，记录之。

(3) 将 R_W 恢复到中心位置，将稳压管 D_1 两端短接，观察 U_o 波形，分析 D_2 的限幅作用。

3. 三角波和方波发生器

(1) 按图 4.26 所示连接实验电路，打开直流开关，调节 R_W 起振，用双踪示波器观察 U_o 和 U_1 的波形，测其幅值、频率及 R_W 值，记录之。

(2) 改变 R_W 的位置，观察对 U_o、U_1 幅值及频率的影响。

(3) 改变 R_1（或 R_2），观察对 U_o、U_1 幅值及频率的影响。

实验 10　集成运算放大器的基本应用——有源滤波器

一、实验目的

1. 熟悉用运放、电阻和电容组成有源低通滤波、高通滤波和带通、带阻滤波器及其特性。

2. 学会测量有源滤波器的幅频特性。

二、实验仪器

双踪示波器、频率计、交流毫伏表、信号发生器。

三、实验原理

1. 低通滤波器

低通滤波器是指低频信号能通过而高频信号不能通过的滤波器，用一级 *RC* 网络组成

的称为一阶 RC 有源低通滤波器，如图 4.27 所示。

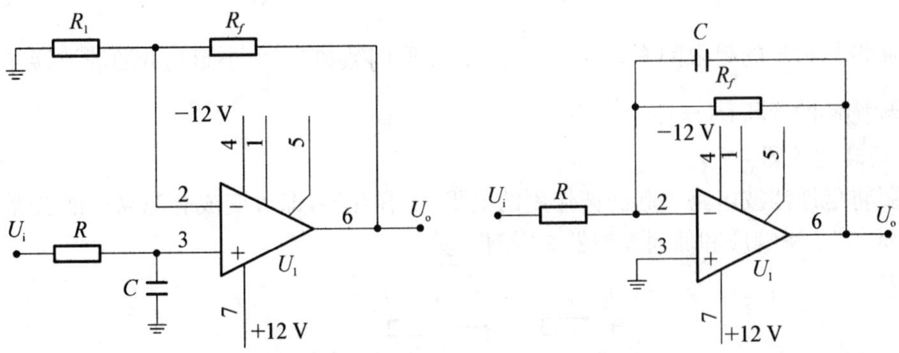

(a) RC 网络接在同相输入端　　(b) RC 网络接在反相输入端

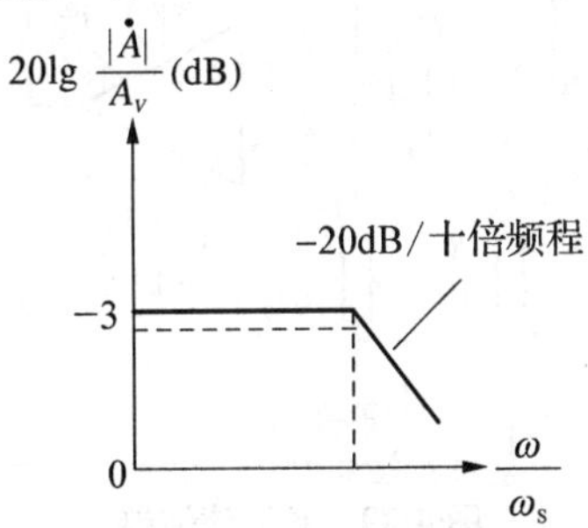

(c) 一阶 RC 低通滤波器的幅频特性

图 4.27　基本的有源低通滤波器

为了改善滤波效果，在图 4.27(a)所示的基础上再加一级 RC 网络，为了克服在截止频率附近的通频带范围内幅度下降过多的缺点，通常采用将第一级电容 C 的接地端改接到输出端的方式，如图 4.28 所示，即为一个典型的二阶有源低通滤波器。

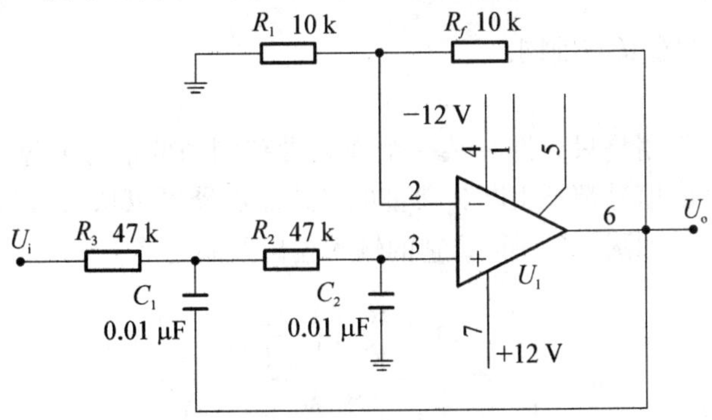

图 4.28　二阶低通滤波器

这种有源滤波器的幅频率特性为

$$\dot{A}=\frac{\dot{U}_o}{\dot{U}_i}=\frac{A_V}{1+(3-A_V)SCR+(SCR)^2}=\frac{A_V}{1-\left(\frac{\omega}{\omega_0}\right)^2+\mathrm{j}\frac{1}{Q}\frac{\omega}{\omega_0}}$$

式中：$A_V=1+\frac{R_f}{R_1}$ 为二阶低通滤波器的通带增益；$\omega_0=\frac{1}{RC}$ 为截止频率，它是二阶低通滤波器通带与阻带的界限频率；$Q=\frac{1}{3-A_V}$ 为品质因数，它的大小影响低通滤波器在截止频率处幅频特性的形状；$S=\mathrm{j}\omega$。

2. 高通滤波器

只要将低通滤波电路中起滤波作用的电阻、电容互换，即可变成有源高通滤波器。如图 4.29 所示，其频率响应和低通滤波器是“镜像”关系。

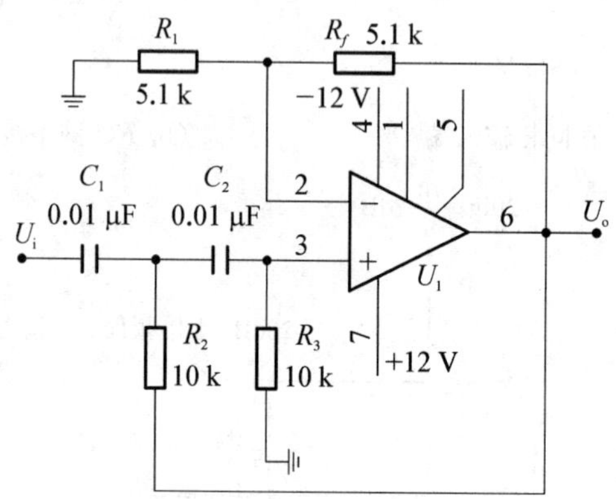

图 4.29　高通滤波器

这种高通滤波器的幅频特性为

$$\dot{A}=\frac{\dot{U}_o}{\dot{U}_i}=\frac{(SCR)^2A_V}{1+(3-A_V)SCR+(SCR)^2}=\frac{\left(\frac{\omega}{\omega_0}\right)^2A_V}{1-\left(\frac{\omega}{\omega_0}\right)^2+\mathrm{j}\frac{1}{Q}\frac{\omega}{\omega_0}}$$

式中 A_V，ω_0，Q 的意义与前同。

3. 带通滤波器

这种滤波电路的作用是只允许在某一个通频带范围内的信号通过，而比通频带下限频率低和比上限频率高的信号都被阻断。典型的带通滤波器可以从二阶低通滤波电路中将其中一级改成高通而成。如图 4.30 所示，它的输入输出关系为

$$\dot{A}=\frac{\dot{U}_o}{\dot{U}_i}=\frac{\left(1+\frac{R_f}{R_1}\right)\left(\frac{1}{\omega_0RC}\right)\left(\frac{S}{\omega_0}\right)}{1+\frac{B}{\omega_0}\frac{S}{\omega_0}+\left(\frac{S}{\omega_0}\right)^2}$$

中心角频率：　$\omega_0=\sqrt{\frac{1}{R_2C^2}\left(\frac{1}{R}+\frac{1}{R_3}\right)}$

频带宽：　$B=\frac{1}{C}\left(\frac{1}{R}+\frac{2}{R_2}-\frac{R_f}{R_1R_3}\right)$

选择性：　$Q=\frac{f_0}{B}$

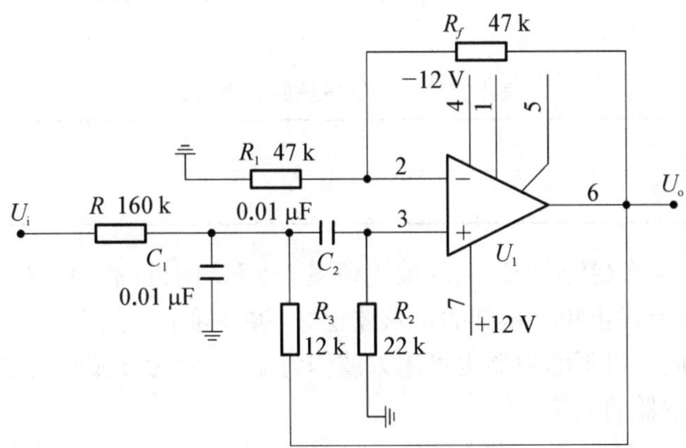

图 4.30　典型二阶带通滤波器

这种电路的优点是改变 R_f 和 R_1 的比例就可改变频带宽而不影响中心频率。

4. 带阻滤波器

如图 4.31 所示，这种电路的性能和带通滤波器相反，即在规定的频带内，信号不能通过（或受到很大衰减），而在其余频率范围，信号则能顺利通过。常用于抗干扰设备中。

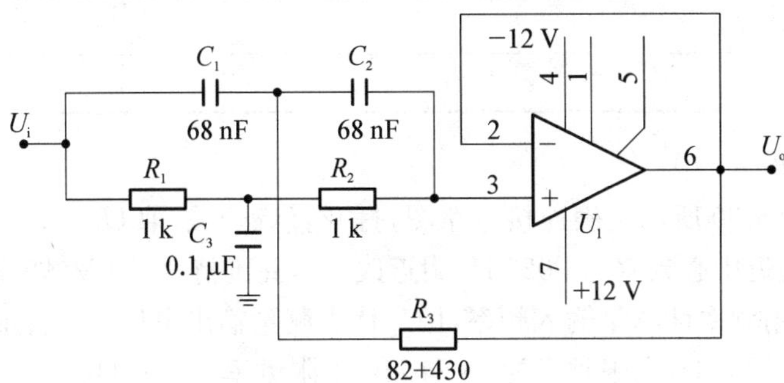

图 4.31　二阶带阻滤波器

这种电路的输入、输出关系为

$$\dot{A}=\frac{\dot{U}_o}{\dot{U}_i}=\frac{\left[1+\left(\frac{S}{\omega_0}\right)^2\right]A_V}{1+2(2-A_V)\frac{S}{\omega_0}+\left(\frac{S}{\omega_0}\right)^2}$$

式中：$A_V=\frac{R_f}{R_1}$；$\omega_0=\frac{1}{RC}$。由式中可见，A_V 愈接近 2，$|\dot{A}|$ 愈大，即起到阻断范围变窄的作用。

四、实验内容

1. 二阶低通滤波器

实验电路如图 4.28 所示正确连接电路图，打开直流开关，取 $U_i=1$ V（峰峰值）的正弦波，改变其频率（接近理论上的截止频率 338 Hz 附近改变），并维持 $U_i=1$ V（峰峰值）不变，用示波器监视输出波形，用频率计测量输入频率，用毫伏表测量输出电压U_o，记入表4.23。

表 4.23　二阶低通滤波器测试表

f(Hz)	
U_o(V)	

输入方波，调节频率(接近理论上的截止频率 338 Hz 附近调节)，取U_i=1 V(峰峰值)，观察输出波形，越接近截止频率得到的正弦波越好，频率远小于截止频率时波形几乎不变仍为方波。有兴趣的同学以下滤波器也可用方波作为输入，因为方波频谱分量丰富，可以用示波器更好的观察滤波器的效果。

2. 二阶高通滤波器

实验电路如图 4.29 所示正确连接电路图，打开直流开关，取U_i= 1 V(峰峰值) 的正弦波，改变其频率(接近理论上的高通截止频率 1.6 kΩ 附近改变)，并维持U_i= 1 V(峰峰值) 不变，用示波器监视输出波形，用频率计测量输入频率，用毫伏表测量输出电压U_o，记入表 4.24。

表 4.24　二阶高通滤波器测试表

f(Hz)	
U_o(V)	

3. 带通滤波器

实验电路如图 4.30 所示正确连接电路图，打开直流开关，取U_i=1 V(峰峰值) 的正弦波，改变其频率(接近中心频率为 1 023 Hz 附近改变)，并维持U_i=1 V(峰峰值) 不变，用示波器监视输出波形，用频率计测量输入频率，用毫伏表测量输出电压U_o，自拟表格记录之。理论值中心频率为 1 023 Hz，上限频率为 1 074 Hz，下限频率为 974 Hz。

(1) 实测电路的中心频率f_0。

(2) 以实测中心频率为中心，测出电路的幅频特性。

4. 带阻滤波器

实验电路选定为如图 4.31 所示的双 T 型 RC 网络，打开直流开关，取U_i=1 V(峰峰值) 的正弦波，改变其频率(接近中心频率为 2.34 kHz 附近改变)，并维持U_i=1 V(峰峰值)不变，用示波器监视输出波形，用频率计测量输入频率，用毫伏表测量输出电压U_o，自拟表格记录之。理论值中心频率为 2.34 kHz。

(1) 实测电路的中心频率。

(2) 测出电路的幅频特性。

实验 11　集成运算放大器的基本应用——电压比较器

一、实验目的

1. 掌握比较器的电路构成及特点。
2. 学会测试比较器的方法。

二、实验仪器

双踪示波器、万用表。

三、实验原理

1. 图 4.32 所示为一最简单的电压比较器，U_R 为参考电压，输入电压 U_i 加在反相输入端。图 4.32(b)所示为图 4.32(a)所示比较器的传输特性。

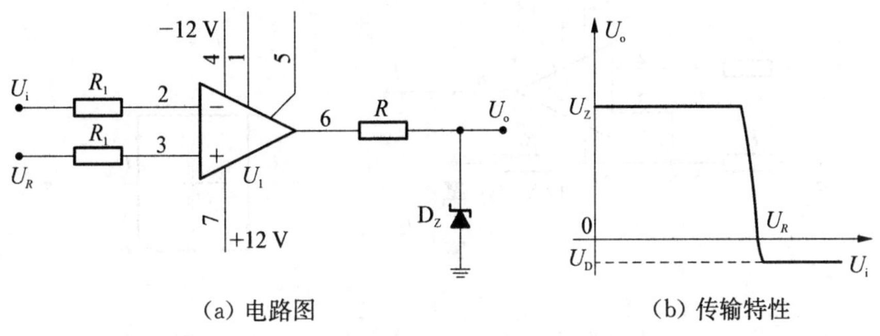

(a) 电路图　　　　(b) 传输特性

图 4.32　电压比较器

当 $U_i < U_R$ 时，运放输出高电平，稳压管 D_Z 反向稳压工作。输出端电位被其箝位在稳压管的稳定电压 U_Z，即 $U_o = U_Z$。

当 $U_i > U_R$ 时，运放输出低电平，D_Z 正向导通，输出电压等于稳压管的正向压降 U_D，即 $U_o = -U_D$。

因此，以 U_R 为界，当输入电压 U_i 变化时，输出端反映出两种状态：高电位和低电位。

2. 常用的幅度比较器有过零比较器、具有滞回特性的过零比较器(又称施密特触发器)、双限比较器(又称窗口比较器)等。

(1) 简单过零比较器

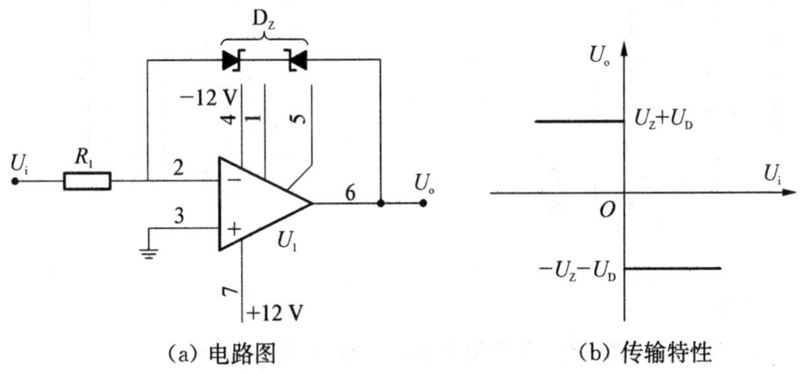

(a) 电路图　　　　(b) 传输特性

图 4.33　简单过零比较器

(2) 具有滞回特性的过零比较器

过零比较器在实际工作时，如果 U_i 恰好在过零值附近，则由于零点漂移的存在，U_o 将不断由一个极限值转换到另一个极限值，这在控制系统中，对执行机构将是很不利的。为此，就需要输出特性具有滞回现象。

从输出端引一个电阻分压支路到同相输入端，若 U_o 改变状态，U_Σ 点也随着改变电位，使过零点离开原来位置。当U_o为正(记作U_D),$U_\Sigma=\dfrac{R_2}{R_f+R_2}U_D$,则当$U_D>U_\Sigma$后,$U_o$即由正变负(记作$-U_D$),此时$U_\Sigma$变为$-U_\Sigma$。故只有当$U_i$下降到$-U_\Sigma$以下,才能使$U_o$再度回升到$U_D$,于是出现图4.34(b)所示的滞回特性。$-U_\Sigma$与$U_\Sigma$的差别称为回差。改变$R_2$的数值可以改变回差的大小。

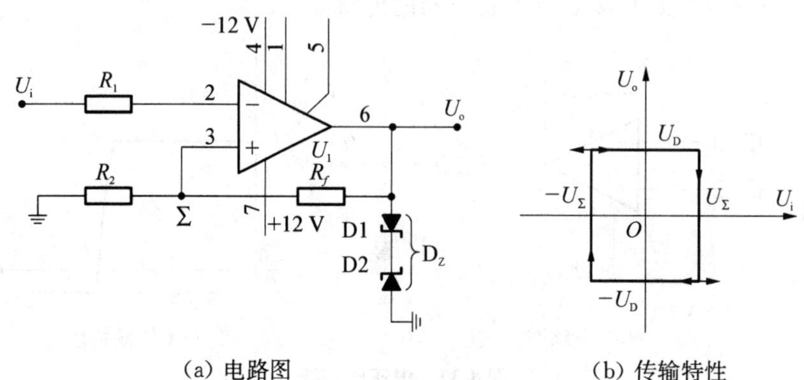

(a) 电路图　　　　(b) 传输特性

图 4.34　具有滞回特性的过零比较器

(3) 窗口(双限)比较器

简单的比较器仅能鉴别输入电压U_i比参考电压U_R高或低的情况,窗口比较电路是由两个简单比较器组成,如图4.35所示,它能指示出U_i值是否处于U_R^+和U_R^-之间。

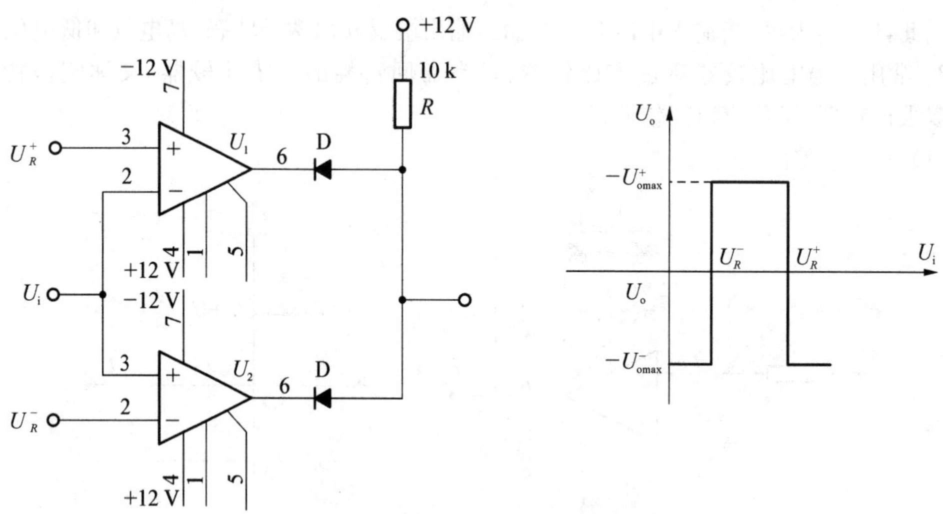

图 4.35　两个简单比较器组成的窗口比较器

四、实验内容

1. 过零电压比较器

(1) 如图4.36所示在运放系列模块中正确连接电路,打开直流开关,用万用表测量U_i悬空时的U_o电压。

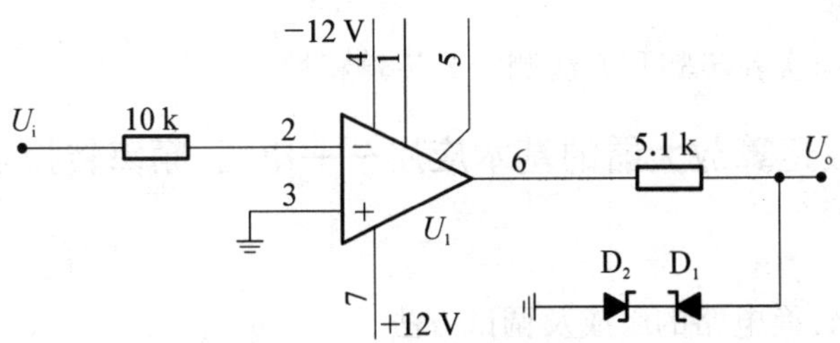

图 4.36　过零比较器

(2) 从 U_i 输入 500 Hz、峰峰值为 2 V 的正弦信号，用双踪示波器观察 U_i、U_o 波形。

(3) 改变 U_i 幅值，测量传输特性曲线。

2. 反相滞回比较器

(1) 如图 4.37 所示正确连接电路，打开直流开关，调好一个－4.2～＋4.2 V 可调直流信号源作为 U_i，用万用表测出 U_i 由＋4.2 V→－4.2 V 时 U_o 值发生跳变时 U_i 的临界值。

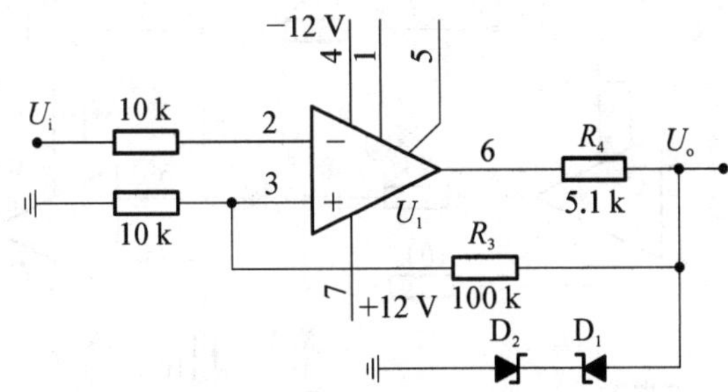

图 4.37　反相滞回比较器

(2) 同上，测出 U_i 由－4.2 V→＋4.2 V 时 U_o 值发生跳变时 U_i 的临界值。

(3) 把 U_i 改为接 500 Hz，峰峰值为 2 V 的正弦信号，用双踪示波器观察 U_i、U_o 波形。

(4) 将分压支路 100 kΩ 电阻(R_3)改为 200 kΩ(100 kΩ＋100 kΩ)，重复上述实验，测定传输特性。

3. 滞回比较器

(1) 如图 4.38 所示正确连接电路，参照 2，自拟实验步骤及方法。

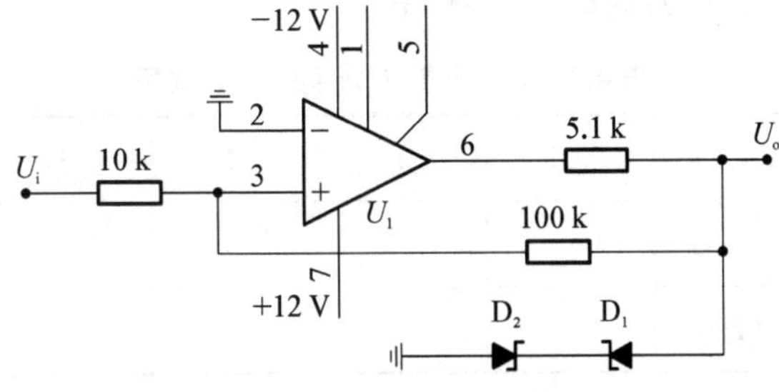

图 4.38　同相滞回比较器

(2) 将结果与 2 相比较。

4*. 窗口比较器

参照图 4.35 自拟实验步骤和方法测定其传输特性。

实验 12　集成运算放大器的基本应用——电压-频率转换电路

一、实验目的

了解电压-频率转换电路的组成及调试方法。

二、实验仪器

双踪示波器、万用表。

三、实验电路

如图 4.39 所示电路实际上就是一个矩形波、锯齿波发生电路，只不过这里是通过改变输入电压 U_i 的大小来改变波形频率，从而将电压参量转换成频率参量。

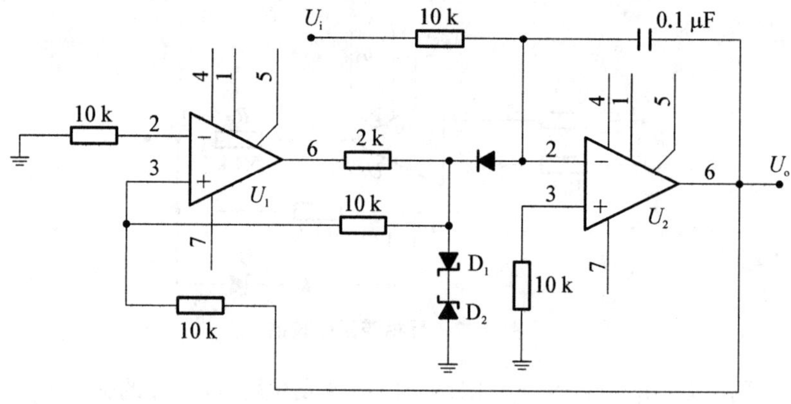

图 4.39　电压-频率转换电路

四、实验内容

1. 按图 4.39 接线，调好一个 0.5～4.5 V 可调直流信号源作为 U_i 输入。

2. 按表 4.25 的内容，测量电路的电压-频率转换关系，分别调节直流源的各种不同的值，用示波器监视 U_o 波形和测量 U_o 波形频率。

表 4.25　电压-频率转换电路测试表

	U_i(V)	0.5	1	2	3	4	4.5
用示波器测得	T(ms)						
	f(Hz)						

3. 作出电压-频率关系曲线，改变电容 0.1 μF 为 0.01 μF，观察波形如何变化。

4.8　信号处理和产生电路

实验 13　*RC* 正弦波振荡器

一、实验目的

1. 进一步学习 *RC* 正弦波振荡器的组成及其振荡条件。

2. 学会测量、调试振荡器。

二、实验仪器

双踪示波器、频率计。

三、实验原理

实验电路如图 4.40 所示。

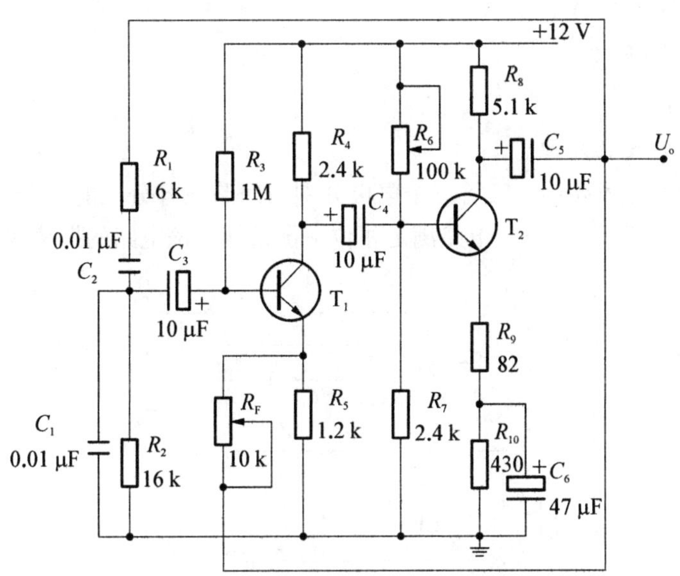

图 4.40　*RC* 串并联选频网络振荡器

从结构上看，正弦波振荡器是没有输入信号的，带选频网络的正反馈放大器。若用 *R*、*C* 元件组成选频网络，就称为 *RC* 振荡器，一般用来产生 1 Hz～1 MHz 的低频信号。图4.40所示为 *RC* 串并联（文氏桥）网络振荡器。电路型式如图 4.41 所示。

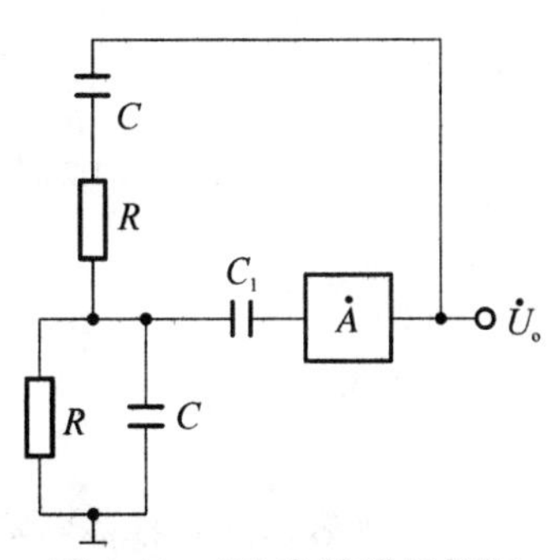

图 4.41　*RC* 串并联网络振荡器原理图

振荡频率：$f_0=\dfrac{1}{2\pi RC}$

起振条件：$|\dot{A}|>3$

电路特点：可方便地连续改变振荡频率，便于加负反馈稳幅，容易得到良好的振荡波形。

四、实验内容

1. 在晶体管系列模块中按图 4.40 正确连接线路。

2. 断开 RC 串并联网络，测量放大器静态工作点及电压放大倍数，记录之。

3. 接通 RC 串并联网络，打开直流开关，调节 R_F 并使电路起振，用示波器观测输出电压 U_O 波形，调节 R_F 使获得满意的正弦信号，记录波形及其参数。

4. 用频率计或示波器测量振荡频率，并与计算值进行比较。

5. 改变 R 或 C 值，用频率计或示波器测量振荡频率，并与计算值进行比较。

实验 14　*LC* 正弦波振荡器

一、实验目的

1. 掌握电容三点式 LC 正弦波振荡器的设计方法。

2. 研究电路参数对 LC 振荡器起振条件及输出波形的影响。

二、实验仪器

双踪示波器、频率计。

三、实验原理

1. 电路组成及工作原理

图 4.42 所示交流通路中三极管三个电极分别与回路电容分压的三个端点相连，故称为电容三点式振荡电路。不难分析电路满足相位平衡条件。该电路的振荡频率为

$$f_0 \approx \frac{1}{2\pi\sqrt{L\left[\dfrac{1}{\dfrac{1}{C_1}+\dfrac{1}{C_2}+\dfrac{1}{C_3}}+C_4\right]}}$$

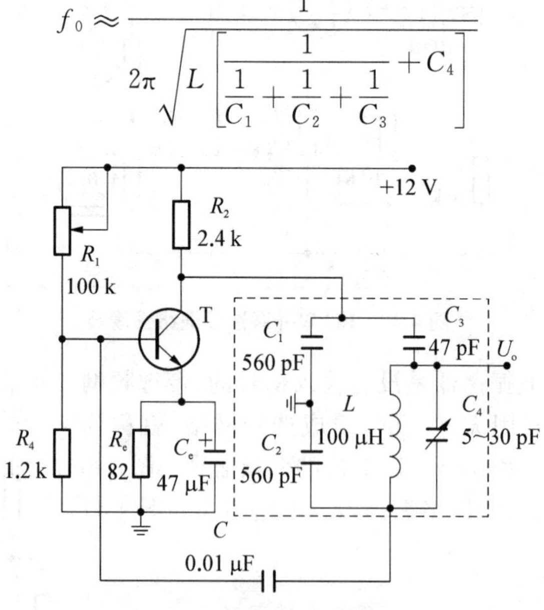

图 4.42　电容三点式振荡电路

2. 电容三点式振荡电路的特点

(1) 电路振荡频率较高，回路 C_1 和 C_2 的电容值可以选得很小。

(2) 电路频率调节不方便而且调节范围较窄。

四、实验内容

1. 按实验原理图 4.42 正确连接电路图。

2. 打开直流开关，用示波器观察振荡输出的波形 U_o，若未起振调节 R_1 使电路起振得到一个比较好的正弦波波形。

3. 用原理中的公式计算出理论频率范围。

4. 用示波器观察波形，改变可调电容 C_4 的值(可调范围为 5～30 pF)，估测出频率范围并记录。比较一下理论值，并画出对应波形图。

4.9　功率放大电路

实验 15　低频功率放大器——OTL 功率放大器

一、实验目的

1. 进一步理解 OTL 功率放大器的工作原理。

2. 加深理解 OTL 电路静态工作点的调整方法。

3. 学会 OTL 电路调试及主要性能指标的测试方法。

二、实验仪器

双踪示波器、万用表、毫伏表、直流毫安表、信号发生器。

三、实验原理

图 4.43 所示为 OTL 低频功率放大器。其中由晶体三极管 T1 组成推动级(也称前置放大级)，T2、T3 是一对参数对称的 NPN 和 PNP 型晶体三极管，它们组成互补推挽 OTL 功放电路。每一个管子都接成射极输出器形式，因此具有输出电阻低，负载能力强等优点，适合作为功率输出级。T1 管工作于甲类状态，它的集电极电流 I_{C1} 由电位器 R_{W1} 进行调节。I_{C1} 的一部分流经电位器 R_{W2} 及二极管 D，给 T2、T3 提供偏压。调节 R_{W2}，可以使 T2、T3 得到合适的静态电流而工作于甲、乙类状态，以克服交越失真。静态时要求输出端中点 A 的电位 $U_A=\frac{1}{2}U_{CC}$，可以通过调节 R_{W1} 来

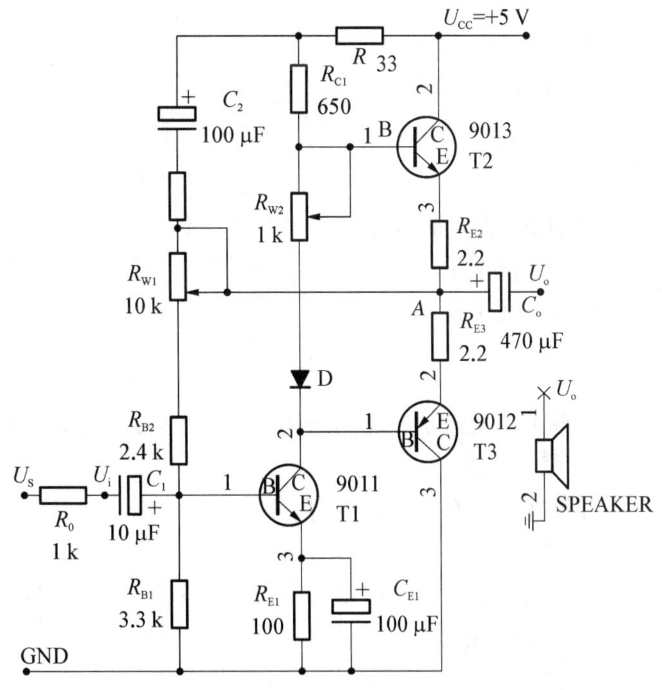

图 4.43　OTL 功率放大器实验电路

实现，又因为R_{W1}的一端接在A点，所以在电路中引入交、直流电压并联负反馈，一方面能够稳定放大器的静态工作点，同时也改善了非线性失真。

当输入正弦交流信号U_i时，经T1放大、倒相后同时作用于T2、T3的基极，U_i的负半周使T2管导通(T3管截止)，有电流通过负载R_L，同时向电容C_o充电，在U_i的正半周，T3导通(T2截止)，则已充好电的电容器C_o起着电源的作用，通过负载R_L放电，这样在R_L上就得到完整的正弦波。

C_2和R构成自举电路，用于提高输出电压正半周的幅度，以得到大的动态范围。由于信号源输出阻抗不同，输入信号源受OTL功率放大电路的输入阻抗影响而可能失真，R_0作为失真时的输入匹配电阻。调节电位器R_{W2}时影响到静态工作点A点的电位，故调节静态工作点采用动态调节方法。为了得到尽可能大的输出功率，晶体管一般工作在接近临界参数的状态，如I_{CM},$U_{(BR)CEO}$和P_{CM}，这样工作时晶体管极易发热，有条件的话晶体管有时还要采用散热措施，由于三极管参数易受温度影响，在温度变化的情况下三极管的静态工作点也跟随着变化，这样定量分析电路时所测数据存在一定的误差，我们用动态调节方法来调节静态工作点，受三极管对温度的敏感性影响所测电路电流是个变化量，尽量在变化缓慢时读数作为定量分析的数据来减小误差。

OTL电路的主要性能指标如下。

1. 最大不失真输出功率P_{om}

理想情况下$P_{om}=\frac{1}{8}\frac{U_{CC}^2}{R_L}$，在实验中可通过测量RL两端的电压有效值，来求得实际的P_{om}。

$$P_{om}=\frac{U_o^2}{R_L}$$

2. 效率η

$$\eta=\frac{P_{om}}{P_E}\cdot 100\%$$

式中P_E为直流电源供给的平均功率。

理想情况下$\eta_{max}=78.5\%$。在实验中，可测量电源供给的平均电流I_{dc}(多测几次I取其平均值)，从而求得

$$P_E=U_{CC}\cdot I_{dc}$$

负载上的交流功率已用上述方法求出，因而也就可以计算实际效率了。

3. 频率响应

详见实验2有关部分内容。

4. 输入灵敏度

输入灵敏度是指输出最大不失真功率时，输入信号U_i之值。

四、实验内容

1. 连线

按图4.43所示正确连接实验电路，输出先开路。

2. 静态工作点的测试

用动态调试法调节静态工作点，先使 $R_{W2}=0$，U_S 接地，打开直流开关，调节电位器 R_{W1}，用万用表测量 A 点电位，使 $U_A=\frac{1}{2}U_{CC}$。再断开 U_S 接地线，输入端接入频率为 $f=1$ kHz、峰峰值为 50 mV 的正弦信号作为 U_s，逐渐加大输入信号的幅值，用示波器观察输出波形，此时，输出波形有可能出现交越失真(注意：没有饱和和截止失真)，缓慢增大 R_{W2}，由于 R_{W2} 调节影响 A 点电位，故需调节 R_{W1}，使 $U_A=\frac{1}{2}U_{CC}$(在 $U_S=0$ 的情况下测量)。从减小交越失真的角度而言，应适当加大输出极静态电流 I_{C2} 及 I_{C3}，但该电流过大，会使效率降低，所以通过调节 R_{W2} 一般以 50 mA 左右为宜。通过调节 R_{W1} 使 $U_A=\frac{1}{2}U_{CC}$(在 $U_S=0$ 的情况下测量)。若观察无交越失真时，停止调节 R_{W2} 和 R_{W1}，恢复 $U_S=0$，测量各级静态工作点(在 I_{C2}、I_{C3} 变化缓慢的情况下测量静态工作点)，记入表 4.26。

表 4.26　静态工作点测量表

	T1	T2	T3
U_B(V)			
U_C(V)			
U_E(V)			

注意：① 在调整 R_{W2} 时，一是要注意旋转方向，不要调得过大，更不能开路，以免损坏输出管。
② 输出管静态电流调好，如无特殊情况，不得随意旋动 R_{W2} 的位置。
③ 在 I_{C2}、I_{C3} 受温度变化缓慢的情况下测量静态工作点(通过测量电压除以 2.2 Ω 来计算 I_{C2}、I_{C3})。

3. 最大输出功率 P_{om} 和效率 η 的测试

(1) 测量 P_{om}

输入端接 $f=1$ kHz、50 mV 的正弦信号 U_S，输出端接上喇叭即 R_L，用示波器观察输出电压 U_o 波形。逐渐增大 U_i，使输出电压达到最大不失真输出，用交流毫伏表测出负载 R_L 上的电压 U_{om}，则用下面公式计算出 P_{om}。

$$P_{om}=\frac{U_{om}^2}{R_L}$$

(2) 测量 η

当输出电压为最大不失真输出时，在 $U_S=0$ 情况下，用直流毫安表测量电源供给的平均电流 I_{dc}(多测几次 I 取其平均值) 读出表中的电流值，此电流即为直流电源供给的平均电流 I_{dc}(有一定误差)，由此可近似求得 $P_E=U_{CC}I_{dc}$，再根据上面测得的 P_{om}，即可求出 $\eta=\frac{P_{om}}{P_E}$。

4. 输入灵敏度测试

根据输入灵敏度的定义，在步骤 2 基础上，只要测出输出功率 $P_o=P_{om}$ 时(最大不失真输出情况) 的输入电压值 U_i 即可。

5. 频率响应的测试

测试方法同实验 2，记入表 4.27。

表 4.27　频率响应测试表

					f_L	f_o	f_H				
f(Hz)						1 000					
U_o(V)											
A_V											

在测试时，为保证电路的安全，应在较低电压下进行，通常取输入信号为输入灵敏度的 50%。在整个测试过程中，应保持 U_i 为恒定值，且输出波形不得失真。

4.10　直流稳压电源

实验 16　晶体管稳压电源

一、实验目的

1. 研究单相桥式整流、电容滤波电路的特性。
2. 掌握稳压管、串联晶体管稳压电源主要技术指标的测试方法。

二、实验仪器

双踪示波器、万用表、毫伏表。

三、实验原理

1. 稳压管稳压电路

稳压管稳压电路如图 4.44 所示，其整流部分为单相桥式整流、电容滤波电路，稳压部分分两种情况分析：

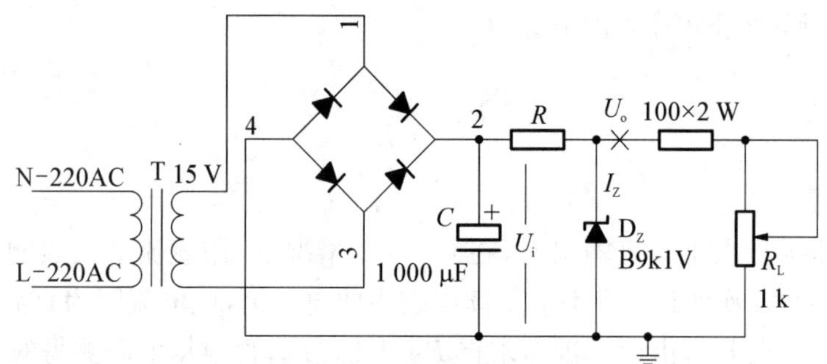

图 4.44　稳压管稳压实验电路

(1) 若电网电压波动，使 U_i 上升时，则

$$U_i\uparrow \rightarrow U_o\uparrow \rightarrow U_Z\uparrow\ \uparrow \rightarrow I_R\uparrow \rightarrow U_R\uparrow \rightarrow U_o\downarrow$$

(2) 若负载改变,使 I_L 增大时,则

$$I_L\uparrow\rightarrow I_R\uparrow\rightarrow U_o\downarrow\rightarrow I_Z\downarrow\downarrow\rightarrow I_R\downarrow\rightarrow U_R\downarrow\rightarrow U_o\uparrow$$

从上面可知稳压电路必须还要串接限流电阻 R(82 Ω+430 Ω+120 Ω/2 W),根据稳压管的伏安特性,为防止外接负载 R_L 时短路则串上 100 Ω/2 W 电阻,保护电位器,才能实现稳压。

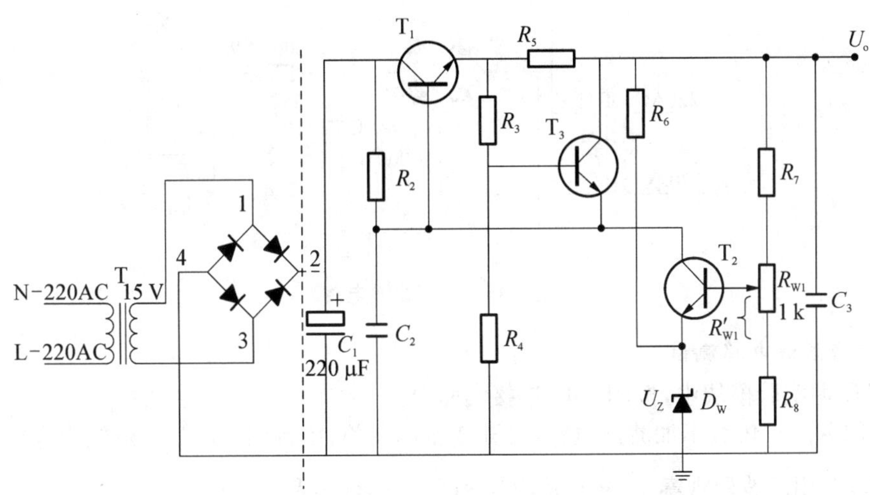

图 4.45　串联型稳压电源实验电路

2. 串联型晶体管稳压电源

串联型稳压电压电路如图 4.45 所示,稳压电源的主要性能指标如下。

(1) 输出电压 U_o 和输出电压调节范围

$$U_o=\frac{R_7+R_{W1}+R_8}{R_8+R'_{W1}}(U_Z+U_{BE2})$$

调节 R_{W1} 可以改变输出电压 U_o。

(2) 最大负载电流 I_{cm}

(3) 输出电阻 R_o

输出电阻 R_o 定义为:当输入电压 U_i(稳压电路输入)保持不变,由于负载变化而引起的输出电压变化量与输出电流变化量之比,即

$$R_o=\frac{\Delta U_o}{\Delta I_o}\bigg|U_i=\text{常数}$$

(4) 稳压系数 S(电压调整率)

稳压系数 S 定义为:当负载保持不变,输出电压相对变化量与输入电压相对变化量与输入电压相对变化量之比,即

$$S=\frac{\Delta U_o/U_o}{\Delta U_i/U_i}\bigg|R_L=\text{常数}$$

由于工程上常把电网电压波动±10%作为极限条件，也有将此时输出电压的相对变化$\Delta U_o/U_o$作为衡量指标，称为电压调整率。

(5) 纹波电压

输出纹波电压是指在额定负载条件下，输出电压中所含交流分量的有效值(或峰峰值)。

四、实验内容

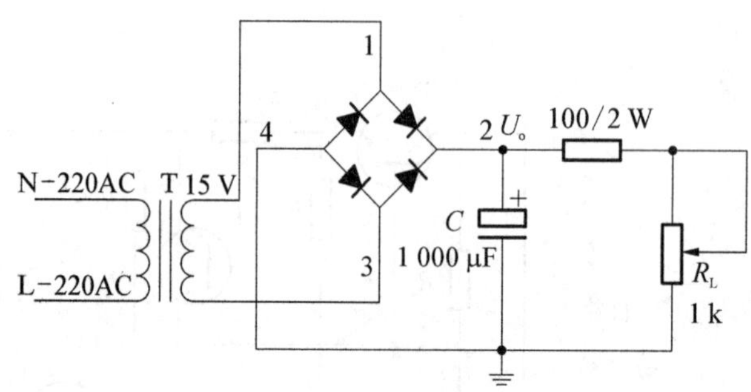

图 4.46　整流滤波电路

1. 整流滤波电路测试

在稳压源实验模块中，按图 4.46 连接实验电路。

(1) 取R_L=240 Ω不加滤波电容，打开变压器开关，用万用表测量直流输出电压U_o及纹波电压$\widetilde{U}_o$，并用示波器观察 15 V 交流电压和U_o波形，记入表 4.28。

(2) 取R_L=240 Ω，C=1 000 μF，重复内容(1) 的要求，记入表 4.28。

(3) 取R_L=120 Ω，C=1 000 μF，重复内容(1) 的要求，记入表 4.28。

注意：每次改接电路时，必须切断变压器电源。

表 4.28　整流滤波电路测试表

绘出电路图		U_o	$\widetilde{U}_o$	U_o波形
$R_L=240\ \Omega$				
$R_L=240\ \Omega$ $C=1\ 000\ \mu F$				
$R_L=120\ \Omega$ $C=1\ 000\ \mu F$				

2. 稳压管稳压电源性能测试

(1) 按图 4.44 正确连接实验电路，U_o在开路时，打开变压器开关，用万用表测出稳压源稳压值。

(2) 接负载时，调节R_L，用万用表测出在稳压情况下的最小负载。

(3) 断开变压器开关，把 15 V 交流输入换为 7.5 V 输入，重复(1)、(2)内容。

注意：限流电阻R值为 82 Ω+430 Ω+120 Ω/2 W，注意大于 7 V 的稳压管具有正温度系数，即在稳压电路长时间工作时随稳压管温度升高稳压值上升。

3. 串联型稳压电源性能测试

完成图 4.45 所示实验电路图的连接。

(1) 开路初测

稳压器输出端负载开路，接通 15 V 变压器输出电源，打开变压器开关，用万用表电压挡测量整流电路输入电压 U_2(即虚线左端二极管组成的整流电路中 1 和 3 两端的电压，注意仅此处用交流挡测，所测为有效值)，滤波电路输出电压 U_i(即虚线左端二极管组成的整流电路中 2 和 4 两端的电压)及输出电压 U_o。调节电位器 R_{W1}，观察 U_o 的大小和变化情况，如果 U_o 能跟随 R_{W1} 线性变化，这说明稳压电路各反馈环路工作基本正常。否则，说明稳压电路有故障，因为稳压器是一个深负反馈的闭环系统，只要环路中任一个环节出现故障(某管截止或饱和)，稳压器就会失去自动调节作用。此时可分别检查基准电压 U_Z，输入电压 U_i，输出电压 U_o 以及比较放大器和调整管各电极的电位(主要是 U_{BE} 和 U_{CE})，分析它们的工作状态是否都处在线性区，从而找出不能正常工作的原因。排除故障以后就可以进行下一步测试。同样的，断开电源，测试 7.5 V 整流输入电压时的可调范围。

(2) 带负载测量稳压范围

带负载为 100 Ω/2 W 和串联 1 kΩ 电位器 R_{W2}，接通 15 V 变压器输出电源，打开变压器开关，调节 R_{W2} 使输出电流 $I_o = 25$ mA。再调节电位器 R_{W1}，测量输出电压可调范围 $U_{omin} \sim U_{omax}$。

(3) 测量各级静态工作点

在(2)测量稳压范围基础上调节输出电压 $U_o = 9$ V，输出电流 $I_o = 25$ mA，测量各级静态工作点，记入表 4.29。

表 4.29　各级静态工作点测量表

	T1	T2	T3
U_B(V)			
U_C(V)			
U_E(V)			

(4) 测量稳压系数 S

取 $I_o = 25$ mA，改变整流电路输入电压 U_2(模拟电网电压波动)，分别测出相应的稳压器输入电压 U_i 及输出直流电压 U_o，记入表 4.30。

(5) 测量输出电阻 R_o

取 $U_2 = 15$ V，改变 R_{W2}，使 I_o 为空载、25 mA 和 50 mA，测量相应的 U_o 值，记入表 4.31。

表 4.30　稳压系数测量表

测试值			计算值
U_2(V)	U_i(V)	U_o(V)	S
7.5			$S=$
15		9	

表 4.31　输出电阻测量表

测量值		计算值
I_o(mA)	U_o(V)	R_o(Ω)
空载		$R_{o12} =$
25	9	
50		$R_{o23} =$

(6) 测量输出纹波电压

纹波电压用示波器测量其峰峰值 $U_{op\text{-}p}$，或者用毫伏表直接测量其有效值，由于不是正弦波，有一定的误差。取 $U_2=15$ V，$U_o=9$ V，$I_o=25$ mA，测量输出纹波电压$\widetilde{U}_o$，记录之。

实验 17　集成稳压器

一、实验目的

1. 学会集成稳压器的特点和性能指标的测试方法。

2. 学会用集成稳压器设计稳压电源。

二、实验仪器

双踪示波器、万用表、毫伏表。

三、实验原理

78、79 系列三端式集成稳压器的输出电压是固定的，在使用中不能进行调整。另有可调式三端稳压器 LM317(正稳压器)和 LM337(负稳压器)。

1. 固定式三端稳压器

图 4.47 是用三端式稳压器 7905 构成实验电路图。滤波电容 C 一般选取几百至几千微法。在输入端必须接入电容器 C_1(数值为 0.33 μF)，以抵消线路的电感效应，防止产生自激振荡。输出端电容 C_o(0.1 μF)用以滤除输出端的高频信号，改善电路的暂态响应。

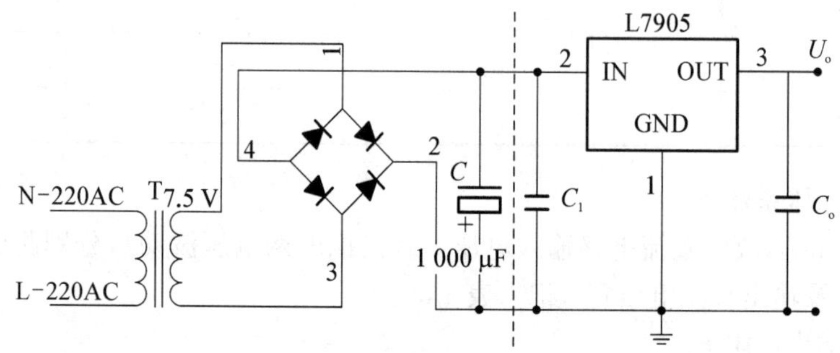

图 4.47　固定式稳压电源电路

2. 可调式三端稳压器

图 4.48 所示为可调式三端稳压电源电路，可输出连续可调的直流电压，其输出电压范围在 1.25～37 V，最大输出电流为 1.5 A，稳压器内部含有过流、过热保护电路。如图 4.48 所示，C_1，C_2 为滤波电容，D_1 保护二极管，以防稳压器输出端短路而损坏集成块。

四、实验内容

1. 固定稳压电源电路测试

按图 4.47 所示正确连接电路，打开变压器开关后：

(1) 开路时用万用表测出稳压源稳压值。

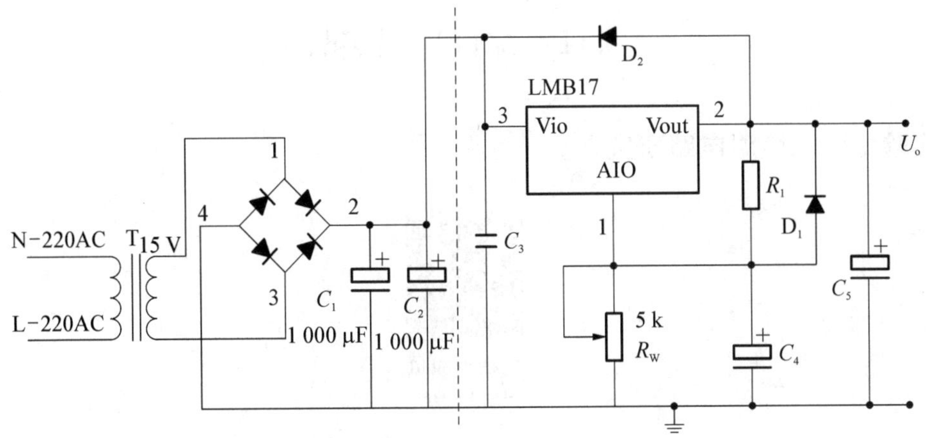

图 4.48　可调集成稳压电源电路

(2) 接负载(在 U_o 输出端接上 100/2 W+1 kΩ 电位器 R_{W1})时,调节 R_L,用万用表测出在稳压情况下的 U_o 变化情况。

2. 可调稳压电源电路测试

按图 4.48 所示正确连接电路,打开变压器开关后:

(1) 观察输出电压 U_o 的范围。

① 开路情况下的稳压范围

② 带负载(在 U_o 输出端接上 100/2 W+1 kΩ 电位器 R_{W1})调节 R_{W1} 为 240 Ω 时,调节 R_W,观察输出电压 U_o 的范围。

(2) 测量稳压系数 S,取 R_{W1} 为 240 Ω,在 U_i 为 7.5 V 和 15 V 时求出 S。

(3) 测量输出电阻 R_o。

(4) 测量纹波电压。

(2)、(3)、(4)的测量结果记入自拟表格中。

3*. 针对所学和实际调试情况,自己设计一个固定稳压正电源和可调稳压负电源

实验 18*　晶闸管可控整流电路

微信扫码见
“实验 18”

4.11 综合应用实验

实验 19* 控温电路研究

微信扫码见
“实验 19”

实验 20* 波形变换电路

微信扫码见
“实验 20”

第 5 章

数字电子技术实验

5.1 训练要点

一、数字集成电路封装

中、小规模数字 IC 中最常用的是 TTL 电路和 CMOS 电路。TTL 器件型号以 74(或 54)作为前缀,称为 74/54 系列,如 74LS10、74F181、54S86 等。中、小规模 CMOS 数字集成电路主要是 4XXX/45XX(X 代表数字 0～9)系列,高速 CMOS 电路 HC(74HC 系列),与 TTL 兼容的高速 CMOS 电路 HCT(74HCT 系列)。TTL 电路与 CMOS 电路各有优缺点,TTL 速度高,CMOS 电路功耗小、电源范围大、抗干扰能力强。由于 TTL 在世界范围内应用极广,在数字电路教学实验中,我们主要使用 TTL74 系列电路作为实验用器件。

数字 IC 器件有多种封装形式。为了教学实验方便,实验中所用的 74 系列器件封装选用双列直插式。双列直插式封装有以下特点:

(1) 正面(上面)看,器件一端有一个半圆的缺口,这是正方向的标志。缺口左边的引脚号为 1,引脚号按逆时针方向增加。双列直插式封装 IC 引脚数有 8、14、16、20、24、28 等若干种。

(2) 双列直插器件有两列引脚。引脚之间的间距是 2.54 毫米。两列引脚之间的距离能够稍做改变,引脚间距不能改变。将器件插入实验台上的插座中去或者从插座中拔出时要小心,不要将器件引脚搞弯或折断。

(3) 74 系列器件一般右下角的最后一个引脚是 GND,左上角的引脚是 Vcc。例如,14 引脚器件引脚 7 是 GND,引脚 14 是 Vcc;20 引脚器件引脚 10 是 GND,引脚 20 是 Vcc。但也有一些例外,例如 16 引脚的双 JK 触发器 74LS76,引脚 13(不是引脚 8)是 GND,引脚 5(不是引脚 16)是 Vcc。所以使用集成电路器件时要先看清楚它的引脚图,找对电源和地,避免因接线错误造成器件损坏。

(4) 必须注意,不能带电插、拔器件。插、拔器件只能在关断电源的情况下进行。

二、数字电路测试及故障查找、排除

设计好一个数字电路后,要对其进行测试,以验证设计是否正确。测试过程中,发现问题要分析原因,找出故障所在,并解决它。数字电路实验也遵循这些原则。

1. 数字电路测试

数字电路测试大体上分为静态测试和动态测试两部分。静态测试指的是,给定数字电路若干组静态输入值,测试数字电路的输出值是否正确。数字电路设计好后,在实验台上连

接成一个完整的线路。把线路的输入接电平开关输出，线路的输出接电平指示灯，按功能表或状态表的要求，改变输入状态，观察输入和输出之间的关系是否符合设计要求。静态测试是检查设计是否正确，接线是否无误的重要一步。

在静态测试基础上，按设计要求在输入端加上动态脉冲信号，观察输出端波形是否符合设计要求，这是动态测试。有些数字电路只需要进行静态测试即可，有些数字电路则必须进行动态测试，一般来说，时序电路应进行动态测试。

2. 数字电路的故障查找和排除

在数字电路实验中，出现问题是难免的。重要的是分析问题，找出出现问题的原因，从而解决它。一般说，有四个方面的原因产生问题(故障)：器件故障、接线错误、设计错误和测试方法不准确。在查找故障过程中，首先要熟悉经常发生的典型故障。

(1) 器件故障

器件故障是器件失效或器件接插问题引起的故障，表现为器件工作不正常。不言而喻，器件失效肯定会引起工作不正常，这需要更换一个好器件。器件接插问题，如管脚折断或者器件的某个(或某些)引脚没插到插座中等，也会使器件工作不正常。对于器件接插错误有时不易发现，需仔细检查。判断器件失效的方法是用集成电路测试仪测试器件。需要指出的是，一般的集成电路测试仪只能检查器件的某些静态特性。对负载能力等静态特性和上升沿、下降沿、延迟时间等动态特性，一般的集成电路测试仪不能测试。测试器件的这些参数，须使用专门的集成电路测试仪。

(2) 接线错误

接线错误是最常见的错误。据统计，在教学实验中，大约70%以上的故障是由接线错误引起的。常见的接线错误包括忘记接器件的电源和地；连接线和插孔接触不良连线经多次使用后，有可能外面的塑料包皮完好，但内部线断；连线多接、漏接、错接；连线过长、过乱造成干扰。接线错误造成的现象多种多样，例如器件的某个功能模块不工作或者工作不正常，器件不工作或发热，电路中一部分工作状态不稳定等。解决方法大致包括：熟悉所用器件的功能及其引脚号，知道器件每个引脚的功能；器件的电源和地一定要接对、接好；检查连线和插孔是否接触良好；检查连线有无错接、多接、漏接；检查连线中有无断线。最重要的是接线前要画出接线图，按图接线，不要凭记忆随想随接；接线要规范、整齐，尽量走直线、短线，以免引起干扰。

(3) 设计错误

设计错误自然会造成与预想的结果不一致。原因是对实验要求没有吃透，或者是对所用器件的原理没有掌握。因此实验前一定要理解实验要求，掌握实验线路原理，精心设计。初始设计完成后一般应对设计进行优化。最后画好逻辑图以及接线图。

(4) 测试方法不正确

如果不发生前面所述三种错误，实验一般会成功。但有时测试方法不正确也会引起观测错误。例如，一个稳定的波形，如果用示波器观测，而示波器没有同步，则造成波形不稳的假象。因此要学会正确使用所用仪器、仪表。在数字电路实验中，尤其要学会正确使用示波器。在对数字电路测试过程中，由于测试仪器、仪表加到被测电路上后，对被测电路相当于一个负载，测试过程中也有可能引起电路本身工作状态的改变，这点应引起足够的注意。不过，在数字电路实验中，这种现象很少发生。

当实验中发现结果与预期不一致时，千万不要慌乱。应仔细观测现象，冷静思考问题所在。首先检查仪器、仪表的使用是否正确。在正确使用仪器、仪表的前提下，按逻辑图和接线图逐级查找问题出现在何处。通常从发现问题的地方，一级一级向前测试，直到找出故障的初始发生位置。在故障的初始位置处，首先检查连线是否正确。前面已说过，实验故障绝大部分是由接线错误引起的，因此检查一定要认真、仔细。确认接线无误后，检查器件引脚是否全部正确插入插座中，有无引脚折断、弯曲、错插问题。确认无上述问题后，取下器件测试，以检查器件好坏，或者直接换一个好器件。如果器件和接线都正确，则需要考虑设计问题。

5.2　逻辑门电路实验

实验 1　晶体管开关特性及其应用实验

一、实验目的

1. 掌握晶体二极管、三极管的开关特性。
2. 掌握限幅器、钳位器和反相器的基本工作原理。
3. 掌握由晶体管实现的基本逻辑门电路。

二、实验原理

1. 晶体二极管的开关特性

由于晶体二极管具有单向导电性，故其开关特性表现在正向导通与反向截止两种不同状态的转换过程。如图 5.1 电路，输入端施加一方波激励信号 V_i，由于二极管电容的存在，因而有充电、放电和存储电荷的建立与消散的过程。当加在二极管上的电压突然由正向偏置（$+V_1$）变为反向偏置（$-V_2$）时，二极管并不立即截止，而是出现一个较大的反向电流 I_R（$I_R = -V_2/R$），并维持一段时间 t_s（称为存储时间）后，电流才开始减小，再经过 t_t（称为渡越时间）后，反向电流才等于静态特性上的反向电流 $0.1I_R$，$t_{re} = t_s + t_t$ 称为反向恢复时间，t_{re} 与二极管的结构有关，PN 结面积小，电容小，存储电荷就少，t_s 就短，同时也与正向导通电流和反向电流有关。当选定二极管后，减小正向导通电流和增大反向驱动电流，可加速电路的转换过程。

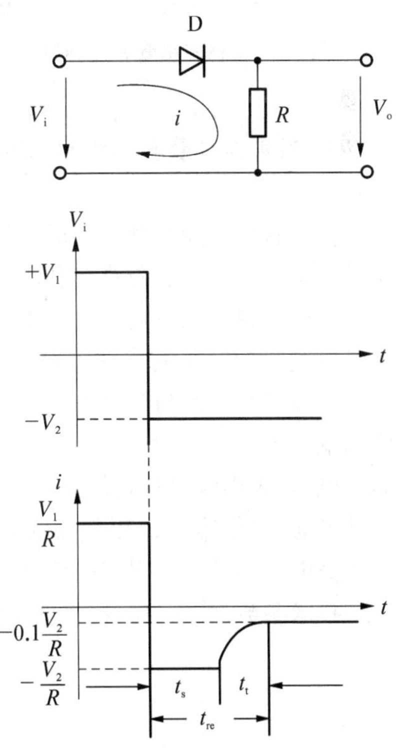

图 5.1　晶体二极管开关特性

2. 晶体三极管的开关特性

晶体三极管的开关特性是指它从截止到饱和、饱和到截止的状态转换过程，而且这种转换都需要一定的时间才能够完成。如图 5.2 所示为晶体三极管开关

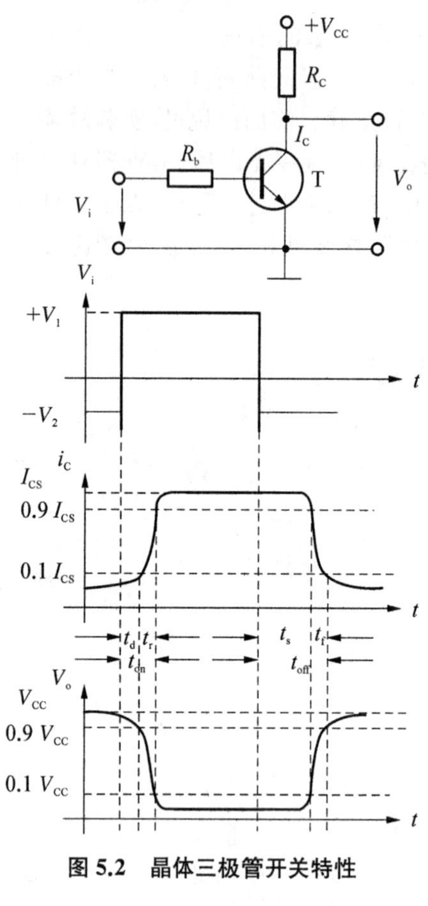

图 5.2　晶体三极管开关特性

特性电路图与对应的输入输出波形图，电路的输入端施加一个足够幅度（在 $-V_2$ 和 $+V_1$ 之间变化）的矩形脉冲电压 V_i 激励信号，则晶体管 T 的集电极输出电流 I_C 和输出电压 V_o 的波形已不是和输入波形一样的理想方波，其起始部分和平顶部分都延迟了一段时间，上升沿和下降沿都变得缓慢了。为了对晶体三极管开关特性进行定量描述，通常引入以下几个参数来表征：

延迟时间 t_d——从 $+V_1$ 加入，集电极电流 I_C 上升到 $0.1I_{CS}$ 所需的时间；

上升时间 t_r——i_C 从 $0.1I_{CS}$ 增长到 $0.9I_{CS}$ 所需的时间；

存储时间 t_s——从 $-V_2$ 加入，集电极电流 i_c 下降到 $0.9I_{cs}$ 所需的时间；

下降时间 t_f——I_C 从 $0.9I_{CS}$ 增长到 $0.1I_{CS}$ 所需的时间。

以上参数称为三极管的开关时间参数，它们都是以集电极电流 I_C 的变化为基准的。通常把 $t_{on}=t_d+t_r$ 称为开通时间，它反映了三极管从截止到饱和所需的时间，而把 $t_{off}=t_s+t_f$ 称为关闭时间，它反映了三极管从饱和到截止所需的时间。开关时间和关闭时间总称为三极管的开关时间，它随管子类型不同而有很大差别，一般在几十到几百纳秒。

3. 利用二极管与三极管的非线性特性，可构成限幅器和钳位器，从而实现基本逻辑电路

二极管限幅器是利用二极管导通时和截止时呈现的阻抗不同来实现限幅，其限幅电平由外接偏压决定。三极管则利用其截止和饱和特性实现限幅。钳位的目的是将脉冲波形的顶部或底部钳制在一定的电平上。正是上面这些特性，从而实现基本数字逻辑门电路。相关基础逻辑门电路的实现可参考相关教材，此仅举与门电路说明。图 5.3(a)所示表示由半导体二极管组成的与门电路，图 5.3(b)所示为它的逻辑符号。图中 A、B、C 为输入端，L 为输出端。输入信号为+5 V 或 0 V。与逻辑的要求：只有所有输入端都是高电压时，输出才是高电压，否则输出就是低电压。由此可见，与门几个输入端中，只有加低电压输入的二极管才导通，并把输出 L 钳制在低电压，而加高电压输入的二极管都截止。在这里所说的低电压和高电压不是一个固定的值，而是一个电压范围，且不同结构（CMOS 与 TTL）的逻辑门这些技术参数都不一样，这将在下面的实验中进行详细学习。

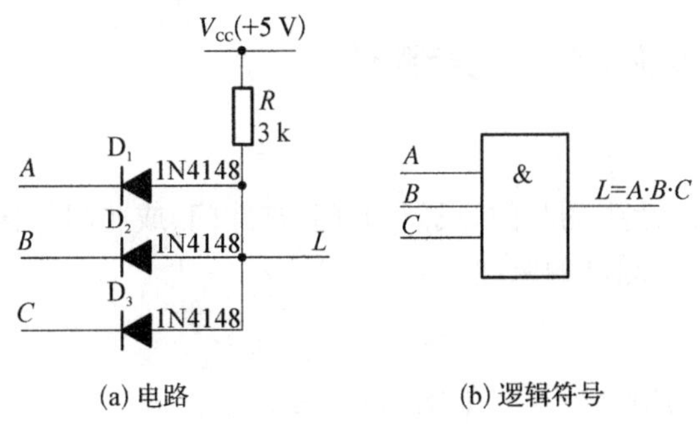

(a) 电路　　(b) 逻辑符号

图 5.3　二极管与门

三、实验设备与器件

1. 数字逻辑电路实验箱。

2. 1N4148 开关二极管，3 kΩ 电阻。

3. 数字万用表。

四、实验内容及步骤

1. 晶体管开关特性实验说明

器件手册中一般都给出了晶体管在一定条件下测出的反向恢复时间和开关时间，一般开关二极管的反向恢复时间在纳秒(ns)数量级，三极管的开关时间在几十到几百纳秒的范围。从纳秒数量级的量纲分析可知测量晶体管开关特性时对仪器要求较高，普通的双踪示波器无法观察和测量到相关参数，故本实验不要求做，使用时查找到相关器件手册即可。若有精密仪器，有兴趣的同学不妨参考图 5.1 与图 5.2 中的电路图来设计实验电路，并测量相关参数并记录之。

2. 基本逻辑门电路实验

在实验箱元件库模块中按图 5.3 所示连接实验电路，A、B、C 作为输入，用地表示低电压，+5 V 表示高电平，根据 A、B、C 共 8 种输入情况用数字万用表测量出输出量 L 的值，并列表记录之。

五、实验预习要求

1. 复习晶体管开关特性原理。

2. 熟悉基本逻辑门的组成原理。

3. 熟悉实验箱基本使用方法和基本使用技巧。

六、实验报告要求

1. 总结晶体管开关特性。

2. 画出二极管或门、三极管反相器的电路图，分析电路实现或门和反相器的原理，并写出相应真值表记录之。

实验 2*　TTL 门电路参数测试

微信扫码见
“实验 2”

实验 3 TTL 门电路的逻辑功能测试

一、实验目的

1. 测试 TTL 集成芯片中的与门、或门、非门、与非门、或非门与异或门的逻辑功能。

2. 了解测试的方法与测试的原理。

二、实验原理

实验中用到的基本门电路的符号如图 5.4 所示。

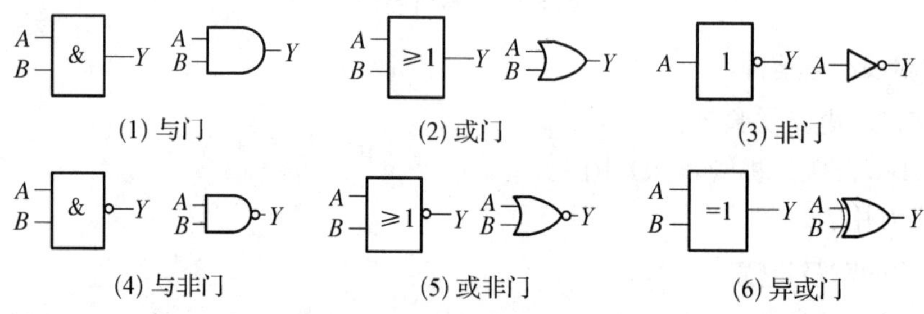

图 5.4 基本逻辑门电路符号

在测试芯片逻辑功能时输入端用逻辑电平输出单元输入高低电平，然后使用逻辑电平显示单元显示输出的逻辑功能。

三、实验设备与器件

1. 数字逻辑电路实验箱。

2. 芯片与门 74LS08、或门 74LS32、非门 74LS04、与非门 74LS00、或非门 74LS02、异或门 74LS86 各一片。

四、实验内容及步骤

1. 依次选用芯片 74LS08、74LS32、74LS04、74LS00、74LS02、74LS86 做实验。

2. 对照附录的相应芯片引脚图，按照芯片的管脚分布图接线，注意确保电源 V_{CC}（+5 V）输入脚和地输入脚的连接，芯片输入端连接到逻辑电平输出单元，通过逻辑电平输出单元控制输入电平，当逻辑输出高电平时对应的发光二极管亮，否则不亮。芯片输出端连接到逻辑电平显示单元，输出高电平时对应的发光二极管亮，否则不亮。

3. 按照芯片各逻辑门的真值表检验芯片的逻辑功能。

五、实验预习要求

1. 掌握集成芯片 74LS08、74LS32、74LS04、74LS00、74LS02、74LS86 的管脚分布图。

2. 分别列出芯片 74LS08、74LS32、74LS04、74LS00、74LS02、74LS86 的真值表。

六、实验报告要求

1. 画好实验中各门电路的真值表表格，将实验结果填写到表中。

2. 根据实验结果，写出各逻辑门的逻辑表达式，并判断逻辑门的好坏。

实验 4* TTL 集电极开路门和三态输出门测试

微信扫码见
“实验 4”

实验 5* CMOS 门电路参数测试

微信扫码见
“实验 5”

实验 6* CMOS 门电路的逻辑功能测试

微信扫码见
“实验 6”

实验 7* 集成逻辑电路的连接和驱动

微信扫码见
“实验 7”

5.3 组合逻辑电路实验

实验 8 编码器及其应用

一、实验目的

1. 掌握一种门电路组成编码器的方法。
2. 掌握 8 线- 3 线优先编码器 74LS148，10 线- 4 线优先编码器 74LS147 的功能。
3. 学会使用两片 8 线- 3 线编码器组成 16 线- 4 线编码器。

二、实验原理

1. 4 线-2 线编码器

赋予若干位二进制码以特定含义称为编码，能实现编码功能的逻辑电路称为编码器。编码器有若干个输入，在某一时刻只有一个输入信号被转换成二进制码。图 5.5 所示是一个最简单的 4 输入、2 位二进制码输出的编码器的逻辑原理图。

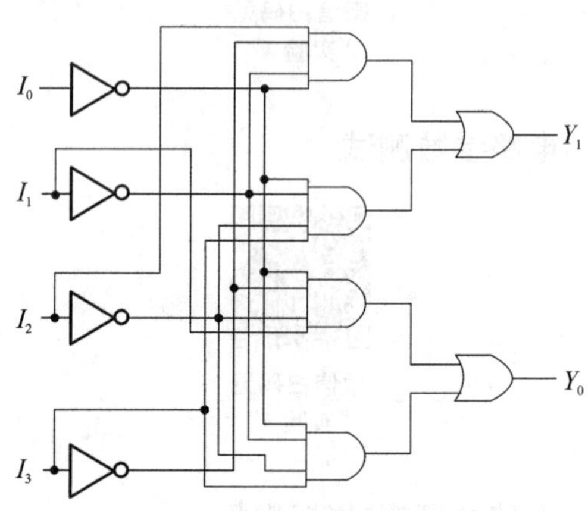

图 5.5　4 线-2 线编码器逻辑原理图

由图 5.5 可得逻辑表达式为

$$Y_1=\bar{I}_0\,\bar{I}_1 I_2\,\bar{I}_3+\bar{I}_0\,\bar{I}_1\,\bar{I}_2 I_3,\quad Y_0=\bar{I}_0 I_1\,\bar{I}_2\,\bar{I}_3+\bar{I}_0\,\bar{I}_1\,\bar{I}_2 I_3$$

功能表见表 5-1。

表 5.1　4 线-2 线编码器功能表

输入				输出	
I_0	I_1	I_2	I_3	Y_1	Y_0
1	0	0	0	0	0
0	1	0	0	0	1
0	0	1	0	1	0
0	0	0	1	1	1

由表 5-1 可以看出，当 $I_0\sim I_3$ 中在某一位输入为 1 时，输出 Y_1Y_0 为相应的代码。例如，当 I_1 为 1 时，输出 Y_1Y_0 为 01。

2. 8 线-3 线优先编码器 74LS148

上面的编码电路虽然简单，但有两个缺点：其一，当 I_0 为 1，$I_1\sim I_3$ 都为 0 和 $I_0\sim I_3$ 均为 0 时，输出 Y_1Y_0 均为 00，这两种情况在实际中必须加以区分；其二，同时有多个输入被编码时，输出会是混乱的。在实际工作中，同时有多个输入被编码时，必须根据轻重缓急，规定好这些控制对象允许操作的先后次序，即优先识别。能识别信号的优先级并对其进行编码的逻辑部件称为优先编码器。

编码器 74LS148 的作用是将输入端 0～7 这 8 个状态分别编成二进制码输出，它的功能表见表5.2，它的逻辑图见图5.6。它有8个输入端，3个二进制码输出端，输入使能端EI，输出使能端EO和优先编码工作状态标志GS。优先级分别从I_7至I_0递减。

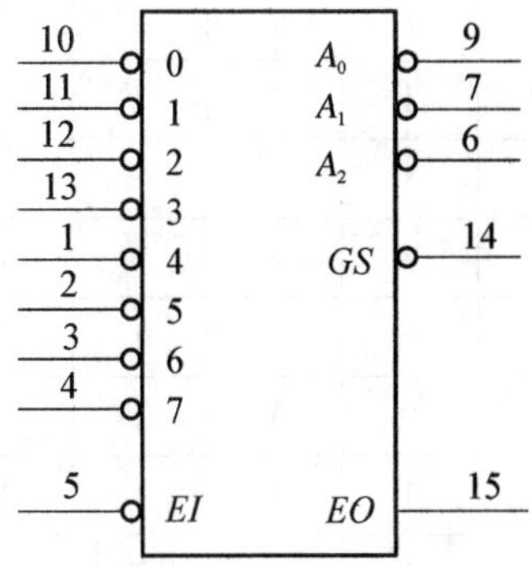

图5.6　74LS148逻辑图

表5.2　优先编码器74LS148功能表

输入									输出				
EI	0	1	2	3	4	5	6	7	A_2	A_1	A_0	GS	EO
1	×	×	×	×	×	×	×	×	1	1	1	1	1
0	1	1	1	1	1	1	1	1	1	1	1	1	0
0	×	×	×	×	×	×	×	0	0	0	0	0	1
0	×	×	×	×	×	×	0	1	0	0	1	0	1
0	×	×	×	×	×	0	1	1	0	1	0	0	1
0	×	×	×	×	0	1	1	1	0	1	1	0	1
0	×	×	×	0	1	1	1	1	1	0	0	0	1
0	×	×	0	1	1	1	1	1	1	0	1	0	1
0	×	0	1	1	1	1	1	1	1	1	0	0	1
0	0	1	1	1	1	1	1	1	1	1	1	0	1

注："1"表示逻辑高电平；"0"表示逻辑低电平；"×"表示逻辑高电平或低电平皆可。

3. 10线-4线优先编码器74LS147

74LS147的输出为8421BCD码，它的逻辑图见图5.7，其功能见表5.3。

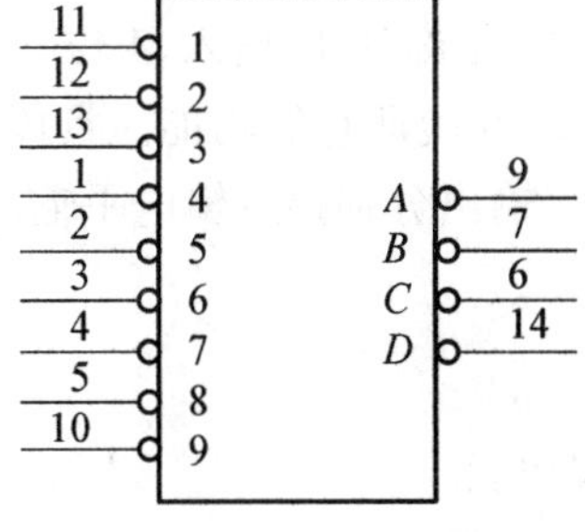

图5.7　74LS147逻辑图

表 5.3 优先编码器 74LS147 功能表

输入									输出			
1	2	3	4	5	6	7	8	9	D	C	B	A
1	1	1	1	1	1	1	1	1	1	1	1	1
×	×	×	×	×	×	×	×	0	0	1	1	0
×	×	×	×	×	×	×	0	1	0	1	1	1
×	×	×	×	×	×	0	1	1	1	0	0	0
×	×	×	×	×	0	1	1	1	1	0	0	1
×	×	×	×	0	1	1	1	1	1	0	1	0
×	×	×	0	1	1	1	1	1	1	0	1	1
×	×	0	1	1	1	1	1	1	1	1	0	0
×	0	1	1	1	1	1	1	1	1	1	0	1
0	1	1	1	1	1	1	1	1	1	1	1	0

三、实验设备与器材

1. 数字逻辑电路。

2. 数字万用表。

3. 芯片 74LS04、74LS148、74LS20 各两片，74LS147、74LS32、74LS08 各一片。

四、实验内容及步骤

1. 4 线-2 线编码器

插上芯片 74LS04(两片)，74LS20(两片)，74LS32。将输出端 $Y_0 \sim Y_1$ 分别接 2 个逻辑电平显示单元，输入端接逻辑电平输出单元。逐项验证 4 线-2 线编码器的功能。芯片的管脚分配请参考附录或其他资料。

2. 8 线-3 线优先编码器 74LS148

插上芯片 74LS148，8 个输入端 0～7 接逻辑电平输出，输出端接逻辑电平显示，其他功能引脚的接法参见附录或相关资料。

3. 10 线-4 线优先编码器 74LS147

测试方法与 74LS148 类似，只是输入与输出脚的个数不同，功能引脚不同。

4. 16 线-4 线编码器

用两片 74LS148、一片 74LS08 组成 16 位输入、4 位二进制码输出的优先编码器(低电平有效)，按图 5.8 所示逻辑图连线，并验证它的功能。具体的连线方法同样是在 IC 插座模块上完成，EI_2 接低电平，其他输入输出分别接逻辑电平输出和逻辑电平显示。

五、实验预习要求

1. 预习编码器的原理。

2. 熟悉所用集成电路的引脚功能。

3. 画好实验所用的表格。

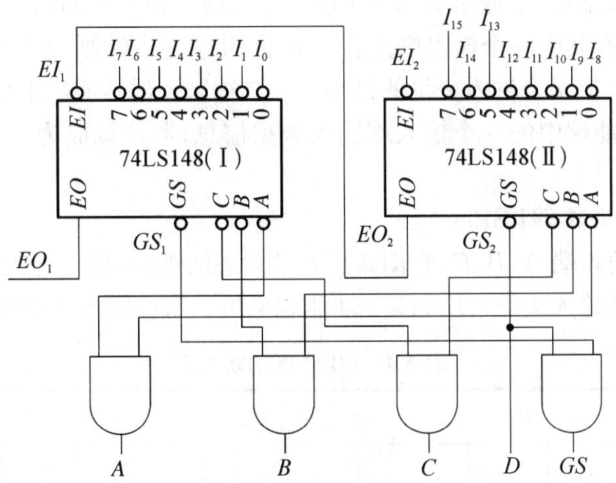

图 5.8　16 线-4 线优先编码器原理图

六、实验报告要求

1. 说明 74LS148 的输入信号 EI 和输出信号 GS、EO 的作用。

2. 分析 16 线-4 线优先编码器的工作原理，并自制表格，根据实验结果完成 16 线-4 线优先编码器的功能表。

实验 9　译码器及其应用

一、实验目的

1. 掌握 3 线-8 线译码器、4 线-10 线译码器的逻辑功能和使用方法。

2. 掌握用两片 3 线-8 线译码器连成 4 线-16 线译码器的方法。

3. 掌握使用 74LS138 实现逻辑函数和做数据分配器的方法。

二、实验原理

译码是编码的逆过程，它的功能是将具有特定含义的二进制码进行辨别，并转换成控制信号，具有译码功能的逻辑电路称为译码器。译码器在数字系统中有广泛的应用，不仅用于代码的转换、终端的数字显示，还用于数据分配，存储器寻址和组合控制信号等。不同的功能可选用不同种类的译码器。

图 5.9 所示为二进制译码器的一般原理图。

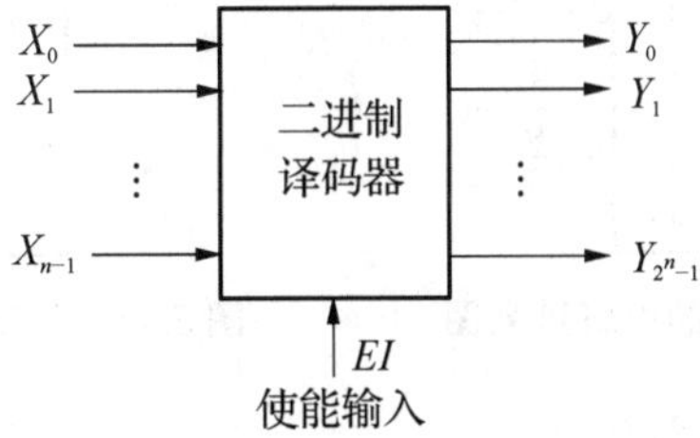

图 5.9　二进制译码器的一般原理图

它具有 n 个输入端，2^n 个输出端和一个使能输入端。在使能输入端为有效电平时，对应每一组输入代码，只有其中一个输出端为有效电平，其余输出端则为非有效电平。每一个输出所代表的函数对应于 n 个输入变量的最小项。二进制译码器实际上也是负脉冲输出的脉冲分配器，若利用使能端中的一个输入端输入数据信息，器件就成为一个数据分配器（又称为多路数据分配器）。

1. 3 线-8 线译码器 74LS138

它有 3 个地址输入端 A、B、C，它们共有 8 种状态的组合，即可译出 8 个输出信号 Y_0～Y_7。它还有 3 个使能输入端 E_1、E_2、E_3。功能表见表 5.4，引脚排列见图 5.10。

表 5.4　74LS138 的功能表

输入									输出				
E_3	E_1	E_2	C	B	A	Y_0	Y_1	Y_2	Y_3	Y_4	Y_5	Y_6	Y_7
×	1	×	×	×	×	1	1	1	1	1	1	1	1
×	×	1	×	×	×	1	1	1	1	1	1	1	1
0	×	×	×	×	×	1	1	1	1	1	1	1	1
1	0	0	0	0	0	0	1	1	1	1	1	1	1
1	0	0	0	0	1	1	0	1	1	1	1	1	1
1	0	0	0	1	0	1	1	0	1	1	1	1	1
1	0	0	0	1	1	1	1	1	0	1	1	1	1
1	0	0	1	0	0	1	1	1	1	0	1	1	1
1	0	0	1	0	1	1	1	1	1	1	0	1	1
1	0	0	1	1	0	1	1	1	1	1	1	0	1
1	0	0	1	1	1	1	1	1	1	1	1	1	0

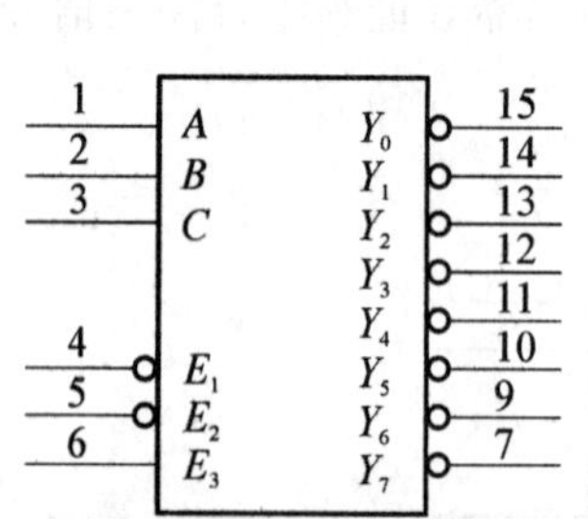

图 5.10　74LS138 的引脚排列图

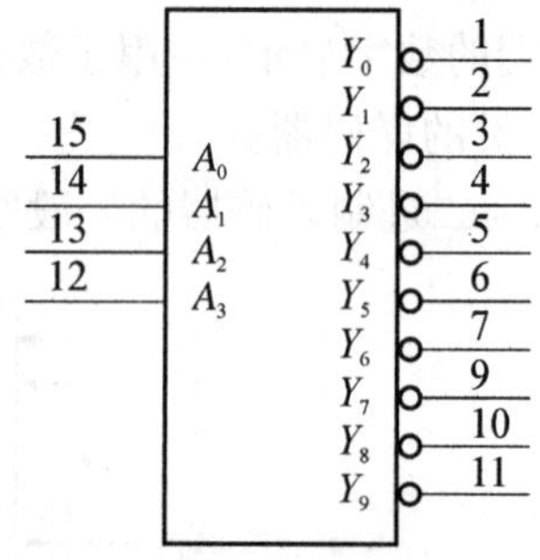

图 5.11　74LS42 的引脚排列图

2. 4 线-10 线译码器 74LS42

它的引脚排列见图 5.11，功能表见表 5.5。

表 5.5　74LS42 的功能表

BCD 输入				输出									
A_3	A_2	A_1	A_0	Y_0	Y_1	Y_2	Y_3	Y_4	Y_5	Y_6	Y_7	Y_8	Y_9
0	0	0	0	0	1	1	1	1	1	1	1	1	1
0	0	0	1	1	0	1	1	1	1	1	1	1	1
0	0	1	0	1	1	0	1	1	1	1	1	1	1
0	0	1	1	1	1	1	0	1	1	1	1	1	1
0	1	0	0	1	1	1	1	0	1	1	1	1	1
0	1	0	1	1	1	1	1	1	0	1	1	1	1
0	1	1	0	1	1	1	1	1	1	0	1	1	1
0	1	1	1	1	1	1	1	1	1	1	0	1	1
1	0	0	0	1	1	1	1	1	1	1	1	0	1
1	0	0	1	1	1	1	1	1	1	1	1	1	0

三、实验设备与器材

1. 数字逻辑电路。
2. 数字万用表。
3. 双踪示波器。
4. 芯片 74LS138 两片，74LS42、74LS20 各一片。

四、实验内容及步骤

1. 74LS138 译码器逻辑功能测试

插上芯片 74LS138。将 74LS138 的输出端 $Y_0 \sim Y_7$ 分别接到 8 个逻辑电平显示单元，输入端接逻辑电平输出单元，逐次拨动开关，测试 74LS138 的逻辑功能。

2. 74LS42 译码器逻辑功能测试

测试方法与 74LS138 类似，只是输入与输出脚的个数不同，功能引脚不同。

3. 两片 74LS138 组合成 4 线-16 线译码器

按图 5.12 所示连线。

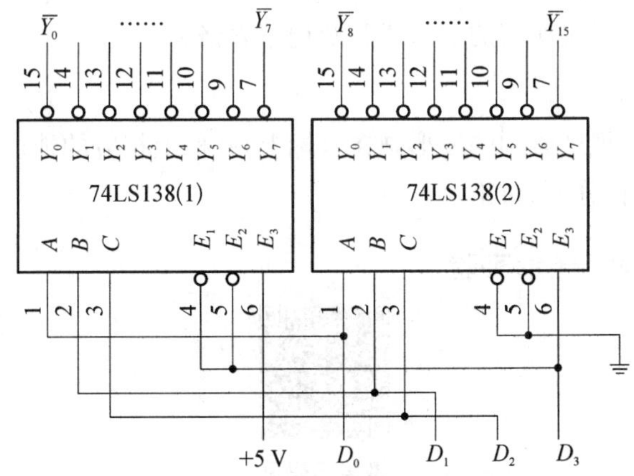

图 5.12　两片 74LS138 组合成 4 线-16 线译码器

将16个输出端接逻辑电平显示，4个输入端接逻辑电平输出，逐项测试电路的逻辑功能。

4．用74LS138实现逻辑函数和做数据分配器

（1）实现逻辑函数

一个3线-8线译码器能产生三变量函数的全部最小项，利用这一点能够很方便地实现三变量逻辑函数。图5.13所示实现了 $F=\bar{X}\bar{Y}\bar{Z}+\bar{X}Y\bar{Z}+X\bar{Y}\bar{Z}+XYZ$ 功能输出。

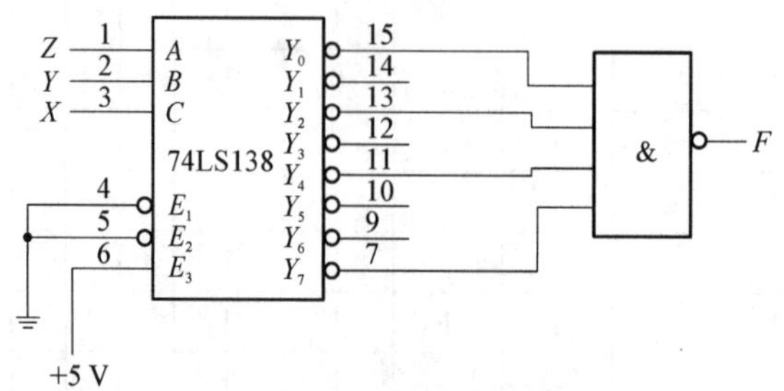

图5.13　实现逻辑函数

验证电路的功能是否与逻辑函数相一致。

（2）用作数据分配器

若在 E_3 端输入数据信息，地址码所对应的输出是 E_3 数据的反码；若从 $\overline{E_2}$ 端输入数据信息，令 $E_3=1$，$\overline{E_1}=0$，地址码所对应的输出是 $\overline{E_2}$ 端数据信息的原码。若输入信息是时钟脉冲，则数据分配器便成为时钟脉冲分配器。

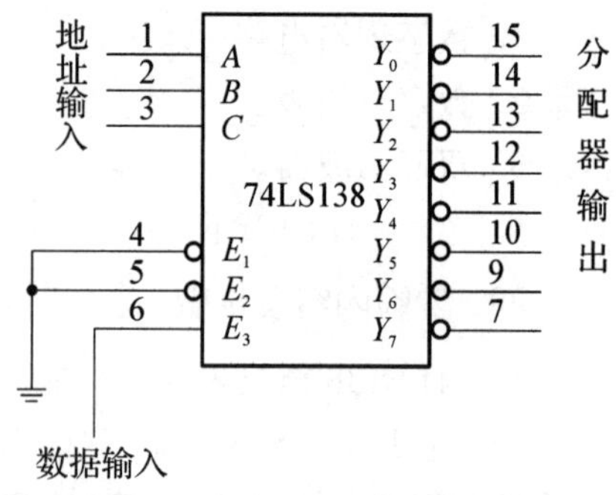

图5.14　数据分配器

取时钟脉冲 CP 的频率约为10 kHz，要求分配器输出端 $\overline{Y_0}\sim\overline{Y_7}$ 的信号与 CP 输入信号同相。参照图5.14，画出分配器的实验电路，用示波器观察和记录在地址端 C、B、A 分别取000～111这8种不同状态时 $\overline{Y_0}\sim\overline{Y_7}$ 端的输出波形，注意输出波形与 CP 输入波形之间的相位关系。

五、实验预习要求

1．复习有关译码器与数据分配器的原理。

2．根据实验任务，画出所需的实验线路及记录表格。

六、实验报告要求

1．画出实验线路，把观察到的波形画在坐标上，并标上相应的地址码。

2．对实验结果进行分析、讨论。

实验10*　数码管显示实验

微信扫码见
“实验10”

实验 11　数据选择器及其应用

一、实验目的

1. 掌握数据选择器的逻辑功能和使用方法。

2. 学习用数据选择器构成组合逻辑电路的方法。

二、实验原理

数据选择是指经过选择，把多个通道的数据传送到唯一的公共数据通道上去。实现数据选择功能的逻辑电路称为数据选择器。它的功能相当于一个多个输入的单刀多掷开关，其示意图如图 5.15 所示。

图 5.15 中有 4 路数据 $D_0 \sim D_3$，通过选择控制信号 A_1、A_0（地址码）从 4 路数据中选中 1 路数据送至输出端 Q。

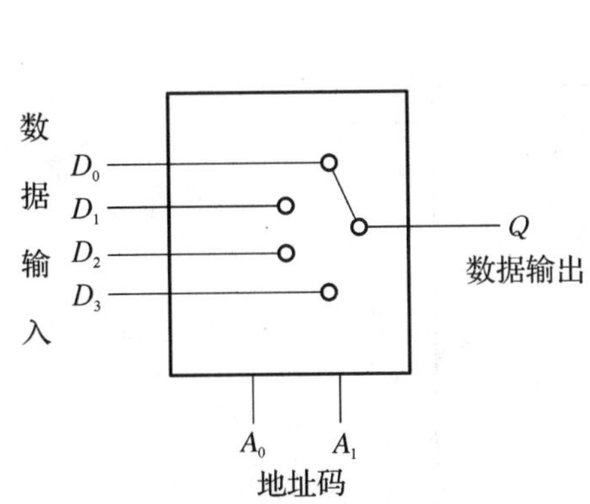

图 5.15　4 选 1 数据选择器示意图

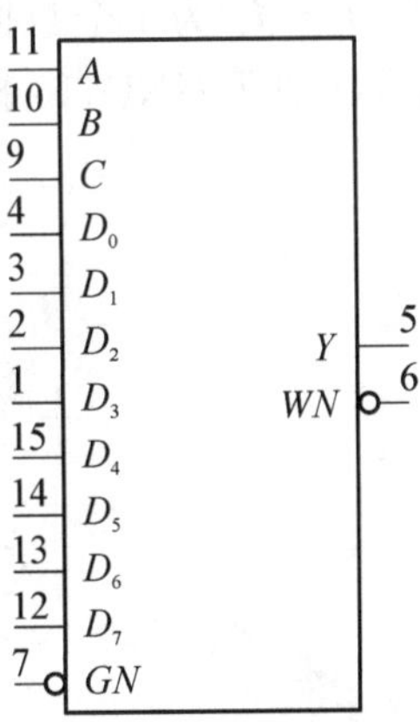

图 5.16　74LS151 的引脚图表

1. 8 选 1 数据选择器 74LS151

74LS151 是一种典型的集成电路数据选择器，它有 3 个地址输入端 C、B、A，可选择 $D_0 \sim D_7$ 这 8 个数据源，具有 2 个互补输出端，同相输出端 Y 和反相输出端 WN。其引脚图如图 5.16 所示，功能表如表 5.12 所示，功能表中“H”表示逻辑高电平；“L”表示逻辑低电平；“×”表示逻辑高电平或低电平。

表 5.6　74LS151 的功能表

输入				输出	
C	B	A	GN	Y	WN
×	×	×	H	L	L
L	L	L	L	D_0	$\overline{D_0}$
L	L	H	L	D_1	$\overline{D_1}$
L	H	L	L	D_2	$\overline{D_2}$
L	H	H	L	D_3	$\overline{D_3}$

续 表

输入				输出	
H	L	L	L	D_4	$\bar{D}_4$
H	L	H	L	D_5	$\bar{D}_5$
H	H	L	L	D_6	$\bar{D}_6$
H	H	H	L	D_7	$\bar{D}_7$

2. 双 4 选 1 数据选择器 74LS153

74LS153 数据选择器有两个完全独立的 4 选 1 数据选择器，每个数据选择器有 4 个数据输入端 $I_0 \sim I_3$，2 个地址输入端 S_0、S_1，1 个使能控制端 $\bar{E}$ 和一个输出端 Z，它们的功能表见表 5.7，引脚逻辑图如图 5.17 所示。其中，$\overline{E_A}$、$\overline{E_B}$使能控制端（1、15 脚）分别为 A 路和 B 路的选通信号，$I_0 \sim I_3$ 为 4 个数据输入端，Z_A（7 脚）、Z_B（9 脚）分别为两路的输出端。S_0、S_1 为地址信号，8 脚为 GND，16 脚为 V_{CC}。

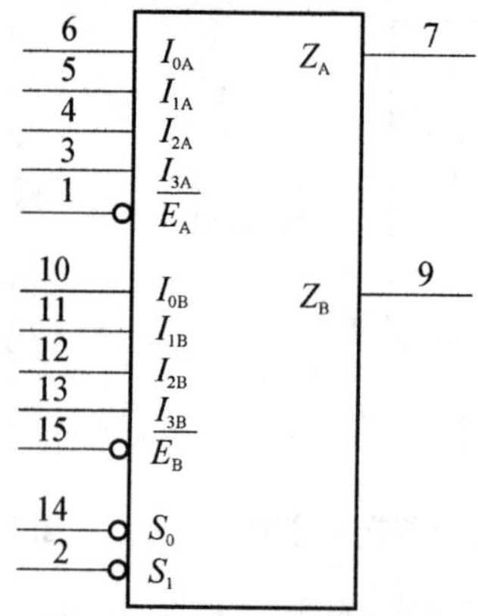

图 5.17　74LS153 引脚逻辑图

表 5.7　74LS153 的真值表

地址输入端		数据输入端					输出端
S_0	S_1	$\bar{E}$	I_0	I_1	I_2	I_3	Z
×	×	H	×	×	×	×	L
L	L	L	L	×	×	×	L
L	L	L	H	×	×	×	H
H	L	L	×	L	×	×	L
H	L	L	×	H	×	×	H
L	H	L	×	×	L	×	L
L	H	L	×	×	H	×	H
H	H	L	×	×	×	L	L
H	H	L	×	×	×	H	H

3. 用 74LS151 组成 16 选 1 数据选择器

用低 3 位 A_2、A_1、A_0 作为每片 74LS151 的片内地址码，用高位 A_3 作为两片 74LS151 的片选信号。当 $A_3=0$ 时，选中 74LS151(1) 工作，74LS151(2) 禁止；当 $A_3=1$ 时，选中 74LS151(2) 工作，74LS151(1) 禁止，如图 5.18 所示。

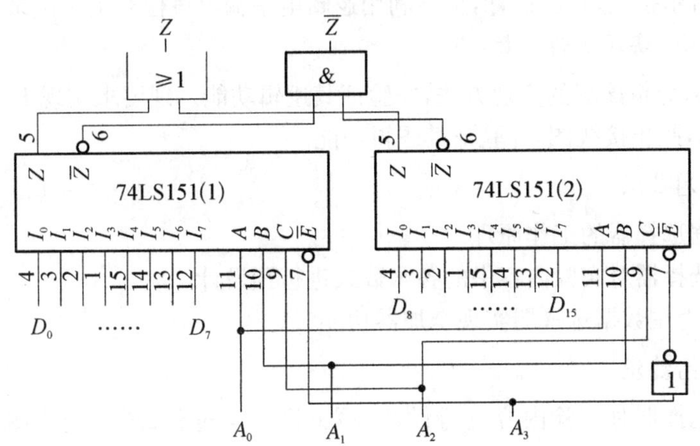

图 5.18　用 74LS151 组成 16 选 1 数据选择器

4. 数据选择器的应用

用 74LS153 实现逻辑函数 $Y=\bar{A}BC+A\bar{B}C+AB\bar{C}+ABC$。

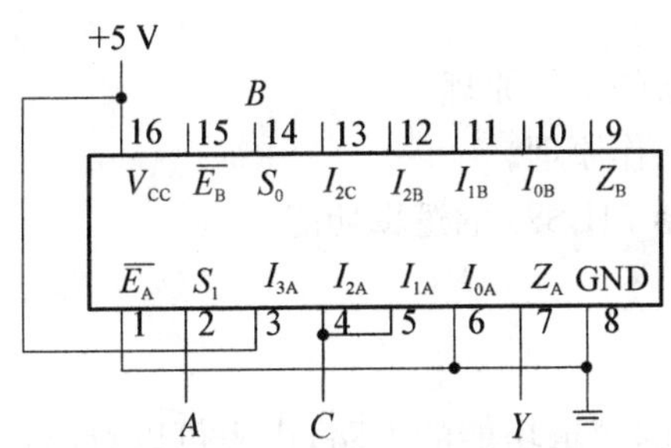

图 5.19　用 74LS153 实现逻辑函数

函数 Y 有三个输入变量 A、B、C，而数据选择器有两个地址输入端 S_1、S_0，少于 3 个。可考虑把数据输入端作为变量之一，如图 5.19 所示实现了函数 Y 的功能。即将 A、B 分别接选择器的地址端 S_1、S_0，并令 $I_0=0$，$I_1=I_2=C$。

三、实验设备与器材

1. 数字逻辑电路实验箱。
2. 数字万用表。
3. 芯片 74LS151、74LS153、74LS04、74LS08、74LS32。

四、实验内容及步骤

1. 测试 74LS151 的逻辑功能

插上芯片 74LS151。将 74LS151 的输出端 Z 接到逻辑电平显示单元，自己接线，按

74LS151 的真值表逐项进行测试，记录测试结果。

2. 测试 74LS153 的逻辑功能

测试方法与步骤同上，记录测试结果。

3. 用两片 74LS151 组成 16 选 1 数据选择器

按图 5.17 所示接线，自己设计，灵活利用逻辑电平输出拨位开关。记录结果并分析。

4. 用 74LS153 实现逻辑函数

参考图 5.18，分析该图的实现方法，并验证其逻辑功能。现要求实现 $F=\bar{A}B+A\bar{B}$，自己写出设计过程，画出接线图，并验证其逻辑功能。

五、实验预习要求

1. 复习数据选择器的工作原理。

2. 用数据选择器对实验内容中的各函数式进行预设计。

3. 思考：能否用数据选择器实现全加器功能？

六、实验报告要求

1. 用数据选择器对实验内容进行设计、写出设计全过程、画出接线图、进行逻辑功能测试。

2. 写出一篇有关编码器，译码器，数据选择器实验的收获与体会。

实验 12　加法器与数值比较器

一、实验目的

1. 掌握半加器和全加器的工作原理。

2. 掌握数值比较器的工作原理。

3. 掌握四位数值比较器 74LS85 的逻辑功能。

二、实验原理

1. 半加器

半加器是如表 5.8 所示的逻辑功能的电路，由表可以看出这种加法运算只考虑了两个加数本身，而没有考虑由低位来的进位，所以称为半加。

表 5.8　两个 1 位二进制的加法

被加数 A	加数 B	和数 S	进位数 C
0	0	0	0
0	1	1	0
1	0	1	0
1	1	0	1

由真值表可得

$$S=\bar{A}B+A\bar{B},C=AB$$

用异或门和与门组成的半加器的原理图如图 5.20 所示。

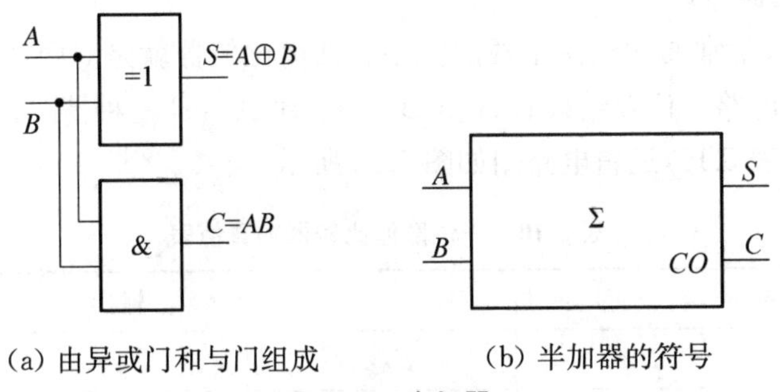

(a) 由异或门和与门组成　　(b) 半加器的符号

图 5.20　半加器

2. 全加器

全加器能进行加数、被加数和低位来的进位信号相加，并根据求和的结果给出该位的进位信号。

根据全加器的功能，可列出它的真值表，如表 5.9 所示。其中，C_i-1 为相邻低位来的进位数，S_i 为本位和数（称为全加和），C_i 为向相邻高位的进位数。

由全加器的真值表可以写出 S_i 和 C_i 的逻辑表达式：

$$S_i=A_i\oplus B_i\oplus C_{i-1},C_i=A_iB_i+(A_i\oplus B_i)C_{i-1}$$

表 5.9　全加器的真值表

A_i	B_i	C_{i-1}	S_i	C_i
0	0	0	0	0
0	0	1	1	0
0	1	0	1	0
0	1	1	0	1
1	0	0	1	0
1	0	1	0	1
1	1	0	0	1
1	1	1	1	1

它的原理图如图 5.21 所示。

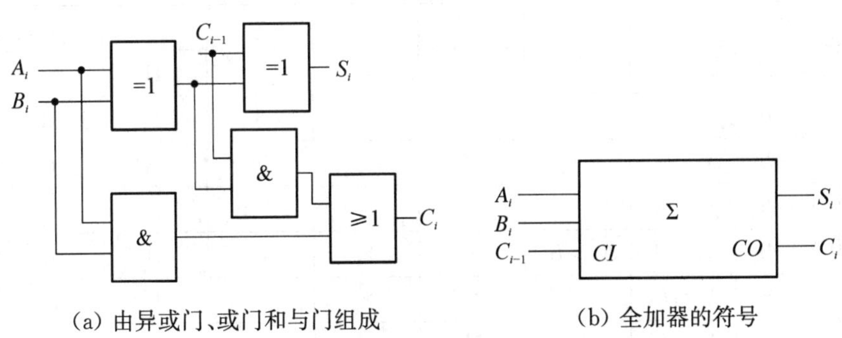

(a) 由异或门、或门和与门组成　　(b) 全加器的符号

图 5.21　全加器

3. 数值比较器的原理

在数字系统中，常常要比较两个数的大小。数值比较器就是对两数 A、B 进行比较，以判断其大小的逻辑电路。比较结果有 $A>B$、$A<B$、$A=B$ 三种情况。最简单的一位数值比较器的真值表见表 5.10，逻辑电路图如图 5.22 所示。

表 5.10　一位数值比较器的真值表

输入		输出		
A	B	$F_{A>B}$	$F_{A<B}$	$F_{A=B}$
0	0	0	0	1
0	1	0	1	0
1	0	1	0	0
1	1	0	0	1

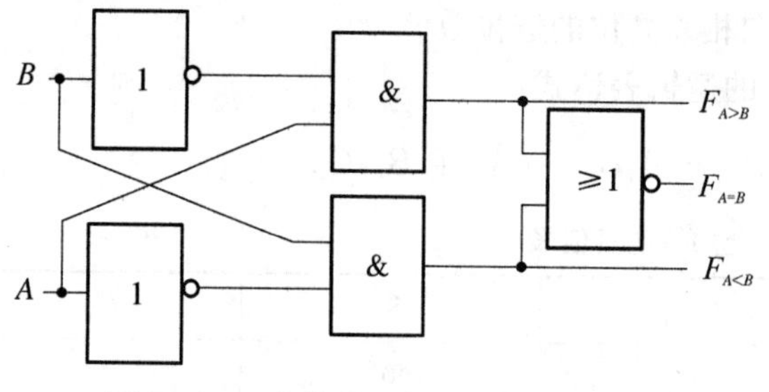

图 5.22　一位数值比较器的逻辑电路图

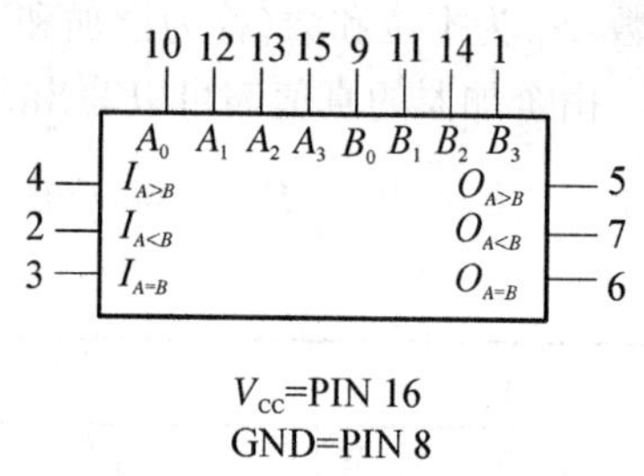

图 5.23　74LS85 的管脚图

对于多位的情况，一般说来，先比较高位，当高位不等时，两个数的比较结果就是高位的比较结果。当高位相等时，两数的比较结果由低位决定。

集成数值比较器 74LS85 是四位数值比较器，它的管脚图和真值表分别如图 5.23 和表 5.11 所示。

表 5.11　74LS85 的真值表

比较输入端				级联输入端			输出端		
A_3,B_3	A_2,B_2	A_1,B_1	A_0,B_0	$I_{A>B}$	$I_{A<B}$	$I_{A=B}$	$O_{A>B}$	$O_{A<B}$	$O_{A=B}$
$A_3>B_3$	×	×	×	×	×	×	H	L	L
$A_3<B_3$	×	×	×	×	×	×	L	H	L
$A_3=B_3$	$A_2>B_2$	×	×	×	×	×	H	L	L
$A_3=B_3$	$A_2<B_2$	×	×	×	×	×	L	H	L
$A_3=B_3$	$A_2=B_2$	$A_1>B_1$	×	×	×	×	H	L	L
$A_3=B_3$	$A_2=B_2$	$A_1<B_1$	×	×	×	×	L	H	L
$A_3=B_3$	$A_2=B_2$	$A_1=B_1$	$A_0>B_0$	×	×	×	H	L	L
$A_3=B_3$	$A_2=B_2$	$A_1=B_1$	$A_0<B_0$	×	×	×	L	H	L
$A_3=B_3$	$A_2=B_2$	$A_1=B_1$	$A_0=B_0$	H	L	L	H	L	L

续　表

比较输入端				级联输入端			输出端		
$A_3=B_3$	$A_2=B_2$	$A_1=B_1$	$A_0=B_0$	L	H	L	L	H	L
$A_3=B_3$	$A_2=B_2$	$A_1=B_1$	$A_0=B_0$	×	×	H	L	L	H
$A_3=B_3$	$A_2=B_2$	$A_1=B_1$	$A_0=B_0$	H	H	L	L	L	L
$A_3=B_3$	$A_2=B_2$	$A_1=B_1$	$A_0=B_0$	L	L	L	H	H	L

其中 10、12、13、15 和 1、9、11、14 脚是输入端，5、6、7 脚为输出端，2、3、4 脚为级联输入端。8 脚为地，16 脚为电源。

三、实验设备与器材

1. 数字逻辑电路实验箱。
2. 数字万用表。
3. 芯片 74LS85、74LS00、74LS04、74LS08、74LS32。

四、实验内容及步骤

1. 插上实验需要的芯片，用门电路组成一个半加器，连线并验证其逻辑功能，自拟真值表，并将实验结果填入表中。
2. 用门电路组成一个全加器，连线并验证其逻辑功能，自拟真值表，并将实验结果填入表中与逻辑表达式加以比较。
3. 设计用全加器完成八位二进制数的相加，验证其逻辑功能。
4. 自己连线，验证 74LS85 的逻辑功能。
5. 数值比较器的扩展。

数值比较器的扩展方式有串联和并联两种。一般位数较少的话，用串联方式；如果位数较多且要满足一定的速度要求时，用并联方式。

这里用串联方式，用两片 74LS85 组成八位数值比较器。对于两个八位数，若高四位相同，它们的大小将由低四位的比较结果确定。因此，低四位的比较结果作为高四位的条件，即低四位比较器的输出端应分别与高四位比较器的 $I_{A>B}$、$I_{A<B}$ 和 $I_{A=B}$ 端连接，如图 5.24 所示。

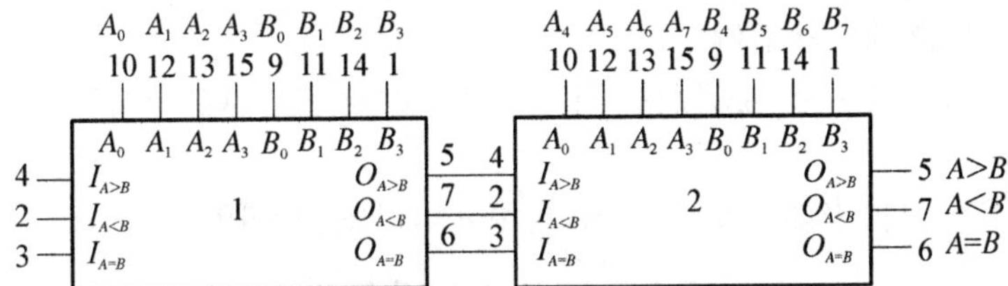

图 5.24　用两片 74LS85 组成八位数值比较器

具体的实验方法为：插上两片 74LS85，按照图 5.23 连线，实现八位数值比较器功能。

五、实验预习要求

1. 认真复习半加器、全加器、半减器、全减器和数值比较器的工作原理。
2. 自己查找资料学习如何使用 74LS85。

3. 实验前,画好实验用的电路图和表格。

六、实验报告要求

1. 参考课本及有关资料,设计简单的半减器和全减器,画出电路图和真值表,并验证其逻辑功能。

2. 用简单的逻辑门设计一个二位二进制数值比较器,画出逻辑电路图,将实验结果填入自制的表中。

3. 如何用全加器实现多位数的相加?

实验 13　组合逻辑电路的设计与测试

一、实验目的

1. 掌握组合逻辑电路的分析与设计方法。

2. 加深对基本门电路使用的理解。

二、实验原理

1. 组合电路是最常用的逻辑电路,可以用一些常用的门电路来组合完成具有其他功能的门电路。例如,根据与门的逻辑表达式 $Z=AB=\overline{\bar{A}+\bar{B}}$ 得知,可以用两个非门和一个或非门组合成一个与门,还可以组合成更复杂的逻辑关系。

2. 分析组合逻辑电路的一般步骤:

(1) 由逻辑图写出各输出端的逻辑表达式;

(2) 化简和变换各逻辑表达式;

(3) 列出真值表;

(4) 根据真值表和逻辑表达式对逻辑电路进行分析,最后确定其功能。

3. 设计组合逻辑电路的一般步骤与上面相反:

(1) 根据任务的要求,列出真值表;

(2) 用卡诺图或代数化简法求出最简的逻辑表达式;

(3) 根据表达式,画出逻辑电路图,用标准器件构成电路;

(4) 最后,用实验来验证设计的正确性。

4. 组合逻辑电路的设计举例

(1) 用"与非门"设计一个表决电路。当四个输入端中有三个或四个"1"时,输出端才为"1"。

设计步骤:

根据题意,列出真值表如表 5.12 所示,再填入卡诺图表 5.19 中。

表 5.12　表决电路的真值表

D	0	0	0	0	0	0	0	0	1	1	1	1	1	1	1	1
A	0	0	0	0	1	1	1	1	0	0	0	0	1	1	1	1
B	0	0	1	1	0	0	1	1	0	0	1	1	0	0	1	1
C	0	1	0	1	0	1	0	1	0	1	0	1	0	1	0	1
Z	0	0	0	0	0	0	0	1	0	0	0	1	0	1	1	1

表 5.13　表决电路的卡诺图

BC \ DA	00	01	11	10
00				
01			1	
11		1	1	1
10			1	

然后，由卡诺图得出逻辑表达式，并演化成"与非"的形式：

$$Z=ABC+BCD+CDA+ABD=\overline{\overline{ABD}\cdot\overline{BCD}\cdot\overline{ACD}\cdot\overline{ABC}}$$

最后，画出用"与非门"构成的逻辑电路如图 5.25 所示。

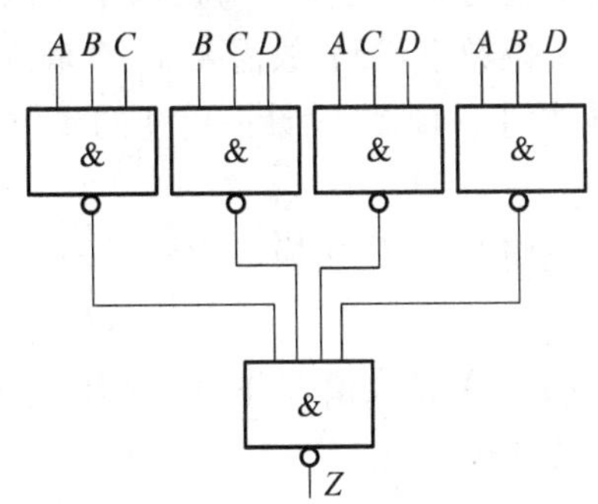

图 5.25　表决电路原理图

输入端接至逻辑开关输出插口，输出端接逻辑电平显示端口，自拟真值表，逐次改变输入变量，验证逻辑功能。

(2) 试用 10 线-4 线优先编码器 74LS147 和基本门电路构成输出为 8421BCD 码并具有编码输出标志的编码器。

逻辑图如图 5.26 所示。

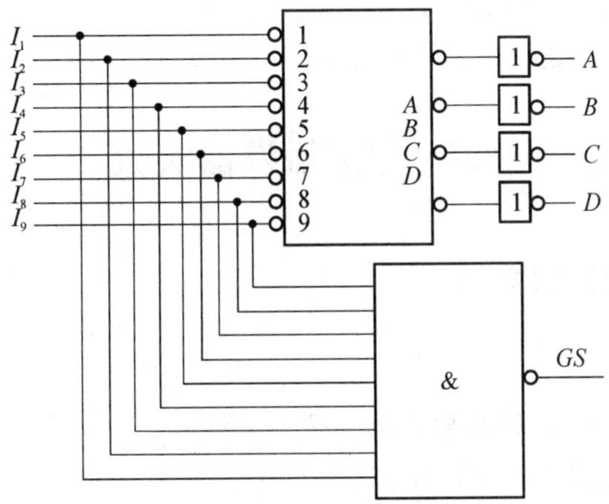

图 5.26　输出为 8421BCD 码并具有编码输出标志的编码器的逻辑图

三、实验设备与器材

1. 数字逻辑电路实验箱。

2. 数字万用表。

3. 芯片 74LS147、74LS00、74LS02、74LS04、74LS10、74LS20、74LS86。

四、实验内容及步骤

1. 完成组合逻辑电路的设计中的两个例子。

2. 设计一个 4 人无弃权表决电路(多数赞成则提议通过即 3 人以上包括 3 人),要求用 4 输入与非门来实现。

3. 设计一个保险箱用的 4 位数字代码锁,该锁有规定的地址代码 A、B、C、D4 个输入端和一个开箱钥匙孔信号 E 的输入端,锁的代码由实验者自编。当用钥匙开箱时,如果输入的 4 个地址代码正确,保险箱被打开;否则,电路将发出警报(可用发光二极管亮表示)。提示:4 位数字代码锁,每位数字量为 0～9,实现每位数字量的输入需要四个地址代码来译码,比如 9 需输入 1001 来表示 1 位数字代码,故需要 16 个输入量,共组成 4 位数字代码。

4. 用与非门 74LS00 和异或门 74LS86 设计一可逆的 4 位码变换器。

要求:

(1) 当控制信号 $C=1$ 时,它将 8421 码转换成为格雷码;当控制信号 $C=0$ 时,它将格雷码转换成为 8421 码。

(2) 写出设计步骤,列出码变换关系真值表并画出逻辑电路图。

(3) 连接电路并测试逻辑电路的功能。

五、实验预习要求

1. 复习各种基本门电路的使用方法。

2. 实验前,画好实验用的电路图和表格。

3. 自己参考有关资料画出实验内容 2、3、4 中的原理图,找出实验将要使用的芯片,以备实验时用。

六、实验报告要求

1. 将实验结果填入自制的表格中,验证设计是否正确。

2. 总结组合逻辑电路的分析与设计方法。

5.4 集成触发器实验

实验 14 触发器及其应用

一、实验目的

1. 掌握基本 RS、JK、T 和 D 触发器的逻辑功能。

2. 掌握集成触发器的功能和使用方法。

3. 熟悉触发器之间相互转换的方法。

二、实验原理

触发器是能够存储 1 位二进制码的逻辑电路，它有两个互补输出端，其输出状态不仅与输入有关，而且还与原先的输出状态有关。触发器有两个稳定状态，用以表示逻辑状态“1”和“0”，在一定的外界信号作用下，可以从一个稳定状态翻转到另一个稳定状态，它是一个具有记忆功能的二进制信息存储器件，是构成各种时序电路的最基本逻辑单元。

1. 基本 RS 触发器

图 5.27(a)所示为由两个与非门交叉耦合构成的基本 RS 触发器，它是无时钟控制低电平直接触发的触发器。基本 RS 触发器具有置“0”、置“1”和保持三种功能。通常称 $\overline{S}$ 为置“1”端，因为 $\overline{S}=0$ 时触发器被置“1”；$\overline{R}$ 为置“0”端，因为 $\overline{R}=0$ 时触发器被置“0”。当 $\overline{S}=\overline{R}=1$ 时状态保持，当 $\overline{S}=\overline{R}=0$ 时为不定状态，应当避免这种状态。

基本 RS 触发器也可以用两个“或非门”组成，此时为高电平有效。

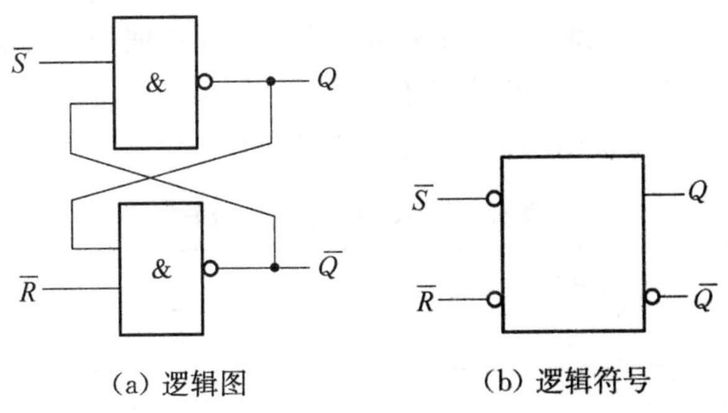

(a) 逻辑图　　(b) 逻辑符号

图 5.27　两个与非门组成的基本 RS 触发器

基本 RS 触发器的逻辑符号见图 5.27(b)，二输入端的边框外侧都画有小圆圈，这是因为置 1 与置 0 都是低电平有效。下表为基本 RS 触发器的功能表

表 5.14　基本 RS 触发器的功能表(与非门)

输入		输出		功能
$\overline{S}$	$\overline{R}$	Q_{n+1}	$\overline{Q_{n+1}}$	
0	1	1	0	置 1
1	0	0	1	置 0
1	1	Q_n	$\overline{Q_n}$	保持
0	0	φ	φ	非定义状态

注：φ——不定态

2. JK 触发器

在输入信号为双端的情况下，JK 触发器是功能完善、使用灵活和通用性较强的一种触发器。本实验采用 74LS112 双 JK 触发器，是下降边沿触发的边沿触发器。引脚逻辑图如图 5.28 所示，JK 触发器的状态方程为

$$Q_{n+1}=J\overline{Q}_n+\overline{K}Q_n$$

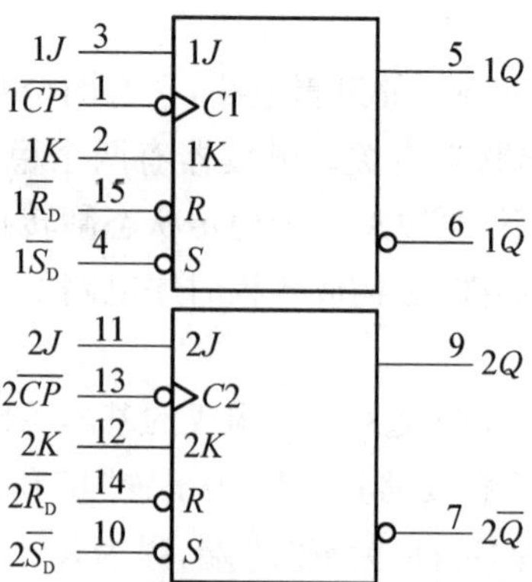

图 5.28 *JK* 触发器的逻辑符号图(带引脚编号)

其中,J 和 K 是数据输入端,是触发器状态更新的依据,若 J、K 有两个或两个以上输入端时,组成“与”的关系。Q 和 $\bar{Q}$ 为两个互补输入端。通常把 $Q=0$、$\bar{Q}=1$ 的状态定为触发器“0”状态;而把 $Q=1$,$\bar{Q}=0$ 定为“1”状态。

下降沿触发的 JK 触发器的功能表如表 5.15 所示。

表 5.15 *JK* 触发器的功能表

输入					输出	
$\bar{S}_D$	$\bar{R}_D$	CP	J	K	Q_{n+1}	$\overline{Q_{n+1}}$
0	1	×	×	×	1	0
1	0	×	×	×	0	1
0	0	×	×	×	φ	φ
1	1	↓	0	0	Q_n	$\overline{Q_n}$
1	1	↓	1	0	1	0
1	1	↓	0	1	0	1
1	1	↓	1	1	$\overline{Q_n}$	Q_n
1	1	↑	×	×	Q_n	$\overline{Q_n}$

JK 触发器常被用作缓冲存储器,移位寄存器和计数器。

CC4027 是 CMOS 双 JK 触发器,其功能与 74LS112 相同,但采用上升沿触发,R、S 端为高电平有效。

3. D 触发器

在输入信号为单端的情况下,D 触发器用起来更为方便,其状态方程为

$$Q_{n+1}=D_n$$

其输出状态的更新发生在 CP 脉冲的上升沿,故又称为上升沿触发的边沿触发器,触发器的状态只取决于时钟到来前 D 端的状态,D 触发器的应用很广,可用作数字信号的寄存,移位寄存,分频和波形发生等。有很多型号可供各种用途的需要而选用。如双 D(74LS74,

CC4013)，四 D(74LS175，CC4042)，六 D(74LS174，CC14174)，八 D(74LS374)等。图 5.29 所示为双 D(74LS74)的逻辑符号图。功能表见表 5.16。

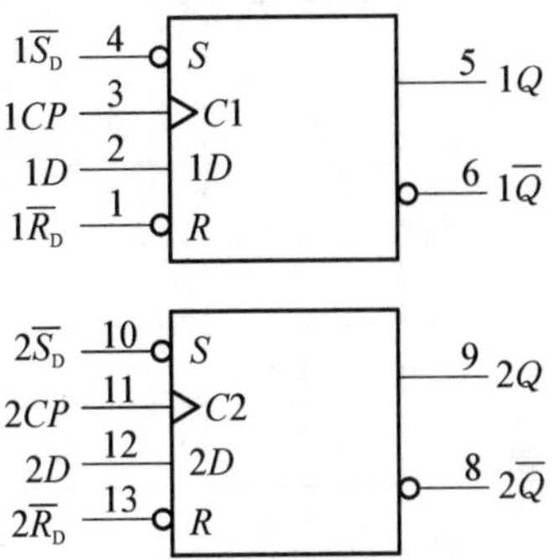

图 5.29　*D* 触发器的逻辑符号图(带引脚编号)

表 5.16　*D* 触发器功能表

输入				输出	
$\overline{S}_D$	$\overline{R}_D$	CP	D	Q_{n+1}	$\overline{Q_{n+1}}$
0	1	×	×	1	0
1	0	×	×	0	1
0	0	×	×	φ	φ
1	1	↑	1	1	0
1	1	↑	0	0	1
1	1	↓	×	Q_n	$\overline{Q_n}$

4. 触发器之间的相互转换

在集成触发器的产品中，每一种触发器都有自己固定的逻辑功能。但是可以利用转换的方法获得具有其他功能的触发器。例如将 JK 触发器的 J、K 两端接在一起，并认它为 T 端，就得到所需的 T 触发器，如图 5.30 所示。

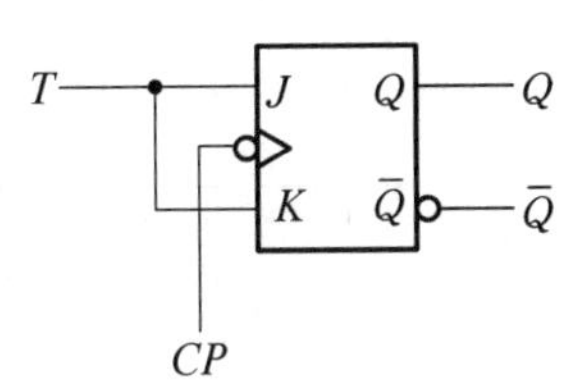

图 5.30　*JK* 触发器转换为 *T* 触发器

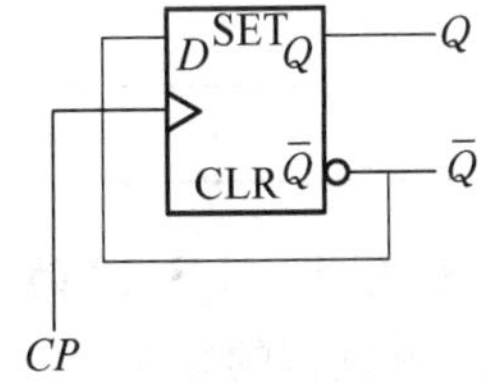

图 5.31　*D* 触发器转换为 *T* 触发器

在 JK 触发器的状态方程中，令 $J=K=T$ 则变换为：$Q_{n+1}=T\overline{Q_n}+\overline{T}Q_n$。

由上式有：当 $T=0$ 时，$Q^{n+1}=Q^n$，当 $T=1$ 时，$Q^{n+1}=\overline{Q^n}$，即当 $T=1$ 时，为翻转状态，又称之为反转触发器；当 $T=0$ 时，为保持状态。

若将 D 触发器 $\overline{Q}$ 端与 D 端相连，也可以转换成 T 触发器，功能与 $T=1$ 时一样，如图 5.31所示。

JK 触发器也可以转换成为 D 触发器，如图 5.32 所示。

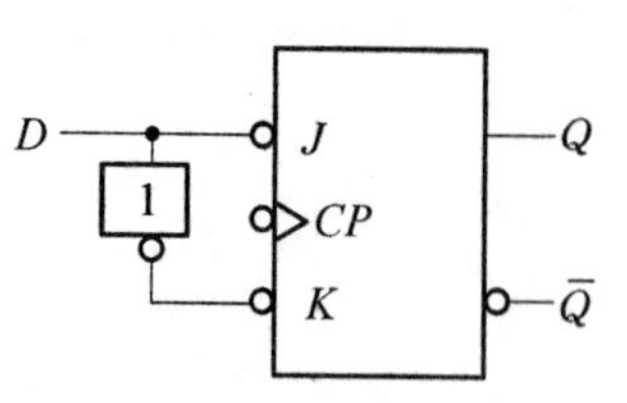

图 5.32　*JK* 触发器转换成为 *D* 触发器

表 5.17　*T* 触发器功能表

输入				输出
$\overline{S}_D$	$\overline{R}_D$	CP	T	Q_{n+1}
0	1	×	×	1
1	0	×	×	0
1	1	↓	0	Q_n
1	1	↓	0	$\overline{Q_n}$

三、实验设备与器材

1. 数字逻辑电路。
2. 双踪示波器，数字万用表。
3. 芯片 74LS00、74LS04、74LS10、74LS74(或 CC4013)、74LS112(或 CC4027)、74LS02。

四、实验内容及步骤

1. 测试基本 RS 触发器的逻辑功能

如图 5.27 所示，用两个与非门组成基本 RS 触发器，输入端 $\overline{S}$ 和 $\overline{R}$ 接逻辑电平输出，输出端 Q 和 $\overline{Q}$ 接逻辑电平显示，测试它的逻辑功能并画出真值表将实验结果填入表 5.18 内。

将两个与非门换成两个或非门，要求同上，测试它的逻辑功能并画出真值表将实验结果填入表 5.18 内。

表 5.18　测试基本 *RS* 触发器的逻辑功能

$\overline{R}$	$\overline{S}$	Q	$\overline{Q}$
1	1→0		
	0→1		
1→0	1		
0→1			
0	0		

2. 测试 JK 触发器 74LS112 的逻辑功能

(1) 测试 JK 触发器的复位、置位功能

任取一个 JK 触发器，$\overline{S}_D$、$\overline{R}_D$、J、K 端接逻辑电平输出插孔，CP 接单次脉冲源，输出端 Q 和 $\overline{Q}$ 接逻辑电平显示输入插孔。要求改变$\overline{S}_D$、$\overline{R}_D$(J、K 和 CP 处于任意状态)，并在$\overline{R}_D=0$($\overline{S}_D=1$)或$\overline{S}_D=0$($\overline{R}_D=1$)作用期间任意改变 J、K 和 CP 的状态，观察 Q 和 $\overline{Q}$ 的状态，自拟表格并记录之。

(2) 测试 JK 触发器的逻辑功能

按表 5.19 的要求不断改变 J、K 和 CP 的状态，观察 Q 和 $\overline{Q}$ 的状态变化，观察触发器状

态更新是否发生在 CP 的下降沿(即 CP 由 1→0),记录之。

表 5.19　测试 JK 触发器的逻辑功能

J	K	CP	Q_{n+1}	
			$Q_n=0$	$Q_n=1$
0	0	0→1		
		1→0		
0	1	0→1		
		1→0		
1	0	0→1		
		1→0		
1	1	0→1		
		1→0		

(3) 将 JK 触发器的 J、K 端连在一起,构成 T 触发器

在 CP 端输入 1 Hz 连续脉冲,观察 Q 端的变化,用双踪示波器观察 CP、Q 和 $\bar{Q}$ 的波形,注意相位关系,描绘之。

(4) JK 触发器转换成 D 触发器

按图 5.32 所示连线,方法与步骤同上,测试 D 触发器的逻辑功能并画出真值表将实验结果填入表内。

3. *RS* 基本触发器的应用举例

图 5.33 所示是由基本 RS 触发器构成的去抖动电路开关,它是利用基本 RS 触发器的记忆作用来消除开关震动带来的影响。参考有关资料分析其工作原理,自己在实验电路板上搭建电路来验证该去抖动电路的功能。

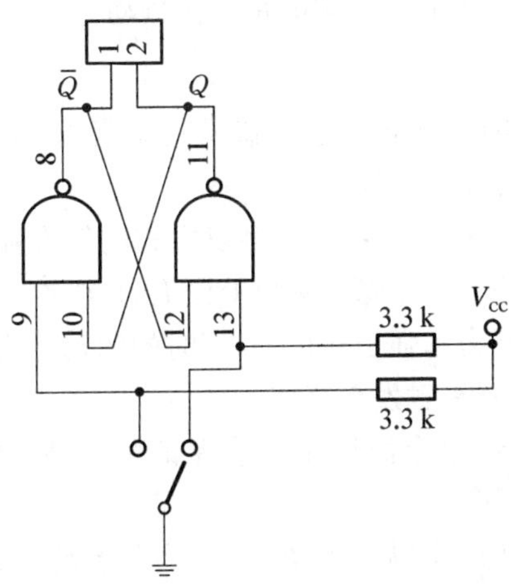

图 5.33　去抖动电路图

4. 测试双 D 触发器 74LS74 的逻辑功能

(1) 测试 D 触发器的复位、置位功能

测试方法与步骤同实验内容 2(1),只是它们的功能引脚不同,自拟表格记录。

(2) 测试 D 触发器的逻辑功能

表 5.20 测试 D 触发器的逻辑功能

D	CP	Q_{n+1}	
		$Q_n = 0$	$Q_n = 1$
0	0→1		
	1→0		
1	0→1		
	1→0		

按表 5.20 的要求进行测试,并观察触发器状态是否发生在 CP 脉冲的上升沿(即由 0 变 1),记录之。

五、实验预习要求

1. 复习有关触发器内容,熟悉有关器件的管脚分配。
2. 列出各触发器功能测试表格。
3. 参考有关资料查看 74LS112 和 74LS74 的逻辑功能。

六、实验报告要求

1. 列表整理各类触发器的逻辑功能。
2. 总结观察到的波形,说明触发器的触发方式。
3. 利用普通的机械开关组成的数据开关所产生的信号是否可以作为触发器的时钟脉冲信号,为什么?是否可以作为触发器的其他输入端的信号,又是为什么?
4. 思考:为什么图 5.31 所示的去抖动电路能去抖动?

七、触发器的使用规则

1. 通常根据数字系统的时序配合关系正确选用触发器,除特殊功能外,一般在同一系统中选择相同触发方式的同类型触发器较好。

2. 工作速度要求较高的情况下采用边沿触发方式的触发器较好。但速度越高,越易受外界干扰。上升沿触发还是下降沿触发,原则上没有优劣之分。如果是 TTL 电路的触发器,因为输出为“0”时的驱动能力远强于输出为“1”时的驱动能力,尤其是当集电极开路输出时上升边沿更差,为此选用下降沿触发更好些。

3. 触发器在使用前必须经过全面测试才能保证可靠性。使用时必须注意置“1”和置“0”脉冲的最小宽度及恢复时间。

4. 触发器翻转时的动态功耗远大于静态功耗,为此系统设计者应尽可能避免同一封装内的触发器同时翻转(尤其是甚高速电路)。

5. CMOS 集成触发器与 TTL 集成触发器在逻辑功能、触发方式上基本相同。使用时不宜将这两种器件同时使用。因 CMOS 内部电路结构以及对触发时钟脉冲的要求与 TTL

存在较大的差别。

5.5 时序逻辑电路实验

实验 15 移位寄存器及其应用

一、实验目的

1. 掌握四位双向移位寄存器的逻辑功能与使用方法。

2. 了解移位寄存器的使用——实现数据的串行，并行转换和构成环形计数器。

二、实验原理

1. 移位寄存器是一个具有移位功能的寄存器，是指寄存器中所存的代码能够在移位脉冲的作用下依次左移或右移。既能左移又能右移的称为双向移位寄存器，只需要改变左右移的控制信号便可实现双向移位要求。根据寄存器存取信息的方式不同分为：串入串出、串入并出、并入串出、并入并出四种形式。

本实验选用的 4 位双向通用移位寄存器，型号为 74LS194 或 CC40194，两者功能相同，可互换使用，其逻辑符号及引脚排列如图 5.34 所示（注：某些端口符号不同功能相同，如$\overline{MR}$与$\overline{CR}$功能相同）。

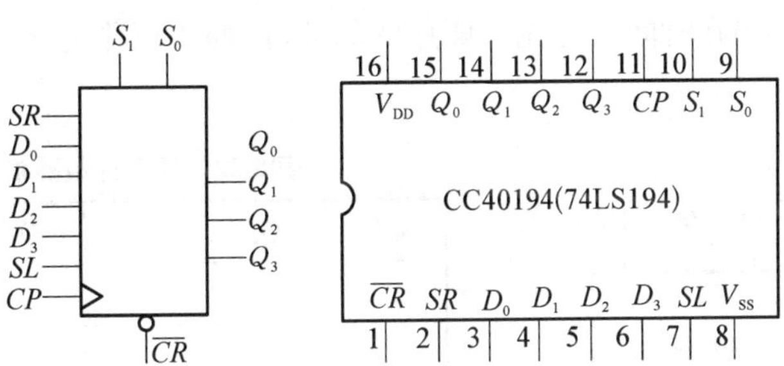

图 5.34 74LS194(或 CC40194)的逻辑符号及引脚排列

表 5.21 74LS194 的功能表

输入										输出				功能
清零	控制信号		时钟	串行输入		并行输入								
$\overline{CR}$	S_1	S_0	CP	右移 D_{SR}	左移 D_{SL}	D_{10}	D_{11}	D_{12}	D_{13}	Q_0^{n+1}	Q_1^{n+1}	Q_2^{n+1}	Q_3^{n+1}	
L	×	×	×	×	×	×	×	×	×	L	L	L	L	异步清零
H	L	L	×	×	×	×	×	×	×	Q_0^n	Q_1^n	Q_2^n	Q_3^n	保持
H	L	H	↑	L	×	×	×	×	×	L	Q_0^n	Q_1^n	Q_2^n	右移
H	L	H	↑	H	×	×	×	×	×	H	Q_0^n	Q_1^n	Q_2^n	右移
H	H	L	↑	×	L	×	×	×	×	Q_1^n	Q_2^n	Q_3^n	L	左移

续 表

输入										输出				功能
清零	控制信号		时钟	串行输入		并行输入								
$\overline{CR}$	S_1	S_0	CP	右移 D_{SR}	左移 D_{SL}	D_{10}	D_{11}	D_{12}	D_{13}	Q_0^{n+1}	Q_1^{n+1}	Q_2^{n+1}	Q_3^{n+1}	
H	H	L	↑	×	H	×	×	×	×	Q_1^n	Q_2^n	Q_3^n	H	左移
H	H	H	↑	×	×	D_{10}^*	D_{11}^*	D_{12}^*	D_{13}^*	D_{10}	D_{11}	D_{12}	D_{13}	同步并行置数

注：D_{IN}^*表示CP脉冲上升沿之前瞬间D_{IN}的电平。

其中D_{SR}为右移串行输入端，D_{SL}为左移串行输入端，功能作用如表5.21所示。

2. 移位寄存器应用很广，可构成移位寄存器型计数器、顺序脉冲发生器和串行累加器，可用作数据转换，即把串行数据转换为并行数据，或把并行数据转换为串行数据等。

1）环形计数器

把移位寄存器的输出反馈到它的串行输入端，就可以进行循环移位。如图5.35所示，把输出端Q_3和右移串行输入端SR相连接，设初始状态$Q_0Q_1Q_2Q_3=1\ 000$，则在时钟脉冲作用下$Q_0Q_1Q_2Q_3$将依次变为0100→0010→0001→1000→……，如表5.22所示，可见它是一个具有四个有效状态的计数器，这种类型的计数器通常称为环形计数器。图5.35电路可以由各个输出端输出在时间上有先后顺序的脉冲，因此也可作为顺序脉冲发生器，如图5.35所示。

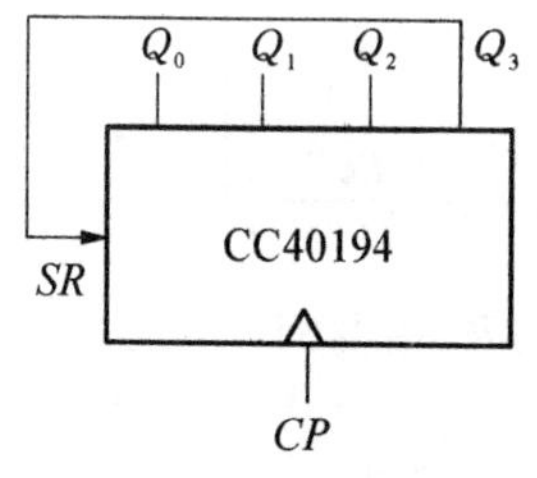

图5.35 环形计数器

表5.22 环形计数器功能表

CP	Q_0	Q_1	Q_2	Q_3
0	1	0	0	0
1	0	1	0	0
2	0	0	1	0
3	0	0	0	1

同理，将输出端Q_0与输入端SL相连后，在时钟脉冲的作用下$Q_0Q_1Q_2Q_3$将依次左移。

2）实现数据串、并转换

（1）串行/并行转换器

串行/并行转换是指串行输入的数据，经过转换电路之后变成并行输出。图5.36所示是用两片CC40194或74LS194构成的七位串行/并行转换电路。

电路中S_0端接高电平1，S_1受Q_7控制，两片寄存器连接成串行输入右移工作模式。Q_7是转换结束标志。当$Q_7=1$时，S_1为0，使之成为$S_1S_0=01$的串入右移工作方式。当$Q_7=0$时，S_1为1，有$S_1S_0=11$，则串行送数结束，标志着串行输入的数据已转换成为并行输出。

串行/并行转换的具体过程如下：转换前，$\overline{CR}/\overline{MR}$端加低电平，使1、2两片寄存器的内

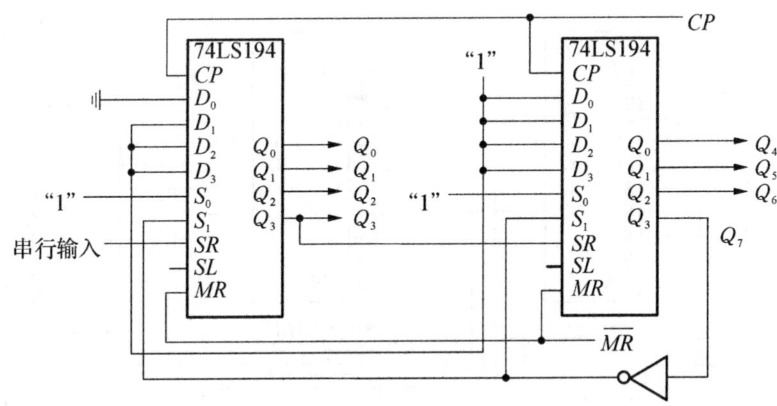

图 5.36　七位串行/并行转换电路示意图

容清 0，此时 $S_1S_0=11$，寄存器执行并行输入工作方式。当第一个 CP 脉冲到来后，寄存器的输出状态 $Q_0\sim Q_7$ 为 01111111，与此同时 S_1S_0 变为 01，转换电路变为执行串入右移工作方式，串行输入数据由 1 片的 SR 端加入。随着 CP 脉冲的依次加入，输出状态的变化可列成如表 5.23 所示。

表 5.23　串行/并行转换真值表

CP	Q_0	Q_1	Q_2	Q_3	Q_4	Q_5	Q_6	Q_7	说明
0	0	0	0	0	0	0	0	0	清零
1	0	1	1	1	1	1	1	1	送数
2	D_0	0	1	1	1	1	1	1	右移操作七次
3	D_1	D_0	0	1	1	1	1	1	
4	D_2	D_1	D_0	0	1	1	1	1	
5	D_3	D_2	D_1	D_0	0	1	1	1	
6	D_4	D_3	D_2	D_1	D_0	0	1	1	
7	D_5	D_4	D_3	D_2	D_1	D_0	0	1	
8	D_6	D_5	D_4	D_3	D_2	D_1	D_0	0	
9	0	1	1	1	1	1	1	1	送数

由表 5.23 可见，右移操作七次之后，Q_7 变为 0，S_1S_0 又变为 11，说明串行输入结束。这时，串行输入的数码已经转换成了并行输出了。

当再来一个 CP 脉冲时，电路又重新执行一次并行输入，为第二组串行数码转换做好准备。

(2) 并行/串行转换器

并行/串行转换是指并行输入的数据，经过转换电路之后变成串行输出。下面是用两片 74LS194 构成的七位并行/串行转换电路，如图 5.37 所示。与图 5.36 相比，它多了两个与非门，而且还多了一个转动换启动信号(负脉冲或低电平)，工作方式同样为右移。

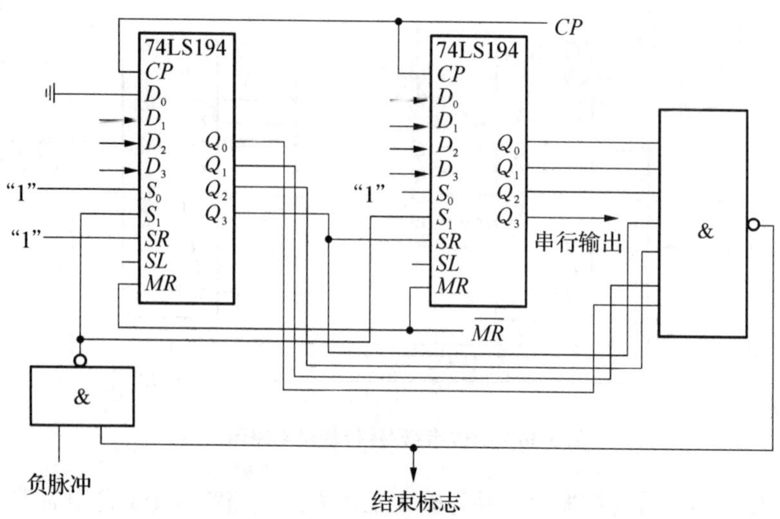

图 5.37　七位并行/串行转换电路示意图

并行/串行转换具体过程如下：寄存器清"0"后，加一个转换起动信号（负脉冲或低电平）。此时，由于方式控制 S_1S_0 为 11，转换电路执行并行输入操作。当第一个 CP 脉冲到来后，$Q_0Q_1Q_2Q_3Q_4Q_5Q_6Q_7$ 的状态为 $0D_1D_2D_3D_4D_5D_6D_7$，并行输入数码存入寄存器。从而使得 G_1 输出为 1，G_2 输出为 0，结果，S_1S_2 变为 01，转换电路随着 CP 脉冲的加入，开始执行右移串行输出，随着 CP 脉冲的依次加入，输出状态依次右移，待右移操作七次后，$Q_0\sim Q_6$ 的状态都为高电平 1，与非门 G_1 输出为低电平，G_2 门输出为高电平，S_1S_2 又变为 11，表示并/串行转换结束，且为第二次并行输入创造了条件。转换过程如表 5.24 所示。

表 5.24　并行/串行转换真值表

CP	Q_0	Q_1	Q_2	Q_3	Q_4	Q_5	Q_6	Q_7	串　行　输　出
0	0	0	0	0	0	0	0	0	0
1	0	D_1	D_2	D_3	D_4	D_5	D_6	D_7	D_7
2	1	0	D_1	D_2	D_3	D_4	D_5	D_6	D_6
3	1	1	0	D_1	D_2	D_3	D_4	D_5	D_5
4	1	1	1	0	D_1	D_2	D_3	D_4	D_4
5	1	1	1	1	0	D_1	D_2	D_3	D_3
6	1	1	1	1	1	0	D_1	D_2	D_2
7	1	1	1	1	1	1	0	D_1	D_1
8	1	1	1	1	1	1	1	0	0
9	0	D_1	D_2	D_3	D_4	D_5	D_6	D_7	送数

对于中规模的集成移位寄存器，其位数往往以 4 位居多，当所需要的位数多于 4 位时，可以把几片集成移位寄存器用级连的方法来扩展位数。

三、实验设备与器材

1. 数字逻辑电路实验箱。

2. 双踪示波器，数字万用表。

3. 芯片 74LS00、74LS04、74LS30(8 输入与非门)、74LS194(或 CC40194)。

四、实验内容及步骤

1. 测试 74LS194(或 CC40194)的逻辑功能

参考图 5.34 所示连线，$\overline{MR}$、S_1、S_0、SL、SR、D_0、D_1、D_2、D_3 分别接至逻辑开关的输出插孔；Q_0、Q_1、Q_2、Q_3 分别接至逻辑电平显示输入插孔。CP 接单次脉冲源。自拟表格，逐项进行测，并与实验指导书给出的功能表做对比。

(1) 清除：令 $\overline{CR}=0$，其他输入均为任意态，这时寄存器输出 Q_0、Q_1、Q_2、Q_3 应均为 0。清除后，置$\overline{CR}=1$。

(2) 送数：令 $\overline{CR}=S_1=S_0=1$，送入任意 4 位二进制数，如 $D_0D_1D_2D_3=$abcd，加 CP 脉冲，观察 $CP=0$、CP 由 $0\rightarrow1$、CP 由 $1\rightarrow0$ 三种情况下寄存器输出状态的变化，观察寄存器输出状态变化是否发生在 CP 脉冲的上升沿。

(3) 右移：清零后，令 $\overline{CR}=1$，$S_1=0$，$S_0=1$，由右移输入端 SR 送入二进制数码如 0100，由 CP 端连续加 4 个脉冲，观察输出情况，记录之。

(4) 左移：先清零或予置，再令 $\overline{CR}=1$，$S_1=1$，$S_0=0$，由左移输入端 SL 送入二进制数码如 1111，连续加 4 个 CP 脉冲，观察输出端情况，记录之。

(5) 保持：寄存器予置任意 4 位二进制数码 abcd，令 $\overline{CR}=1$，$S_1=S_0=0$，加 CP 脉冲，观察寄存器输出状态，记录之。

表 5.25　测试 74LS194 逻辑功能

清除	模　式		时钟	串　行		输　入	输　出	功能总结
$\overline{CR}$	S_1	S_0	CP	SL	SR	$D_0D_1D_2D_3$	$Q_0Q_1Q_2Q_3$	
0	×	×	×	×	×	××××		
1	1	1	↑	×	×	a b c d		
1	0	1	↑	×	0	××××		
1	0	1	↑	×	1	××××		
1	0	1	↑	×	0	××××		
1	0	1	↑	×	0	××××		
1	1	0	↑	1	×	××××		
1	1	0	↑	1	×	××××		
1	1	0	↑	1	×	××××		
1	1	0	↑	1	×	××××		
1	0	0	↑	×	×	××××		

注意：当接数码管时，因为所用数码管的驱动器 4511 是 BCD 码驱动器，所以，当 $Q_3Q_2Q_1Q_0$ 组成的 16 进制数大于 9 时，4511 处于消隐状态，数码管不显示；要看大于 9 的状态应该接四位发光二极管或用能显示十六进制的译码器，如 MC14495，CD14495 等。

2. 环形计数器

自拟实验线路用并行送数法预置计数器为某二进制代码(如 0100),然后进行右移循环,观察寄存器输出端状态的变化;再进行循环左移,观察寄存器输出端状态的变化,将结果记录下来。

表 5.26　环形计数器功能测试表

CP	Q_0	Q_1	Q_2	Q_3
0	0	1	0	0
1				
2				
3				
4				

3. 实现数据的串行/并行转换

按图 5.34 所示连线,进行右移串入、并出实验,串入数据自定,自拟表格并记录实验结果。

4. 实现数据的并行/串行转换

按图 5.35 所示连线,进行右移并入、串出实验,并入数据自定,自拟表格并记录实验结果。

五、实验预习要求

1. 复习有关寄存器的有关章节的内容,弄懂移位寄存器工作的基本原理。
2. 查阅 74LS194(或 CC40194)的资料,熟悉其逻辑功能及引脚排列。
3. 画好实验要用的表格。

六、实验报告要求

1. 若要进行循环左移,图 5.34、5.59 接线应如何修改?
2. 分析实现数据串/并转换器、并/串行转换器电路所得结果的正确性。
3. 画出 4 位环形计数器的状态转换图及波形图。

实验 16　计数器及其应用

一、实验目的

1. 学会用集成电路构成计数器的方法。
2. 掌握中规模集成计数器的使用及功能测试方法。
3. 运用集成计数器构成 $1/N$ 分频器。

二、实验原理

计数器是数字系统中用得较多的基本逻辑器件,它的基本功能是统计时钟脉冲的个数,即实现计数操作,它也可用于分频、定时、产生节拍脉冲和脉冲序列等。例如,计算机中的时序发生器、分频器、指令计数器等都要使用计数器。

计数器的种类很多。按构成计数器中的各触发器是否使用一个时钟脉冲源来分，可分为同步计数器和异步计数器；按进位体制的不同，可分为二进制计数器、十进制计数器和任意进制计数器；按计数过程中数字增减趋势的不同，可分为加法计数器、减法计数器和可逆计数器；还有可预制数功能等等。

1. 用 D 触发器构成异步二进制加法/减法计数器

如图 5.38 所示，是由 3 个上升沿触发的 D 触发器组成的 3 位二进制异步加法计数器。图中各个触发器的反相输出端与该触发器的 D 输入端相连，就把 D 触发器转换成为计数型触发器 T。

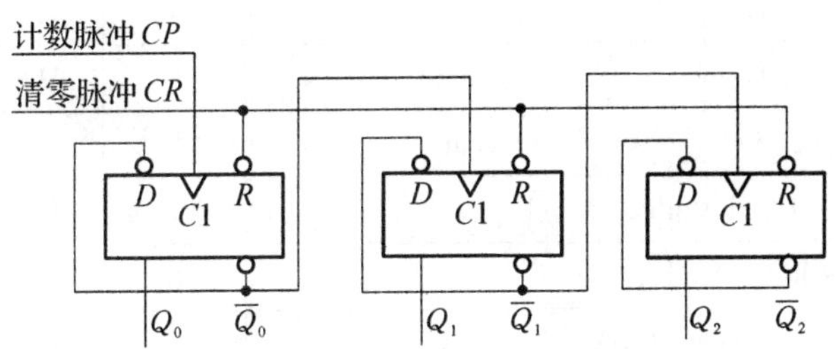

图 5.38　3 位二进制异步加法计数器

将图 5.36 加以少许改变后，即将低位触发器的 Q 端与高一位的 CP 端相连，就得到 3 位二进制异步减法计数器，如图 5.39 所示。

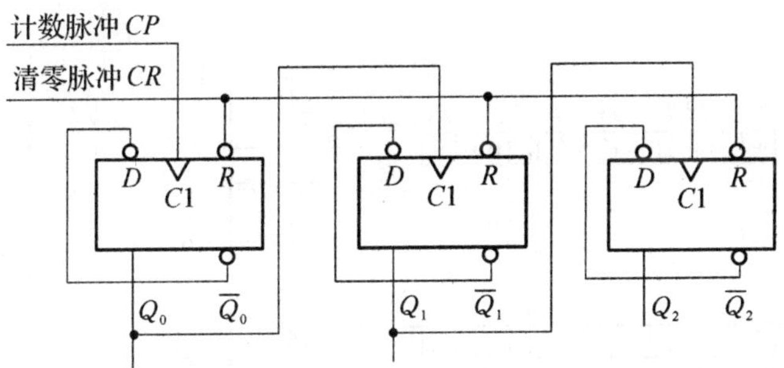

图 5.39　3 位二进制异步减法计数器

2. 异步集成计数器 74LS90

74LS90 为中规模 TTL 集成计数器，可实现二分频、五分频和十分频等功能，它由一个二进制计数器和一个五进制计数器构成。其引脚排列图和功能表如图 5.40 和表 5.27 所示。

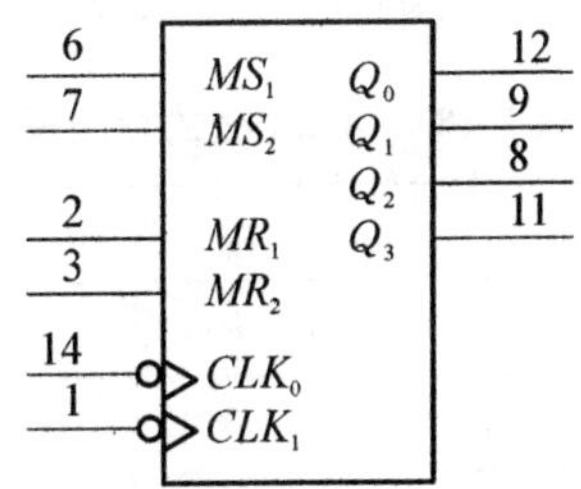

图 5.40　74LS90 的引脚排列图

表 5.27 74LS90 的功能表

RESET/SET INPUTS				OUTPUTS				COUNT	OUTPUT			
MR_1	MR_2	MS_1	MS_2	Q_0	Q_1	Q_2	Q_3		Q_0	Q_1	Q_2	Q_3
H	H	L	×	L	L	L	L	0	L	L	L	L
H	H	×	L	L	L	L	L	1	H	L	L	L
×	×	H	H	H	L	L	H	2	L	H	L	L
L	×	L	×	Count				3	H	H	L	L
×	L	×	L	Count				4	L	L	H	L
L	×	×	L	Count				5	H	L	H	L
×	L	L	×	Count				6	L	H	H	L
H=HIGH Voltage Level								7	H	H	H	L
L=LOW Vollage Level								8	L	L	L	H
×=Don't Care								9	H	L	L	H

3. 中规模十进制计数器 74LS192(或 CC40192)

74LS192 是同步十进制可逆计数器,它具有双时钟输入,并具有清除和置数等功能,其引脚排列及逻辑符号如图 5.41 所示。

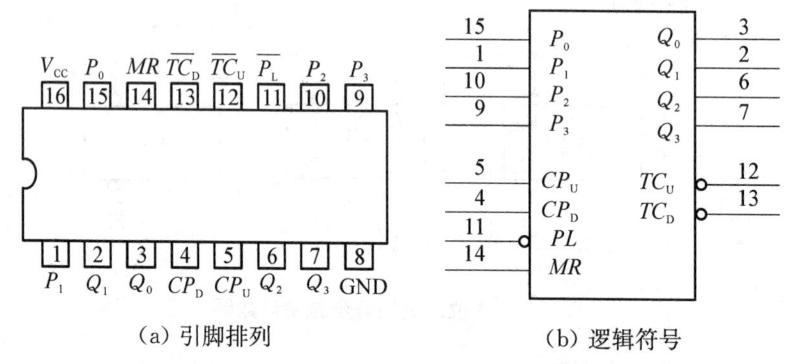

(a) 引脚排列 (b) 逻辑符号

图 5.41 74LS192 的引脚排列及逻辑符号

如图 5.39 所示,$\overline{PL}$为置数端,CP_U 为加计数端,CP_D 为减计数端,$\overline{TC_U}$为非同步进位输出端,$\overline{TC_D}$为非同步借位输出端,P_0、P_1、P_2、P_3 为计数器输入端,MR 为清零端(高电平清零),Q_0、Q_1、Q_2、Q_3 为数据输出端。其功能表如表 5.28 所示。

表 5.28 74LS192 的功能表

输入								输出			
MR	$\overline{PL}$	CP_U	CP_D	P_3	P_2	P_1	P_0	Q_3	Q_2	Q_1	Q_0
1	×	×	×	×	×	×	×	0	0	0	0
0	0	×	×	d	c	b	a	d	c	b	a

续　表

输入								输出
0	1	↑	1	×	×	×	×	加计数
0	1	1	↑	×	×	×	×	减计数

4. 4 位二进制同步计数器 74LS161

该计数器能同步并行预置数据，具有清零置数，计数和保持功能，具有进位输出端，可以串接计数器使用。它的管脚排列如图 5.42 所示。

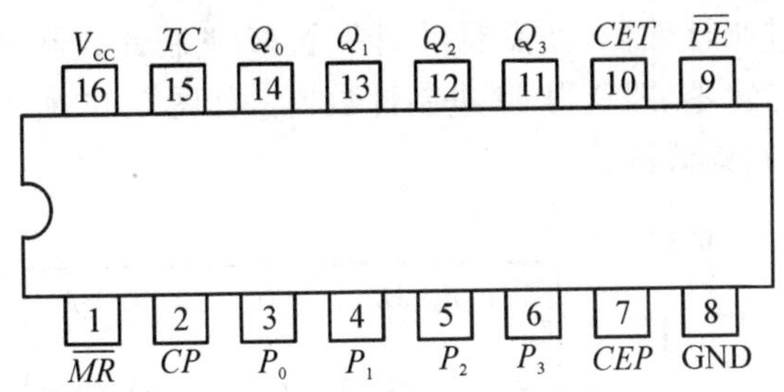

图 5.42　74LS161 管脚排列图

表 5.29　74LS161 功能表

$\overline{PE}$	Parallel Enable (Active LOW) Input
$P_0 \sim P_3$	Parallel Inputs
CEP	Count Enable Parallel Input
CET	Count Enable Trickle Input
CP	Clock (Active HIGH Going Edge) Input
$\overline{MR}$	Master Reset (Active LOW) Input
$\overline{SR}$	Synchronous Reset (Active LOW) Input
$Q_0 \sim Q_3$	Parallel Outputs (Note b)
TC	Terminal Count Output (Note b)

从逻辑图和功能表可知，该计数器具有清零信号$/\overline{MR}$，使能信号 CEP，CET，置数信号 PE，时钟信号 CP 和四个数据输入端 $P_0 \sim P_3$，四个数据输出端 $Q_0 \sim Q_3$ 以及进位输出 TC，且 $TC = Q_0 \cdot Q_1 \cdot Q_2 \cdot Q_3 \cdot CET$。

5. 计数器的级连使用

一个十进制计数器只能显示 0～9 十个数，为了扩大计数器范围，常用多个十进制计数器级连使用。同步计数器往往设有进位（或借位）输出端，故可选用其进位（或借位）输出信号来驱动下一级计数器。图 5.43 所示为用 2 片 74LS192 级连使用构成 2 位十进制加法计数器的示意图。

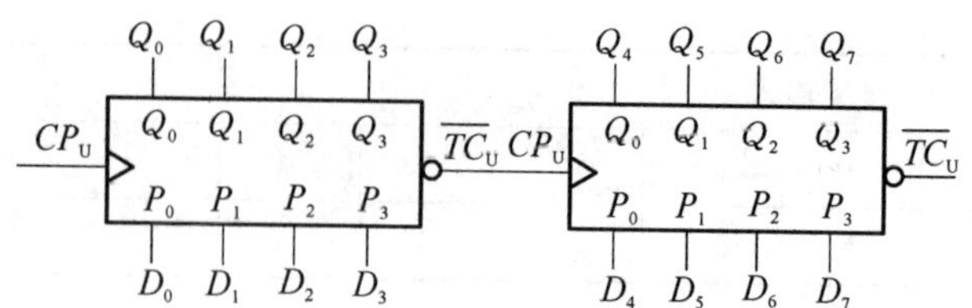

图 5.43　74LS192 级连示意图

6．实现任意进制计数

(1) 用复位法获得任意进制计数器

假定已有一个 N 进制计数器，而需要得到一个 M 进制计数器时，只要 $M<N$，用复位法使计数器计数到 M 时置零，即获得 M 进制计数器。如图 5.44 所示为一个由 74LS192 十进制计数器接成的五进制计数器。

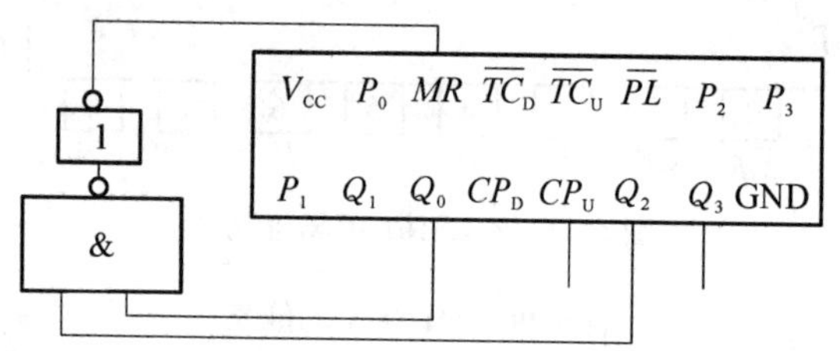

图 5.44　五进制计数器

(2) 利用预置功能获得 M 进制计数器

图 5.45 所示为用三个 74LS192 组成的四二一进制的计数器，注意此时 MR 都要接低电平。

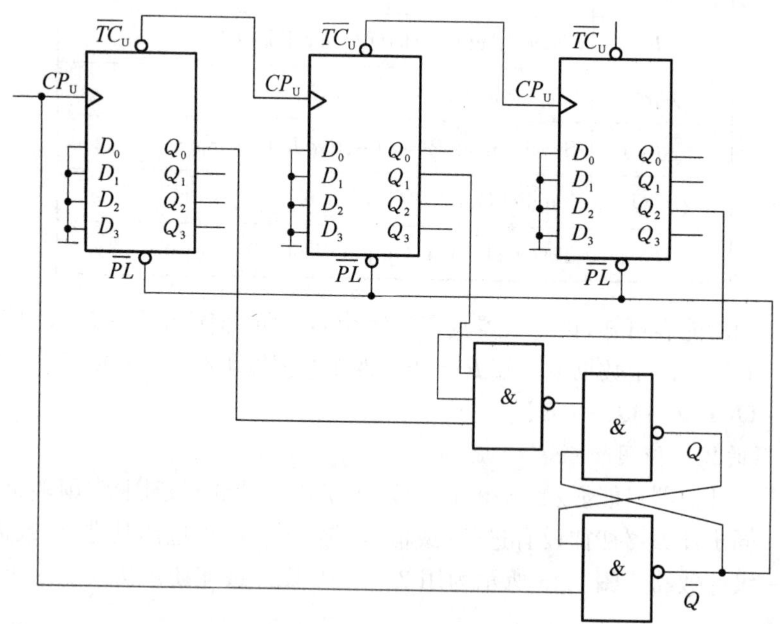

图 5.45　四二一进制计数器

外加的由与非门构成的锁存器可以克服器件计数速度的离散性，保证在反馈置“0”信号作用下可靠置“0”。

图 5.46 所示是一个特殊的十二进制的计数器电路方案。在数字钟里，对十位的计时顺序是 1、2、3……11、12，即是十二进制的，且无数 0。如图 5.44 所示，当计数到 13 时，通过与非门产生一个复位信号，使 74LS192(第二片的时十位)直接置成 0000，而 74LS192(第一片)，即时的个位直接置成 0001，从而实现了从 1 开始到 12 的计数。注意此时 MR 都要接低电平。

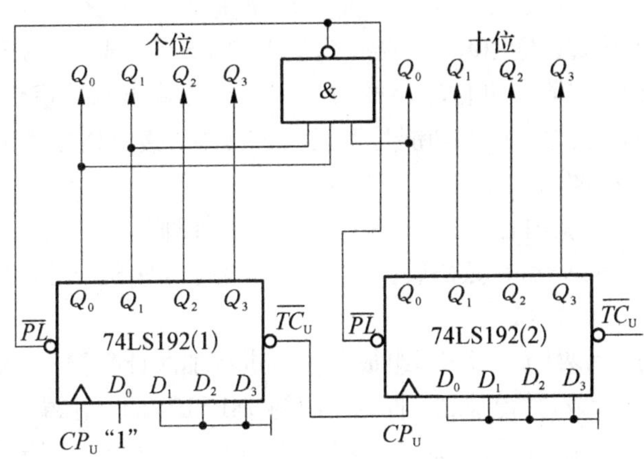

图 5.46　特殊的十二进制计数器

三、实验设备与器材

1. 数字逻辑电路。

2. 双踪示波器，数字万用表。

3. 芯片 74LS00、74LS10、74LS04、74LS32、74LS74、74LS192(或 CC40192)、74LS90、74LS161、74LS248(74LS48)。

四、实验内容及步骤

1. 用 D 触发器构成 3 位二进制异步加法计数器。

(1) 按图 5.38 所示连线，清零脉冲 CR 接至逻辑电平开关输出插孔，将低位 CP 端接单次脉冲源，输出端 Q_2、Q_1、Q_0 接逻辑开关电平显示插孔，各清零端和置位端 $\overline{CLR}$、$\overline{PR}$ 接高电平“1”。

(2) 清零后，逐个送入单次脉冲，观察并列表记录 $Q_2 \sim Q_0$ 的状态。

(3) 将单次脉冲改为 1 Hz 的连续脉冲，观察并列表记录 $Q_2 \sim Q_0$ 的状态。

(4) 将 1 Hz 的连续脉冲改为 1 kHz 的连续脉冲，用示波器观察 CP、Q_2、Q_1、Q_0 端的波形并进行描绘。

2. 用 D 触发器构成 3 位二进制异步减法计数器。

实验方法及步骤同上，记录实验结果。

3. 测试 74LS90 的逻辑功能。

与别的芯片不同的是 74LS90 的第 5 脚接 V_{CC}，第 10 脚接 GND。

参考表 5.27 和图 5.40，MS_1，MS_2，MR_1，MR_2 都接“0”，计数脉冲由单次脉冲源提供。

有两种不同的计数情况。如果从 CLK_0 端输入，从 Q_0 端输出，则是二进制计数器；如果从 CLK_1 端输入，从 Q_3、Q_2、Q_1 输出，则是异步五进制加法计数器；当 Q_0 和 CLK_1 端相连，时钟脉冲从 CLK_0 端输入，从 Q_3、Q_2、Q_1、Q_0 端输出，则是 8421 码十进制计数器；当 CLK_0 端和 Q_3 端相连，时钟脉冲从 CLK_1 端输入，从 Q_3、Q_2、Q_1、Q_0 端输出，则是对称二-五混合十进制计数器。输出端 Q_3、Q_2、Q_1、Q_0 接一译码器 74LS248，经过译码后接至数码管单元的共阴数码管。自拟表格记录这两组不同连接的实验结果。

4. 测试 74LS192(或 CC40192)的逻辑功能。

计数脉冲由单次脉冲源提供，清除端、置数端、数据输入端 P_3、P_2、P_1、P_0 分别接至逻辑电平输出插孔，输出端 Q_3、Q_2、Q_1、Q_0 接一译码器 74LS248(或 74LS48)，经过译码后接至数码管单元的共阴数码，非同步进位输出端与非同步借位输出端接逻辑电平显示插孔。按表 5.28 逐项测试并判断该集成块的功能是否正常。具体的接法请参考附录和有关资料。

5. 测试 74LS161 的逻辑功能。

具体的测试方法同实验内容 2、3，只是 74LS161 的管脚分布不同，功能不同。同样需要将 74LS161 的输出经过译码后在数码管上显示出来，关于 74LS161 的功能及用法，74LS248 的功能及用法请参考有关资料。

6. 如图 5.43 所示，用两片 74LS192 组成二位十进制加法计数器，输入 1 Hz 的连续脉冲，进行由 00 到 99 的累加计数，并记录之。同样可以将 74LS192 的输出端接译码器，用两个数码管来显示其计数情况。切记 74LS192 芯片清零信号高电平有效，计数时清零要接低电平。

7. 自己设计将二位十进制加法计数器改为二位十进制减法计数器，实现由 99 到 00 的递减计数，并记录之。具体的实现方法请自己查阅有关资料，画出详细的接线图，在实验板上实现。

8. 按图 5.44 所示电路进行实验，组成一个 6 进制计数器，记录实验结果，并仔细分析实验原理。

9. 按图 5.45 所示电路进行实验，组成一个 421 进制计数器，记录实验结果，并仔细分析实验原理。

10. 按图 5.46 所示电路进行实验，组成一个 12 进制计数器，记录实验结果，并仔细分析实验原理。

五、实验预习要求

1. 复习计数器的有关原理。
2. 绘出各实验内容的详细原理图。
3. 拟出各实验内容所需的测试记录表格。
4. 查相关资料，给出并熟悉实验所用各集成块的引脚排列图。

六、实验报告要求

1. 画出实验内容中的详细实验原理图。
2. 记录、整理实验数据及实验所得的有关波形。并对实验结果进行分析。
3. 总结使用集成计数器的体会。

七、实验思考题

1. 自己设计将二位十进制加法计数器改为二位十进制减法计数器，实现由 99 到 00 的递减计数，并记录之。具体的实现方法请自己查阅有关资料，画出详细的接线图，在实验板上实现。

2. 自己根据 5.68 电路原理图设计一个二十四进制计数器。

实验 17*　脉冲分配器及其应用

微信扫码见
“实验 17”

5.6　脉冲信号的产生与整形实验

实验 18*　单稳态触发器与施密特触发器

微信扫码见
“实验 18”

实验 19*　多谐振荡器

微信扫码见
“实验 19”

实验 20　555 定时器及其应用

一、实验目的

1. 熟悉 555 型集成时基电路的电路结构、工作原理及其特点。
2. 掌握 555 型集成时基电路的基本应用。

二、实验原理

1. 555 定时器简介

555 集成时基电路称为集成定时器，是一种数字、模拟混合型的中规模集成电路，其应用十分广泛。该电路使用灵活、方便，只需外接少量的阻容元件就可以构成单稳、多谐和施密特触发器，因而广泛用于信号的产生、变换、控制与检测。它的内部电压标准使用了三个5 kΩ的电阻，故取名555电路。其电路类型有双极型和CMOS型两大类，两者的工作原理和结构相似。几乎所有的双极型产品型号最后的三位数码都是555或556；所有的CMOS产品型号最后四位数码都是7555或7556，两者的逻辑功能和引脚排列完全相同，易于互换。555和7555是单定时器，556和7556是双定时器。双极型的电压是＋5～＋15 V，最大负载电流可达200 mA，CMOS型的电源电压是＋3～＋18 V，最大负载电流在4 mA以下。

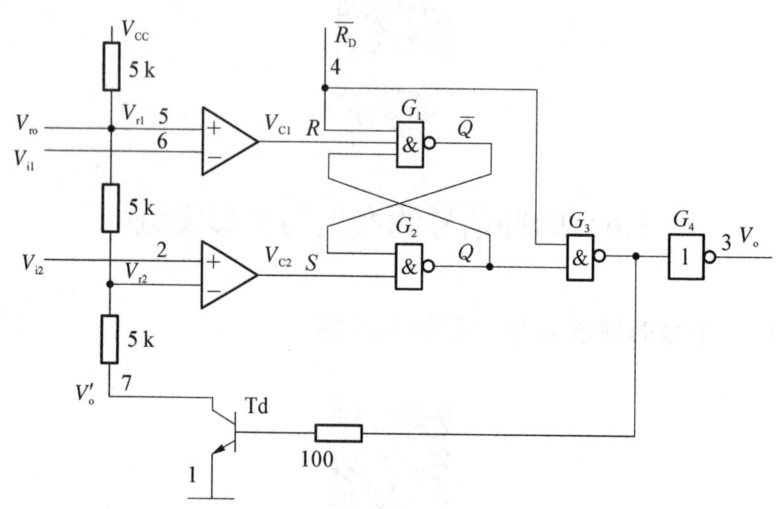

图 5.47　555定时器内部框图

2. 555电路的工作原理

555电路的内部电路方框图如图5.47所示。它含有两个电压比较器，一个基本RS触发器，一个放电开关Td，比较器的参考电压由三只5 kΩ的电阻器构成分压，它们分别使低电平比较器V_{r1}反相输入端和高电平比较器V_{r2}的同相输入端的参考电平为$2/3V_{CC}$和$1/3V_{CC}$。V_{r1}和V_{r2}的输出端控制RS触发器状态和放电管开关状态。当输入信号输入并超过$2/3V_{CC}$时，触发器复位，555的输出端3脚输出低电平，同时放电，开关管导通；当输入信号自2脚输入并低于$1/3V_{CC}$时，触发器置位，555的3脚输出高电平，同时充电，开关管截止。

$\overline{R}_D$是异步置零端，当其为0时，555输出低电平。平时该端开路或接V_{CC}。V_{ro}是控制电压端(5脚)，平时输出$2/3V_{CC}$作为比较器V_{r1}的参考电平，当5脚外接一个输入电压，即改变了比较器的参考电平，从而实现对输出的另一种控制，在不接外加电压时，通常接一个0.01 μF的电容器到地，起滤波作用，以消除外来的干扰，以确保参考电平的稳定。Td为放电管，当Td导通时，将给接于脚7的电容器提供低阻放电电路。

3. 555定时器的典型应用

(1) 构成单稳态触发器

图5.48所示为由555定时器和外接定时元件R、C构成的单稳态触发器。D为钳位二极管，稳态时555电路输入端处于电源电平，内部放电开关管T导通，输出端V_o输出低电平，当有一个外部负脉冲触发信号加到V_i端。并使2端电位瞬时低于$1/3V_{CC}$，单稳态电路即开始一个稳态过程，电容C开始充电，V_C按指数规律增长。当V_C充电到$2/3V_{CC}$时，V_o

从高电平返回低电平，放电开关管 Td 重新导通，电容 C 上的电荷很快经放电开关管放电，暂态结束，恢复稳定，为下个触发脉冲的来到做好准备。波形图如图 5.49 所示。

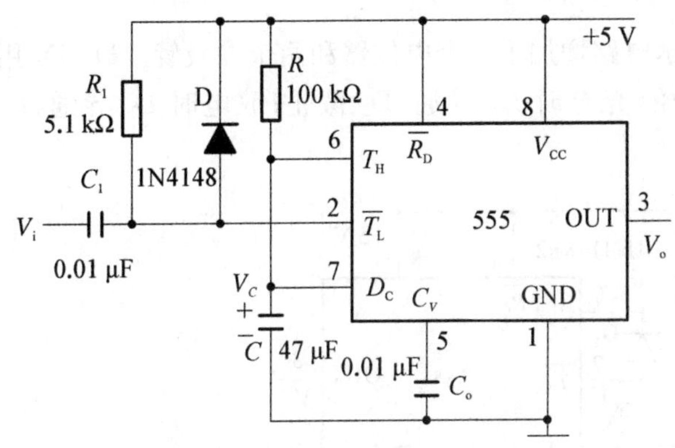

图 5.48　555 构成单稳态触发器

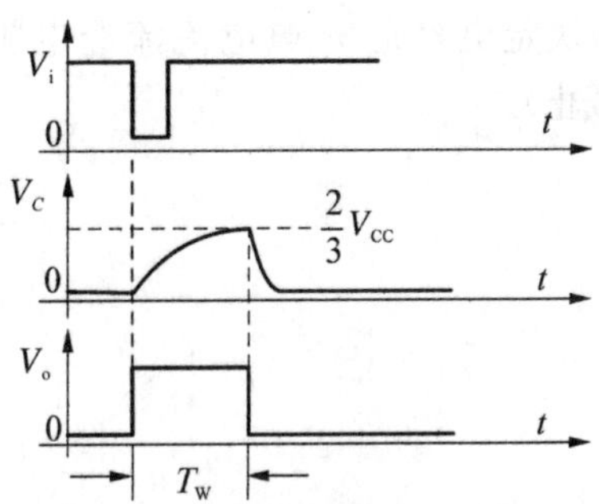

图 5.49　单稳态触发器波形图

暂稳态的持续时间 T_W(即为延时时间)决定于外接元件 R、C 的大小，即 $T_W=1.1RC$。

通过改变 R、C 的大小，可使延时时间在几个微秒和几十分钟之间变化。当这种单稳态电路作为计时器时，可直接驱动小型继电器，并可采用复位端接地的方法来终止暂态，重新计时。

(2) 构成多谐振荡器

如图 5.50 所示，由 555 定时器和外接元件 R_1、R_2、C 构成多谐振荡器，脚 2 与脚 6 直接相连。电路没有稳态，仅存在两个暂稳态，电路亦不需要外接触发信号，利用电源通过 R_1、R_2 向 C 充电，C 通过 R_2 向放电端 DC 放电，使电路产生振荡。电容 C 在 $2/3V_{CC}$ 和 $1/3V_{CC}$ 之间充电和放电，从而在输出端得到一系列的矩形波，对应的波形如图 5.51 所示。

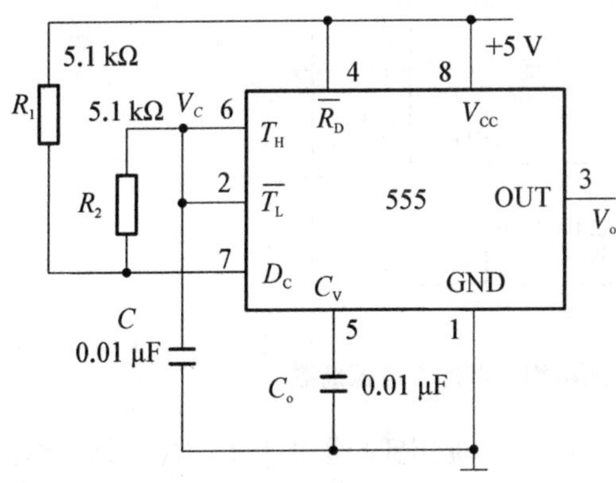

图 5.50　555 构成多谐振荡器

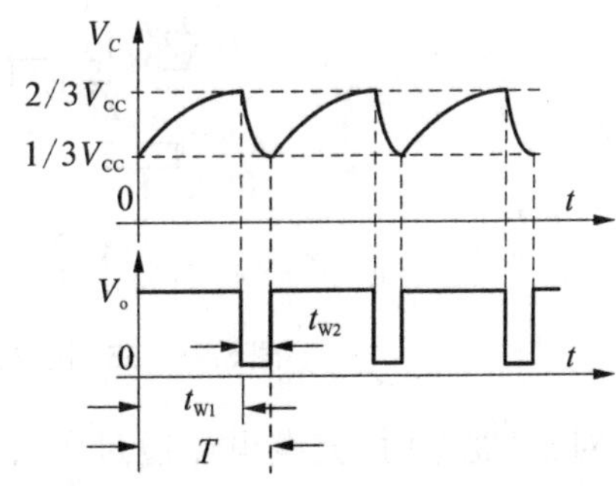

图 5.51　多谐振荡器的波形图

输出信号的时间参数：

$$T=t_{W1}+t_{W2}$$

$$t_{W1}=0.7(R_1+R_2)C$$

$$t_{W2}=0.7R_2C$$

其中，t_{W1} 为 V_C 由 $1/3V_{CC}$ 上升到 $2/3V_{CC}$ 所需的时间，t_{W2} 为电容 C 放电所需的时间。

555 电路要求 R_1 与 R_2 均应不小于 1 kΩ，但两者之和应不大于 3.3 MΩ。

外部元件的稳定性决定了多谐振荡器的稳定性，555 定时器配以少量的元件即可获得较高精度的振荡频率和具有较强的功率输出能力。因此，这种形式的多谐振荡器应用很广。

(3) 组成占空比可调的多谐振荡器

电路如图 5.52 所示，它比图 5.50 所示电路增加了一个电位器和两个二极管。D_1、D_2 用来决定电容充、放电电流流经电阻的途径（充电时 D_1 导通，D_2 截止；放电时 D_2 导通，D_1 截止）。

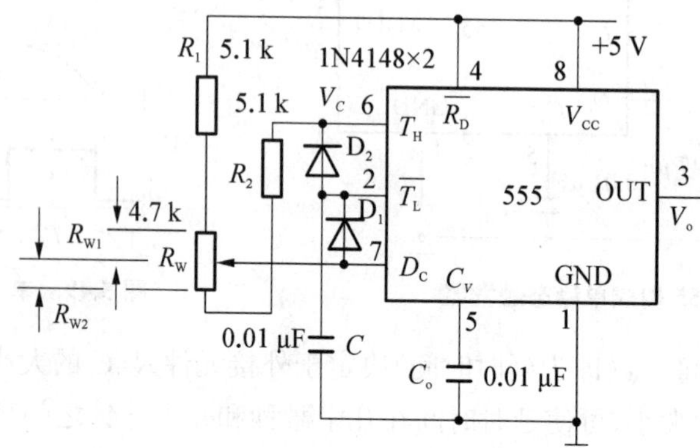

图 5.52　555 构成占空比可调的多谐振荡器

占空比：$q=\dfrac{t_{W1}}{t_{W1}+t_{W2}}\approx\dfrac{0.7(R_1+R_{W1})C}{0.7(R_2+R_{W2})C}$

可见，若取 $R_1=R_2$，电路即可输出占空比为 50% 的方波信号。

(4) 组成占空比连续可调并能调节振荡频率的多谐振荡器

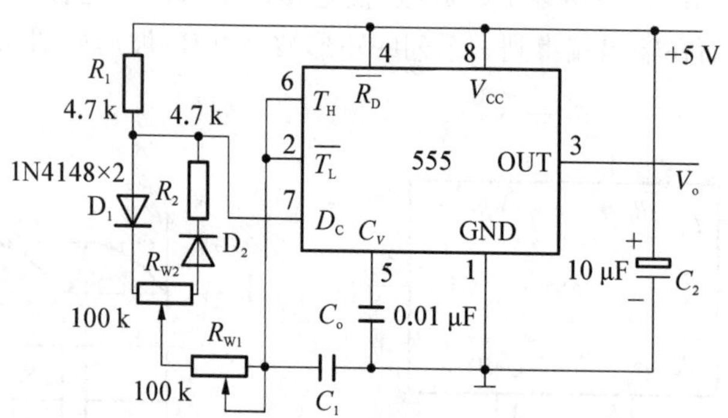

图 5.53　555 构成占空比、频率均可调的多谐振荡器

对 C_1 充电时，充电电流通过 R_1、D_1、R_{W2} 和 R_{W1}，放电时通过 R_{W1}、R_{W2}、D_2、R_2。当 $R_1=R_2$、R_{W2} 调至中心点时，因为充放电时间基本相等，其占空比约为 50%，此时调节 R_{W1} 仅改变频率，占空比不变。如 R_{W2} 调至偏离中心点，再调节 R_{W1}，不仅振荡频率改变，而且对占空比也有影响。R_{W1} 不变，调节 R_{W2}，仅改变占空比，对频率无影响。因此，当接通电源后，应首先调节 R_{W1} 使频率至规定值，再调节 R_{W2}，以获得需要的占空比。

(5) 组成施密特触发器

电路如图 5.54 所示，只要将脚 2 和 6 连在一起作为信号输入端，即得到施密特触发器。图 5.55 画出了 V_S、V_i 和 V_o 的波形图。

设被整形变换的电压为正弦波 V_S，其正半波通过二极管 D 同时加到 555 定时器的 2 脚和六脚，得到的 V_i 为半波整流波形。当 V_i 上升到 $2/3V_{CC}$ 时，V_o 从高电平转换为低电平；当 V_i 下降到 $1/3V_{CC}$ 时，V_o 又从低电平转换为高电平。

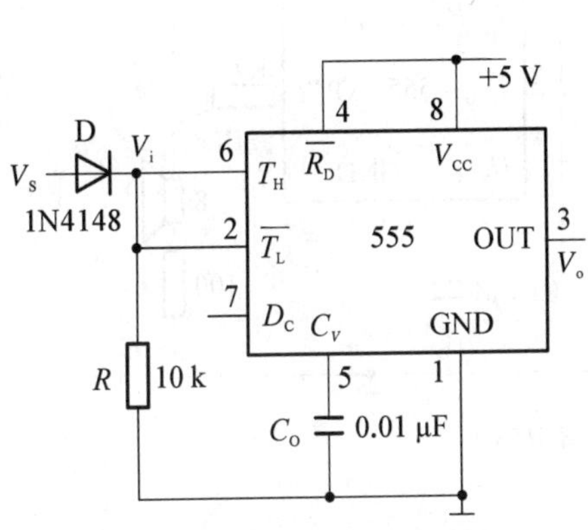

图 5.54　555 构成施密特触发器

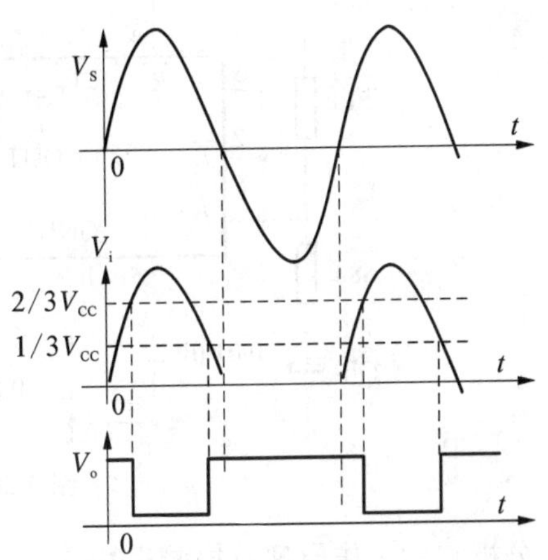

图 5.55　555 构成施密特触发器的波形图

回差电压：$\Delta V = \frac{2}{3}V_{CC} - \frac{1}{3}V_{CC} = \frac{1}{3}V_{CC}$

三、实验设备与器材

1. 数字逻辑电路。
2. 数字万用表，双踪示波器，频率计。
3. 芯片 NE555。
4. 二极管 1N4148，三极管 3DG6、电阻，电容，电位器若干，扬声器。

四、实验内容及步骤

1. 单稳态触发器

(1) 按图 5.48 所示连线，取 $R=100\ \text{k}\Omega$，$C=47\ \mu\text{F}$，输出接 LED 电平指示器。输入信号 V_i 由单次脉冲源提供，用双踪示波器观测 V_i，V_C，V_o 波形。测定幅度与暂稳态时间。

(2) 将 R 改为 $1\ \text{k}\Omega$，C 改为 $0.1\ \mu\text{F}$，输入端加 1 kHz 的连续脉冲，观测 V_i，V_C，V_o 波形。测定幅度与暂稳态时间。

2. 多谐振荡器

(1) 按图 5.50 所示接线，用双踪示波器观测 V_C 与 V_o 的波形，测定频率。

(2) 按图 5.52 所示接线，R_W 选用 $10\ \text{k}\Omega$ 电位器。组成占空比为 50% 的方波信号发生器。观测 V_C、V_o 波形。测定波形参数。

(3) 按图 5.53 所示接线，C_1 选用 $0.1\ \mu\text{F}$。通过调节 R_{W1} 和 R_{W2} 来观测输出波形。

3. 施密特触发器

按图 5.54 所示接线，输入信号的音频信号由正弦信号模拟，预先调好 V_i 的频率为 1 kHz，幅度要求稍大于 5 V（不要过大）。接通电源，观测输出波形，测绘电压传输特性，算出回差电压。

4. 多频振荡器实例——双音报警电路

电路图如图 5.56 所示。

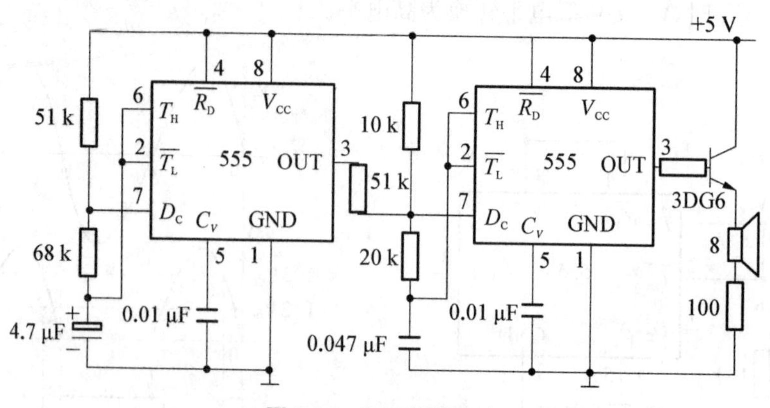

图 5.56 双音报警电路

分析它的工作原理及报警声特点。

(1) 观察并记录输出波形,同时试听报警声。

(2) 若将前一级的低频信号输出加到后一级的控制电压端 5,报警声将会如何变化?试分析工作原理。

五、实验预习要求

1. 复习有关 555 的工作原理及其应用。
2. 拟定实验中所需的数据、波形表格。
3. 拟定各次实验的步骤和方法。

六、实验报告要求

1. 绘出详细的实验线路图,定量绘出观测到的波形。
2. 分析、总结实验结果。
3. 绘出每个谐振电路充放电的等效电路图。
4. 按实验要求选定各电路参数,并进行理论计算输出脉冲的宽度和频率。
5. 在双音报警电路中,若将 0.047 μF 的电容分别改为 1 μF、10 μF,对报警声有何影响?

七、实验思考题

利用 555 定时器设计制作一触摸式开关定时控制器,每当用手触摸一次,电路即输出一个正脉冲宽度为 10 s 的信号。试画出电路并测试电路功能。

5.7 数字电路的分析、设计与实现

实验 21 多功能数字钟的设计

一、实验目的

1. 掌握常见进制计数器的设计。

2. 掌握秒脉冲信号的产生方法。

3. 复习并掌握译码显示的原理。

4. 熟悉整个数字钟的工作原理。

二、实验原理

本实验要实现的数字钟的功能是：

(1) 准确计时，以数字形式显示时、分、秒的时间；

(2) 小时计时的要求为“12 翻 1”，分与秒的计时要求为六十进制；

(3) 具有校时功能；

(4) 模仿广播电台整点报时(前四响为低音，最后一响为高音)。

数字钟一般由晶振、分频器、计时器、译码器、显示器和校时电路等组成，其原理框图如图 5.57 所示。

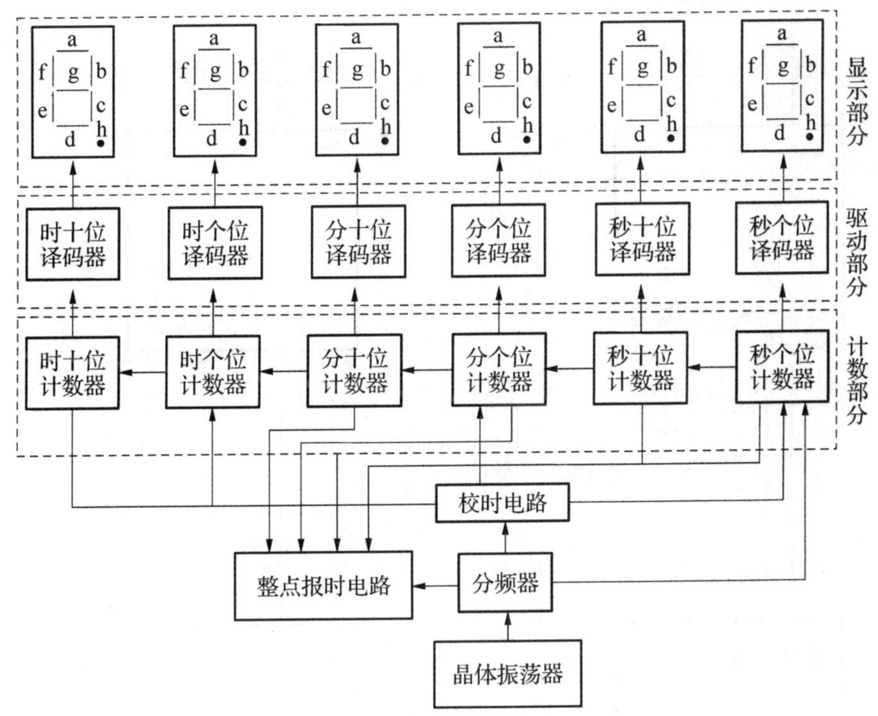

图 5.57　数字钟的原理框图

该电路的工作原理为：

由晶振产生稳定的高频脉冲信号，作为数字钟的时间基准，再经分频器输出标准秒脉冲。秒计数器计满 60 后向分计数器进位，分计数器计满 60 后向小时计数器进位，小时计数器按照“12 翻 1”的规律计数，到 12 小时计数器计满后，系统自动复位重新开始计数。计数器的输出经译码电路后送到显示器显示。计时出现误差时可以用校时电路进行校时。整点报时电路在每小时的最后 50 秒开始报时(奇数秒时)直至下一小时开始，其中前 4 响为低音，最后一响为高音。分别为 51 秒，53 秒，55 秒，57 秒发低音，第 59 秒发高音，高音低音均持续 1 秒。

1. 晶体振荡器

晶体振荡器是数字钟的核心。振荡器的稳定度和频率的精确度决定了数字钟计时的准确程度，通常采用石英晶体构成振荡器电路。一般说来，振荡器的频率越高，计时的精度也就越高。在此实验中，采用的是信号源单元提供的 1 Hz 秒脉冲，它同样是采用晶体分频得到的。

2. 分频器

因为石英晶体的频率很高，要得到秒脉冲信号需要用到分频电路。由晶振得到的频率经过分频器分频后，得到 1 Hz 的秒脉冲信号、500 Hz 的低音信号和 1 000 Hz 的高音信号。

3. 秒计时电路

由分频器来的秒脉冲信号，首先送到“秒”计数器进行累加计数，秒计数器应完成一分钟之内秒数目的累加，并达到 60 秒时产生一个进位信号，所以，选用一片 74LS90 和一片 74LS92 组成六十进制计数器，采用反馈归零的方法来实现六十进制计数。其中，“秒”十位是六进制，“秒”个位是十进制。

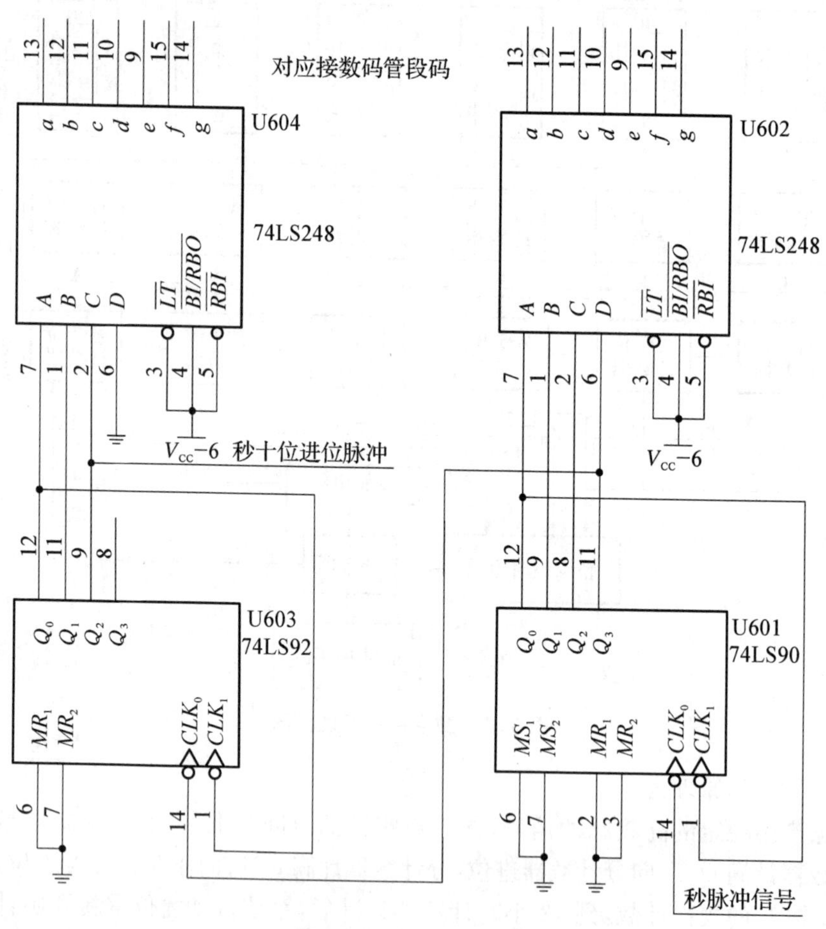

图 5.58　秒计时电路图

4. 分计时电路

“分”计数器电路也是六十进制，可采用与“秒”计数器完全相同的结构，用一片 74LS90 和一片 74LS92 构成。

5. 小时计时电路

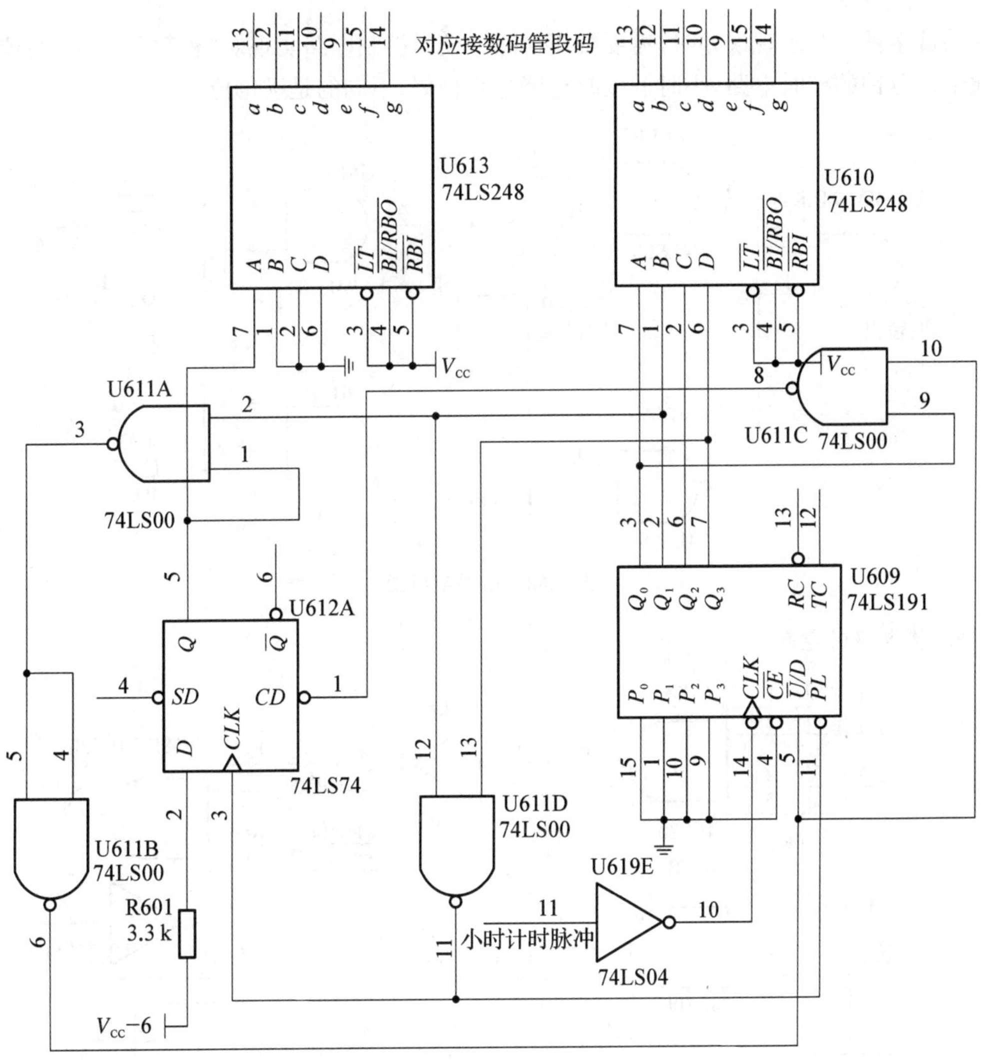

图 5.59　小时计时电路图

“12 翻 1”小时计数器是按照“01—02—03—⋯⋯—11—12—01—02—⋯⋯”规律计数的，这与日常生活中的计时规律相同。在此实验中，小时的个位计数器由 4 位二进制同步可逆计数器 74LS191 构成，十位计数器由 D 触发器 74LS74 构成，将它们级连组成“12 翻 1”小时计数器。

计数器的状态要发生两次跳跃：一是计数器计到 9，即个位计数器的状态为 $Q_{03}Q_{02}Q_{01}Q_{00}=1001$，在下一脉冲作用下计数器进入暂态 1010，利用暂态的两个 1 即 $Q_{03}Q_{01}$ 使个位异步置 0，同时向十位计数器进位使 $Q_{10}=1$；二是计数器计到 12 后，在第 13 个脉冲作用下个位计数器的状态应为 $Q_{03}Q_{02}Q_{01}Q_{00}=0001$，十位计数器的 $Q_{10}=0$。第二次跳跃的十位清 0 和个位置 1 信号可由暂态为 1 的输出端 Q_{10}，Q_{01}，Q_{00} 来产生。

6. 译码显示电路

译码电路的功能是将“秒”“分”“时”计数器中每个计数器的输出状态(8421 码)，翻译成七段数码管能显示十进制数所要求的电信号，然后再经数码管把相应的数字显示出来。

译码器采用 74LS248 译码/驱动器。显示器采用七段共阴极数码管。

7. 校时电路

当数字钟走时出现误差时,需要校正时间。校时控制电路实现对"秒""分""时"的校准。在此给出分钟的校时电路,小时的校时电路与它相似,不同的是进位位。

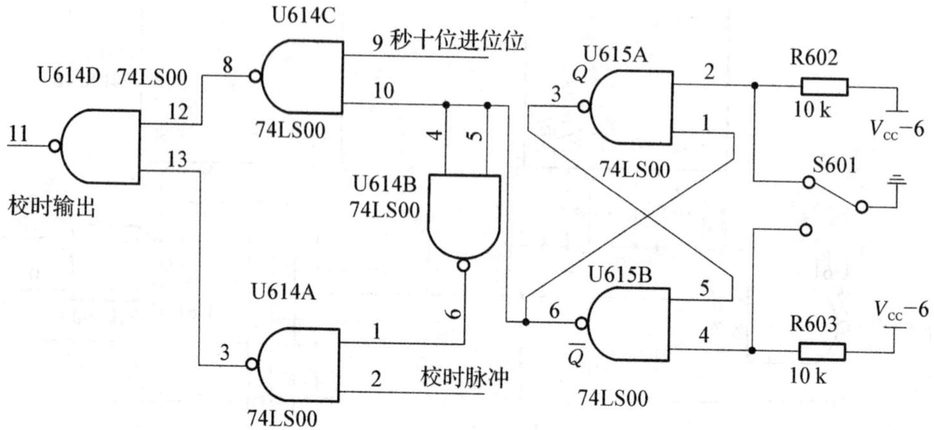

图 5.60 校时电路图

8. 整点报时电路

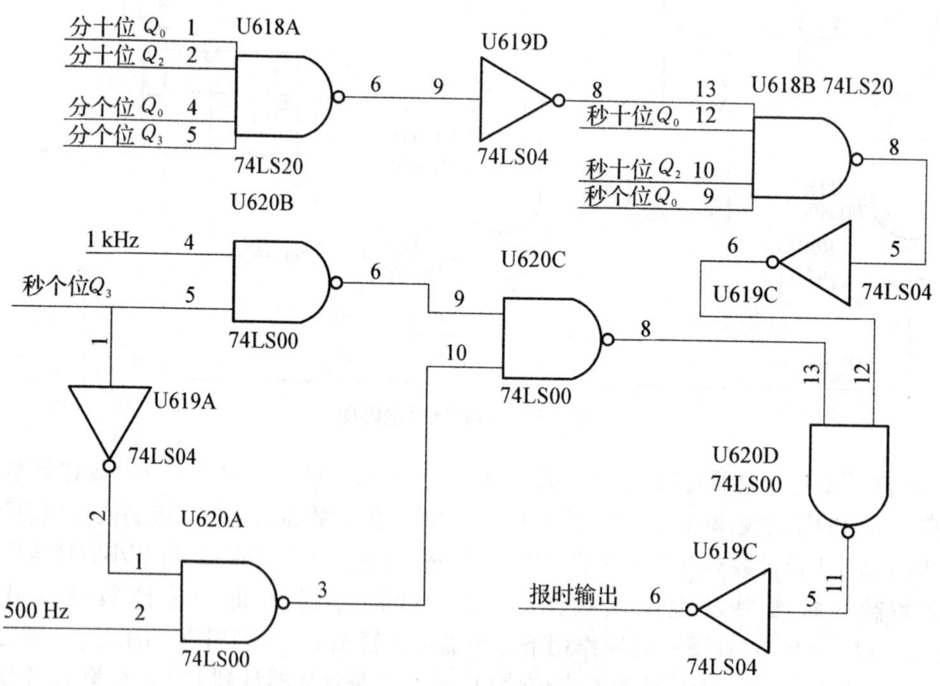

图 5.61 整点报时电路图

当"分""秒"计数器计时到 59 分 50 秒时,"分"十位的 $Q_{D4}Q_{C4}Q_{B4}Q_{A4}=0101$,"分"个位的 $Q_{D3}Q_{C3}Q_{B3}Q_{A3}=1001$,"秒"十位的 $Q_{D2}Q_{C2}Q_{B2}Q_{A2}=0101$,"秒"个位的 $Q_{D1}Q_{C1}Q_{B1}Q_{A1}=0000$,由此可见,从 59 分 50 秒到 59 分 59 秒之间,只有"秒"个位计数,而 $Q_{C4}=Q_{A4}=Q_{D3}=Q_{A3}=Q_{C2}=Q_{A2}=1$,将它们相与,即 $C=Q_{C4}Q_{A4}Q_{D3}Q_{A3}Q_{C2}Q_{A2}$,每小时最后 10 秒钟 $C=1$。

在 51、53、55、57 秒时，“秒”个位的 $Q_{A1}=1$，$Q_{D1}=0$；在 59 秒时，“秒”个位的 $Q_{A1}=1$，$Q_{D1}=1$。

将 C、Q_{A1}、$\overline{Q_{D1}}$ 相与，让 500 Hz 的信号通过，将 C、Q_{A1}、Q_{D1} 相与，让 1 000 Hz 的信号通过就可实现前 4 响为低音 500 Hz，最后一响为高音 1 000 Hz，当最后一响完毕时正好整点。

9. 报时音响电路

报时音响电路采用专用功率放大芯片来推动喇叭。报时所需的 500 Hz 和 1 000 Hz 音频信号，分别取自信号源的 500 Hz 和 1 000 Hz。

三、实验设备与器材

1. 双踪示波器，脉冲源。
2. 数字逻辑电路。
3. 万用表等实验室常备工具。
4. 74LS00，74LS20、74LS04 芯片，10 kΩ 电阻。

四、实验内容

1. 设计实验所需的时钟电路，自己连线并调试。
2. 设计实验所需的分频电路，自己连线并调试，用示波器观察结果。
3. 设计实验所需的计数电路部分，自己连线并调试，将实验结果填入自制的表中。
4. 设计实验所需的校时电路和报时电路，自己搭建电路连线并调试，记下实验结果。
5. 根据数字钟电路系统的组成框图，按照信号的流向分级安装，逐级级联，调试整个电路，测试数字钟系统的逻辑功能并记录实验结果。

五、实验步骤

1. 将“秒个位 Q_0”“秒个位 Q_1”“秒个位 Q_2”“秒个位 Q_3”分别接至 LED 模块中一个带驱动数码管的 a、b、c、d 四个输入端。将“秒十位 Q_0”“秒十位 Q_1”“秒十位 Q_2”分别接至 LED 模块中一个带驱动数码管的 a、b、c 三个输入端，同时将此数码管的 d 输入端接地。“分个位”“分十位”“时个位”接发与上相同。将“时十位 Q_0”接 LED 模块中一个带驱动数码管的 a 输入端，同时此数码管其他输入端接地。

2. 秒计时电路的调试：将“秒计时脉冲”接信号源单元的 1 Hz 脉冲信号，此时秒显示将从 00 计时到 59，然后回到 00，重新计时。在秒位进行计时的过程中，分位和小时位均是上电时的初值。此步只关心秒十和秒个位的情况。

3. 分计时电路的调试：将“分计时脉冲”接信号源单元的 1 Hz 脉冲信号，此时分显示将从 00 计时到 59，然后回到 00，重新计时。在分位进行计时的过程中，秒位和小时位均是上电时的初值。此步只关心分十和分个位的情况。

4. 小时计时电路的调试：将“小时计时脉冲”接信号源单元的 1 Hz 脉冲信号，此时秒显示将从 01 计时到 12，然后回到 01，重新计时。

5. 数字钟级连实验调试：将“秒计时脉冲”接信号源单元的 1 Hz 脉冲信号，“秒进位脉冲”接“分计时脉冲”“分进位脉冲”接“小时计时脉冲”此时就组成了一个标准的数字钟。进位的规律为：秒位计时到 59 后，将向分位进 1，同时秒位变成 00，当分位和秒位同时变成 59 后，再来一个脉冲，秒位和分位同时变成 00，同分位向小时位进 1，小时的计时为从 01 计时到 12，然后回到 01。

6. 时电路：按照图 5.60 所示搭建电路并正确连线。再将“秒计时脉冲”“校时脉冲”“校分脉冲”接信号源单元的 1 Hz 秒脉冲信号，“秒十位进位脉冲”接“秒十位进位位”“分十位进位脉冲”接“分十位进位位”“分校准”接“分计时脉冲”“时校准”接“小时计时脉冲”，此时就可以对数字钟进行校准。在校准分位的过程中，秒位的计时和小时位不受任何影响，同样在校准小时位时，秒位和分位不受影响。

7. 时电路的：保持步骤 5 的连线不变，按照图 5.61 所示搭建电路并正确连线。再将“报时输出”接扬声器的输入端（实验箱右下角），“报时高音”和“报时低音”分别接信号源单元的 1 kHz，500 Hz 信号。将分位调整到 59 分，当秒位计时到 51 秒时，扬声器将发出 1 秒左右的告警音，同样在 53 秒，55 秒，57 秒均发出告警音，在 59 秒时，将发出另外一种频率的告警音，提示此时已经是整点了，同时秒位和分位均变成 00，秒位重新计时，小时位加 1。

8. 注意：以上均是先连线，然后开 K102，POWER601，POWER201，POWER1201。

六、实验预习要求

1. 复习计数器、译码器及七段数码管的原理及使用。

2. 绘出实验各组成部分的详细电路图。

3. 准备好实验用的表格等。

4. 仔细阅读实验指导书，弄清楚每一部分的实验原理。

七、实验报告要求

1. 绘出整个实验的线路图。

2. 分析、总结实验结果。

3. 思考：若将小时电路改为“24 翻 1”，则应如何修改？若要给电路加上整点报时功能，几点则报几声，电路又该如何修改？

4. 级连时如果出现时序配合不同步，或尖峰脉冲干扰，引起逻辑混乱，试思考如何消除这些干扰和影响。

5. 显示中如果出现字符变化很快，模糊不清，试思考如何消除这种现象。

实验 22* 多路智力竞赛抢答器

微信扫码见
“实验 22”

实验 23* 可控定时器实验

微信扫码见
“实验 23”

实验 24*　*AD* 模数转换

微信扫码见
“实验 24”

实验 25*　*DA* 数模转换

微信扫码见
“实验 25”

5.8*　部分集成电路引脚排列图

微信扫码见
“5.8”

第 6 章*

实验中常用的电子器件

微信扫码见
“第 6 章”

参考文献

[1] 顾江，鲁宏. 电子电路基础实验与实践[M]. 南京：东南大学出版社，2008.
[2] 邱关源等. 电路(第五版)[M]. 北京：高等教育出版社，2006.
[3] 康华光等. 电子技术基础.模拟部分(第六版)[M]. 北京：高等教育出版社，2013.
[4] 康华光等. 电子技术基础.数字部分(第六版)[M]. 北京：高等教育出版社，2014.
[5] 刘丽君，王晓燕等. 电子技术基础实验教程[M]. 南京：东南大学出版社，2008.
[6] 张永瑞. 电子测量技术基础(第三版)[M]. 西安：西安电子科技大学出版社，2014.
[7] 顾江等. 电子设计与制造实训教程[M]. 西安：西安电子科技大学出版社，2016.
[8] 夏金威，顾涵. 电工电子技能考核指导教程[M]. 苏州：苏州大学出版社，2021.
[9] 顾涵等. 电工电子技能实训教程[M]. 西安：西安电子科技大学出版社，2017.